기후의 과학

BEYOND GLOBAL WARMING
by Syukuro Manabe, Anthony J. Broccoli

Copyright © Princeton University Press 2020
All rights reserved.
No part of this book may be reproduced or transmitted in any form or by any means, electronic or mechanical, including photocopying, recording or by any information storage and retrieval system, without permission in writing from the Publisher.

Korean translation edition is published by arrangement with
Princeton University Press through EYA.

Korean Translation Copyright © ScienceBooks 2025

이 책의 한국어 판 저작권은 EYA를 통해 Princeton University Press와
독점 계약한 ㈜사이언스북스에 있습니다.

저작권법에 의해 한국 내에서 보호를 받는 저작물이므로 무단 전재와 무단 복제를
금합니다.

기후의 과학

지구 온난화를 넘어설 기후 물리학의 정석

마나베 슈쿠로

앤서니 브로콜리

사이언스북스

BEYOND GLOBAL WARMING

책을 시작하며

산업 혁명 이후에 대기의 구성과 지구의 기후가 변했으며, 그 주된 원인이 인간의 활동임에는 의심의 여지가 없다. 대기 중의 이산화탄소 농도는 산업화 이전에 비해 40% 이상 증가했는데, 주로 에너지를 얻기 위해 화석 연료를 태웠기 때문이다. 지구 표면의 평균 온도는 1,000년 동안 비교적 안정되게 유지되어 왔지만, 산업화 이전에 비해 이미 약 1℃가 증가했다. 에너지 생산 활동에 커다란 전환이 이루어지지 않는다면, 이러한 변화는 계속될 수밖에 없다. 지구 평균 기온은 21세기 내에 2~3℃ 더 상승할 것으로 예상되며, 육지의 온난화가 해양보다 상당히 더 커지고, 북극의 온난화가 열대보다 상당히 더 커질 것이다.

   또한 물의 가용성은 대륙에 따라 달라질 것으로 보인다. 현재 물이 풍부한 지역에서는 물이 넘쳐나서 하천의 배수량이 늘어나고 홍수가 잦아질 것이다. 반대로 아열대를 비롯해서 현재 물이 부족한 지역에서는 물이 더 부족해져서 가뭄이 자주 일어날 것이다. 관측에 따르면 홍수와 가뭄의 빈도는 모두 증가해 왔다. 온실 기체 배출을 극적으로 줄이지 않는 한, 지구 온난화는 이번 세기의 나머지 기간과 앞으로 수세기 동안 인간 사회와 지구 생태계에 심대한 영향을 미칠 것으로 보인다.

기후 모형은 인간이 일으키는 지구 온난화를 예측하는 가장 강력한 도구이다. 이 모형은 물리 법칙에 기초하고 있으며, 날씨 예측에 사용되는 수치 모형에서 진화했다. 세계에서 가장 강력한 슈퍼컴퓨터의 방대한 계산 자원을 이용해서, 기후 모형은 미래의 기후 변화와 그 영향을 예측하는 데 사용되어 정책 입안자들에게 귀중한 정보를 제공하고 있다. 기후 모형은 기후 변화를 예측할 뿐만 아니라 왜 그런 변화가 일어나는지 이해하는 데에도 유용하게 사용되어 왔다. 기후 모형은 대기-해양-육지 결합 계의 '가상 실험실' 역할을 하며, 이 모형들로 수행하는 통제된 실험은 기후 변화에 관련된 물리적 메커니즘을 체계적으로 설명하는 데 매우 효과적임이 증명되었다.

이 책의 원래 제목인 "지구 온난화를 넘어서(Beyond Global Warming)"는 기후 모형이 예측에 유용할 뿐만 아니라 기후 계(系, system)의 작동 원리를 깊이 이해할 수 있게 해 주는 소중한 도구라는 저자들의 확신을 반영한다. 이 책에서는 100년 전에 스반테 아우구스트 아레니우스(Svante August Arrhenius, 1859~1927년)가 수행한 선구적인 연구에서 시작해 기후 변화 연구에 모형을 활용해 온 역사를 살펴본다. 단순한 것에서 시작해서 점점 복잡해지는 여러 계층의 기후 모형으로 수행된 수많은 수치 실험의 분석을 바탕으로, 우리는 지구 온난화뿐만 아니라 지질학적 과거의 기후 변화까지 지배하는 기본적인 물리 과정을 설명할 수 있다.

그러나 기후 역학과 기후 변화에 관련된 문헌들을 모두 살펴보는 것은 우리의 의도가 아니다. 그것보다는 마나베 슈쿠로(眞鍋淑郎, Syukuro Manabe)가 참여했던 연구와 그의 사고에 영향을 미친 연구를 집중적으로 살펴볼 것이다. 우리는 그가 기후 변화의 기본적인 과정을 이해할 수 있게 된 과학적 여정에 대해 설명하려고 한다. 앤서니 브로콜리(Anthony J. Broccoli)도 이 여행의 일부에 동행했는데, 그도 이 책에서 설명하는 연구에서 영향을 받고 정보를 얻었다.

이 책은 마나베가 프린스턴 대학교 대기 해양 과학 과정에서 강의했던 대학원 강의 노트를 발전시킨 것이다. 이 책은 기후 역학과 기후 변화에 대한 대학원과 학부 고급 과정의 참고 문헌으로 사용할 수 있으며, 환경, 생태, 에너지, 수자원, 농업 등의 분야에서도 도움이 될 것이다. 그러나 다른 무엇보다도, 이 책이 기후가 과거에 왜, 어떻게 변화했는지, 앞으로 어떻게 변화할 것인지 궁금해하는 이들에게 도움이 되기를 바란다.

⊕ 감사의 말 ⊕

미국 국립 해양 대기청(National Oceanic and Atmospheric Administration, NOAA) 산하 지구 물리학 유체 역학 연구소(Geophysical Fluid Dynamics Laboratory, GFDL)의 창립 소장인 고(故) 조지프 스마고린스키(Joseph Smagorinsky, 1924~2005년)에게 이 책을 바친다. 우리는 이 책에 언급한 거의 모든 연구를 이 연구소에서 수행했다. 그의 뛰어난 지도력, 영감, 전문적인 영향력은 우리가 기후 모형을 구성하고 과거, 현재, 미래의 기후 변화의 물리적 메커니즘을 탐구하는 수많은 수치 실험을 수행할 수 있게 해 주었다.

해양 대순환 모형을 개발한 커크 브라이언(Kirk Bryan)에게 감사한다. 그와 함께 해양-대기 결합 모형을 개발하고 기후 변화에서 해양의 역할을 탐구한 일은 큰 특권이자 즐거움이었다.

이 책의 출판은 GFDL의 현직 소장인 벵카타찰람 '램' 라마스와미(Venkatachalam 'Ram' Ramaswamy) 박사와 프린스턴 대학교의 대기 및 해양 과학 프로그램 책임자였던 호르헤 사르미엔토(Jorge Sarmiento) 교수의 격려와 진심을 다한 도움이 없었다면 불가능했을 것이다. 이 책의 저술을 위해 두 분은 소속 기관의 자료를 흔쾌히 제공해 주었다.

초고를 읽고 가치 있는 조언으로 원고를 개선하도록 도와준 데니스 하트먼(Dennis Hartman), 매슈 후버(Matthew Huber), 레몽 피에르홈베르(Raymond Pierrehumbert)에게 감사한다. 그리고 이 책을 완성하기 위해 함께 일한 프린스턴 대학교 출판부 직원들의 노력에 감사한다.

끝으로 이 책을 준비하는 동안 변함없이 격려해 준 아내이자 인생의 동반자인 마나베 노부코(眞鍋信子)와 캐럴 브로콜리(Carol Broccoli)에게 감사한다. 그들의 한결같은 보살핌이 없었다면 이 책을 완성할 수 없었을 것이다.

차례

책을 시작하며		5
감사의 말		8

1장	서론	13
2장	초기의 연구	37
3장	1차원 모형	53
4장	대기 대순환 모형	71
5장	초기의 수치 실험	93
6장	기후 민감도	125
7장	빙기–간빙기 기후 변화	165
8장	기후 변화에서 해양의 역할	185
9장	추운 기후와 심층수의 형성	231
10장	지구 전체의 물 가용성 변화	245

책을 마치며	277
후주	279
참고 문헌	288
옮기고 나서	316
찾아보기	319

1장
서론

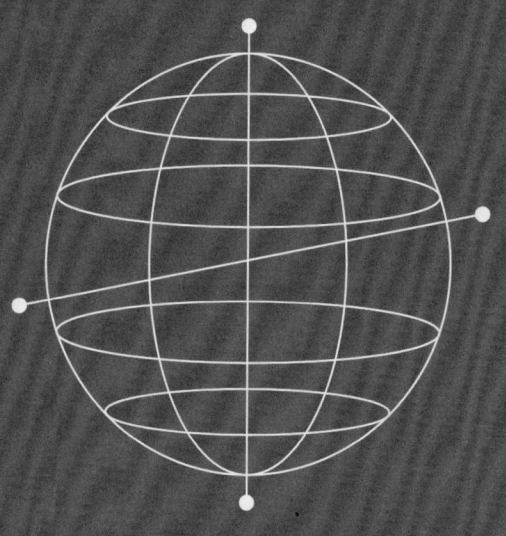

지구 표면의 온도는 20세기가 시작된 이래 계속 올라갔다. 이런 추세는 19세기 중반 이후 평균 지구 표면 온도 이상(1961~1990년의 평균을 기준선으로 한다.)을 나타낸 그림 1.1에서 확연히 드러난다. 기온은 1년, 10년, 수십 년 주기로 요동치면서도 지난 100년 동안 점점 증가했고, 지난 수십 년 동안 비교적 크게 증가했다. 19세기 중반 이전의 기간에 대해서는 자연에 남은 흔적으로 지

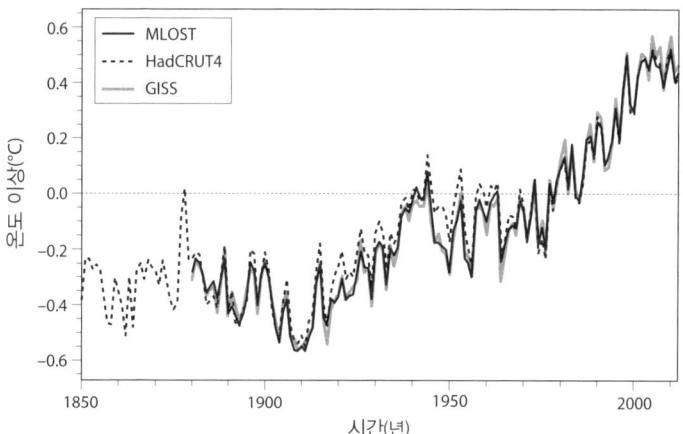

그림 1.1 육지 표면 온도(land-surface-air temperature, LSAT)과 해수면 온도(sea surface temperature, SST) 데이터 집합을 바탕으로 한 연간 지구 평균 온도 이상(1961~1990년 기간 평균 기준)이다. 세 가지 최신 자료(HadCRUT4, GISS, NCDC MLOST)를 바탕으로 했다. 약자로 표시된 3개 기관의 명칭에 대해서는 IPCC의 보고서[1]를 참조하라.[2]

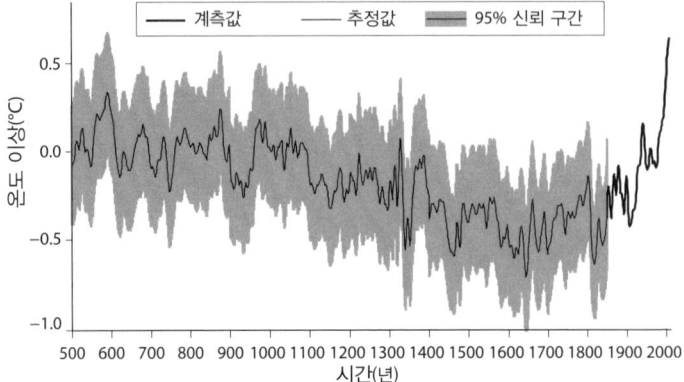

그림 1.2 북반구 평균 지표면 온도 추이. 가는 선은 지난 1,500년 동안 북반구 전체에서 일어난 평균 표면 온도의 시간적 변동을 10년 단위로 재구성한 것이다. 변동은 1961~1990년의 평균값을 기준으로 나타냈고, 음영은 95% 신뢰 구간이다. 굵은 선은 온도계로 측정한 최근의 값이다.[3]

표면 온도의 장기적인 추세를 재구성하려는 시도가 많이 이루어졌고, 나무의 나이테, 얼음 코어, 산호, 퇴적물을 비롯한 해양과 육지의 증거 1,000건 이상이 축적되었다.[4] 이러한 노력의 한 예로, 그림 1.2는 마이클 에번 맨(Michael Evan Mann) 등[5]이 재구성한 북반구 평균 표면 온도의 추이를 보여 준다. 이 재구성에 따르면, 지표면의 온도는 1450년과 1700년 사이에 비교적 낮았으나(소빙기), 중세에 기후 이변이 나타났던 1100년 이전에는 비교적 높았다. 그러나 이러한 결과는 지난 반세기간의 따뜻했던 기후는 적어도 지난 1,500년간과 비교해 보면 상당히 이례적이었음을 암시한다.

「기후 변화에 관한 정부 간 협의체 제5차 평가 보고서 (Fifth Asseseement Report of the Intergovernmental Panel on Climate Change)」(이후 「IPCC 제5차 평가 보고서」)[6]에 언급되었듯이, "20세기 중반 이후에 관측된 온난화의 지배적인 원인은 인간의 영향이었을 가능성이 극단적으로 크다." 또한 이 보고서는 관측된 온난화의 대부분이 인간의 활동에 따른 이산화탄소, 메테인, 아산화질소와 같은 온실 기체의 농도 증가 때문일 수 있다고 결론지었다. 지난 1,200년 동안 이산화탄소(CO_2) 농도의 시간에 따른 변화를 보여 주는 그림 1.3에 따르면, 대기에서 CO_2의 수치는 서서히 증가하기 시작한 18세기 이전에는 약 280ppmv(부피당 100만분의 1) 근처에서 오르내렸다. 이러한 증가는 20세기에 빨라졌고, 그림 1.1에서 볼 수 있듯이 이때 온도도 높아졌다. 같은 기간에 메테인(메탄)이나 아산화질소 등 다른 온실 기체도 정성적으로 비슷하게 증가했다. 온실 기체는 대기에서 차지하는 함량이 매우 작지만(표 1.1), 적외선을 강하게 흡수하고 방출해 지구 표면을 따뜻하고 거주 가능한 기후로 유지하는 데 도움이 되는 이른바 '온실 효과(green house effect)'를 일으킨다.

이 장의 나머지 부분에서는 이 기체들이 지구에서 방출되는 적외선의 상향 플럭스(flux)를 변화시켜서 지구 표면 온도에 영향을 미치는 메커니즘을 설명한다. 그런 다음에 이 기체들의 농도가 증가함에 따라 온실 효과가 증가해 난류와 대류로 인한 열의

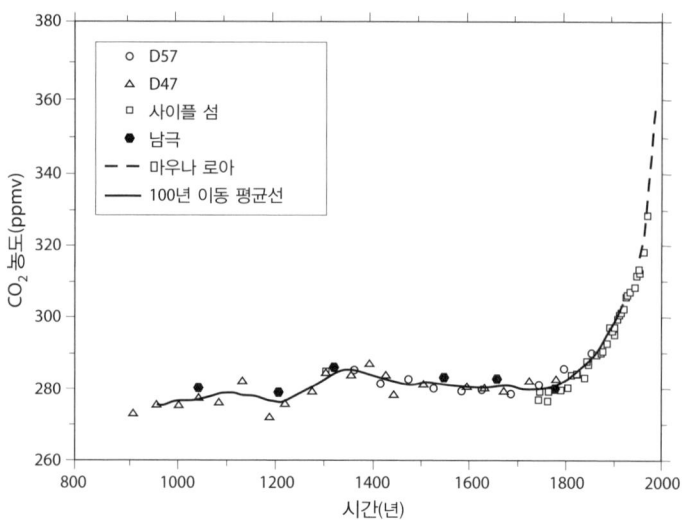

그림 1.3 지난 1,100년 동안의 공기 중 CO_2 농도 변화. 남극 얼음 코어 기록(D57, D47, 남극 사이플(Siple) 섬)과 마우나 로아 측정 현장(1958년 이후)의 자료를 바탕으로 한 것이다. 앞의 자료는 남극 빙상의 기포 분석에 기초하고 있으며, 뒤의 자료는 온도계 측정으로 얻은 자료이다. 매끄러운 곡선은 100년 이동 평균선이다.[7]

상승으로 인해 지구 표면뿐만 아니라 대류권 전체가 따뜻해진다는 점을 논의한다.

온실 효과

지구는 전자기 복사를 통해 주변과 에너지를 교환한다. 따라서 지구의 열 균형은 그림 1.4와 같이 비교적 짧은 파장(~0.4~1μm)

표 1.1 지구 대기의 구성 성분.

성분	중량 기준 대략적 비율(%)
질소(N_2)	75.3
산소(O_2)	23.1
아르곤(Ar)	1.3
수증기(H_2O)*	~0.25
이산화탄소(CO_2)*	0.046
일산화탄소(CO)	$\sim 1 \times 10^{-5}$
네온(Ne)	1.25×10^{-3}
헬륨(He)	7.2×10^{-5}
메테인(CH_4)*	7.3×10^{-5}
크립톤(Kr)	3.3×10^{-4}
아산화질소(N_2O)*	7.6×10^{-5}
수소(H_2)	3.5×10^{-6}
오존(O_3)*	$\sim 3 \times 10^{-6}$

* 표시가 있는 것은 온실 기체이다.

을 가진 태양 복사를 흡수하고 지구에서 빠져나가는 비교적 긴 파장의 복사(~4~30μm)를 방출하는 데 따른 열 손실로 결정된다. 태양이 내뿜는 에너지의 양과 지구 대기의 구성이 변하지 않을 것이라는 가설적인 상황에서, 충분히 긴 시간에 걸쳐 전 지구적 평균을 관측해 보면 지구로 들어오는 태양 복사와 지구에서 나가는 복사는 서로 정확히 똑같아야 한다. 이것은 지구 전체가 복사 열 균형 조건을 충족하는 온도가 되려고 하기 때문이다. 예를 들

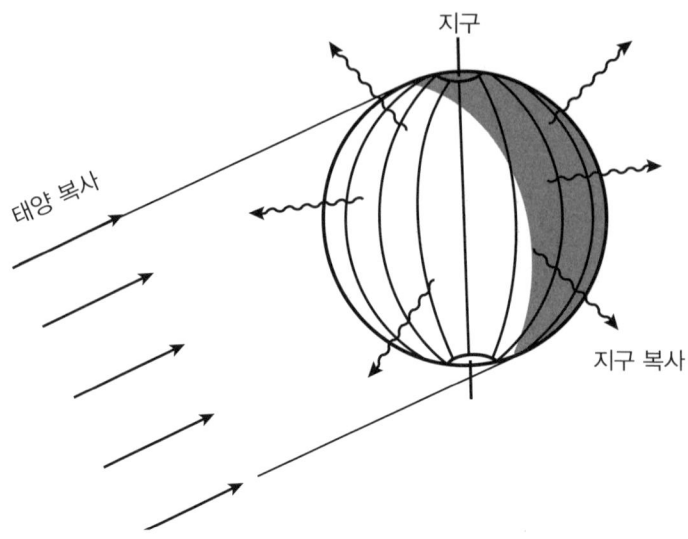

그림 1.4 태양 복사와 지구 복사의 열 수지를 나타내는 개략도.

어 지구의 온도가 너무 높으면, 지구 복사로 인한 열 손실이 들어오는 태양 복사로 인한 열 이득보다 커져서 지구 전체의 온도가 낮아진다. 온도가 너무 낮으면, 반대로 지구의 온도가 올라가게 된다. 장기적으로 지구의 온도는 대기권 최상단으로 들어오는 알짜 태양 복사와 지구에서 빠져나가는 복사가 균형을 이루도록 유지된다.

대기권으로 들어오는 태양 복사는 지구 전체의 평균으로 $341.3 Wm^{-2}$이며,[8] 그중에서 대략 30%인 $101.9 Wm^{-2}$는 지표면, 구름, 에어로졸, 공기 분자를 통해 우주로 반사된다. 나머지 70%는 주로 지표면을 통해 흡수되며, 이것은 대기권 최상단에서 유입되는 알짜 일사(insolation)가 $239.4 Wm^{-2}$라는 뜻이다. 이 값은 지구에서 빠져나가는 복사를 위성으로 관측해서 얻은 $238.5 Wm^{-2}$보다 조금 더 크다.[9] $0.9 Wm^{-2}$의 복사 불균형은 현재 진행 중인 지구 온난화와 일치하는 결과이다. 지구-대기 계가 슈테판-볼츠만 법칙(26쪽 상자글에 설명된 흑체 복사(black body radiation)와 키르히호프의 법칙(Kirchhoff's law) 참조)에 따라 복사한다고 가정하면, 지구의 유효 방출 온도를 대략 계산할 수 있다. 이렇게 얻어진 온도는 $-18.7°C$로, 지구 표면의 평균 온도 $+14.5°C$보다 약 $33°C$ 낮다.

앞에서 말한 것처럼, 지구 표면이 거의 흑체처럼 복사하기 때문에 슈테판-볼츠만 법칙을 사용해 지구 표면에서 방출되는 복사의 대략적인 상향 플럭스를 추정할 수 있다. 이렇게 얻어진 플럭스는 $389 Wm^{-2}$이며, 대기권 상층부에서 빠져나가는 $238.5 Wm^{-2}$보다 훨씬 크다. 이것은 지구 표면이 방출하는 지구 복사의 상향 플럭스에서 $151 Wm^{-2}$가 지구를 빠져나가기 전에 대기에 흡수된다는 뜻이다. 간단히 말해, 대기의 온실 효과 때문에 지구 표면에서 방출되는 복사의 약 39%가 지구 밖으로 빠져나가지 못하고, 따라서 이 열이 모두 빠져나갈 때에 비해 지표면이 약 $33°C$만큼 더 따뜻하게 유지된다는 것이다. 따라서 위성으로 관측한 지구 복사의 방출량은 대기의 온실 효과가 존재한다는 설득력 있는 증거이며, 대기의 온실 효과란 지구 표면에서 방출되는

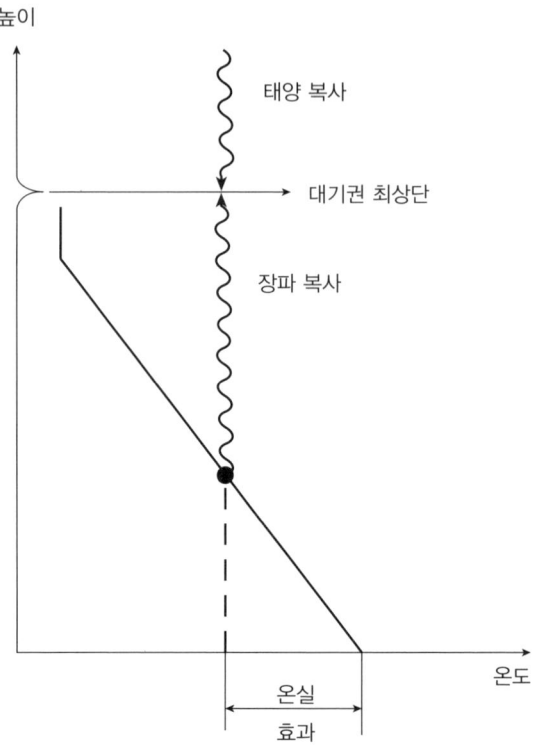

그림 1.5 대기권의 온실 효과를 나타내는 개략도. 기울어진 실선은 대류권에서 고도에 따른 온도 변화를 나타낸다. 기울어진 선 위쪽에서 수직으로 곧게 뻗은 부분은 성층권의 온도가 거의 등온임을 나타낸다. 기울어진 선 중간에 있는 점은 대기권 최상단에서 지구 복사의 상향 플럭스만큼 방출이 일어나는 층의 평균 높이를 나타낸다.

지구 복사의 상향 플럭스를 대기가 상당히 차단한다는 말이다.

그림 1.5는 대기권의 온실 효과를 도식적으로 보여 준다. 이

그림에서 기울어진 실선은 대류권의 이상적인 온도 분포(profile)를 나타내며, 온도는 높이에 따라 거의 선형적으로 감소한다. 대류권 가운데에 기울어진 선의 점은 대기권 밖으로 나가는 지구 복사만큼의 방출이 이루어지는 층의 평균 높이를 나타낸다. 앞에서 나왔듯이 여기서의 온도(T_A)는 -18.7℃이며, 이 값은 지구 표면의 평균 온도(T_S)인 $+14.5$℃와 비교할 수 있다. 이미 언급했듯이 두 온도 사이의 차이는 33℃로, 대기의 온실 효과로 인해 지구 표면이 이만큼 따뜻해졌음을 보여 준다. 대기가 왜 이런 온실 효과를 나타내는지, 그 온실 효과가 왜 그렇게 큰지를 여기에서 설명하겠다.

그림 1.6은 호세 핀토 페이소토(José Pinto Peixoto)와 아브라함 한스 오르트(Abraham Hans Oort)[10]가 제시한 수치를 수정한 것으로, 대기가 태양과 지구의 복사를 어떻게 흡수하는지 보여 준다. 그림 1.6a는 255K와 6,000K에서 흑체 복사의 정규화된 스펙트럼이며, 여기에 표시된 두 스펙트럼 각각 대기권 최상단에서 빠져나가는 지구 복사와 들어오는 태양 복사의 스펙트럼을 대략 모방한다. 이 그림에서 알 수 있듯이, 지구 복사는 대부분 4μm보다 긴 파장에서 발생하고, 태양 복사는 대부분 4μm보다 짧은 파장에 관련된다. 따라서 대기 중에서 지구 복사의 전달은 태양 복사의 전달과 별도로 다루는 것이 합당하다. 앞으로는 파장이 비교적 짧은 태양 복사와 구별하기 위해 지구 복사를 '장파(長波) 복사'라고 부르겠다.

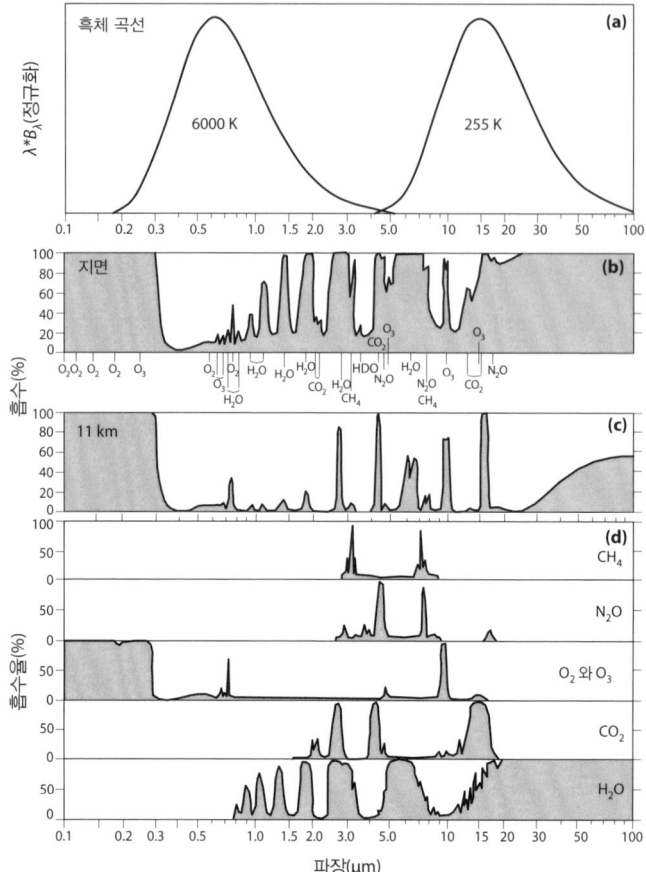

그림 1.6 지구 대기와 그 성분에 따른 흑체 복사와 흡수 스펙트럼. (a) 6,000K와 255K에서 흑체 복사의 정규화된 스펙트럼, (b) 대기권 전체의 연직 범위에 대한 흡수 스펙트럼, (c) 대기권 상층부 11km 부분에 대한 흡수 스펙트럼, (d) 대기권 최상단과 지구 표면 사이의 여러 기체에 대한 흡수 스펙트럼이다. CH_4는 메테인, CO_2는 이산화탄소, H_2O는 물, HDO는 산화수소-중수소(즉 중수 혹은 일산화수소듀테륨), N_2O는 아산화질소, O_2는 산소, O_3는 오존, B_λ는 파장 λ에서 흑체 복사이다.[11]

기후의 과학 24

그림 1.6b와 1.6c는 구름이 없는 대기에 의한 흡수 스펙트럼 분포(%)를 나타낸다. 맑은 대기는 파장이 0.3~0.7μm인 태양 스펙트럼의 가시광선 대역에 대해 거의 투명하기 때문에 들어오는 태양 복사의 주요 부분이 지구 표면에 도달하지만, 지구의 장파 복사는 주로 수증기 때문에 스펙트럼의 많은 범위에 걸쳐 매우 강하게 흡수된다. 수증기를 통한 흡수가 비교적 적은 7~20μm 사이에 이른바 '대기의 창(atmospheric window)'이 있어서, 그림 1.6d와 같이 이산화탄소, 오존, 메테인, 아산화질소는 각각 15, 9.6, 7.7, 7.8μm의 파장을 중심으로 매우 강하게 흡수한다. 이 그림에는 나오지 않지만, 예를 들어 베라브하드란 라마나탄(Veerabhadran Ramanathan)[12]이 지적했듯이 염화플루오린화탄소(chlorofluorocarbons, CFC. 상표명은 프레온이었다.—옮긴이)도 7~13μm 범위에서 강하게 흡수한다. 이러한 온실 기체는 표 1.1에서 볼 수 있듯이 대기 중 함량은 미미하지만, 모두 합쳐서 파장이 긴 지구 복사 스펙트럼 대역의 대부분을 흡수하고 방출함으로써 뒤에서 설명할 것과 같은 강력한 온실 효과를 일으킨다.

지구 표면과 대기 중에서의 복사 전달은 26쪽의 상자글 「흑체 복사와 키르히호프의 법칙」에서 간략하게 설명한 키르히호프의 법칙을 따른다. 이 법칙에 따르면 물질의 흡수율(absorptivity)과 방출률(emissivity)은 각각의 파장에 대해서 같아야 하며, 방출률은 흑체로부터의 이론적 방출에 대한 실제 방출의 비율로 정의된다. 지구 표면은 거의 흑체처럼 행동하기 때문에 1에 가까운

흑체 복사와 키르히호프의 법칙

입사되는 복사가 100% 흡수되는 검은색 벽이 있고 그 속의 물질은 완전히 절연되어 있다고 하자. 이 계가 온도가 균일하고 복사가 등방적인 열역학적 평형 상태에 도달했다고 가정하자. 벽이 검은색이기 때문에 계에서 벽으로 방출되는 복사는 완전히 흡수된다. 한편으로, 벽이 내뿜는 복사는 들어오는 복사와 크기가 같다. 이 계 안의 복사를 흑체 복사라고 부르며, 이른바 플랑크 함수에 따라 온도와 파장에만 의존한다. 정규화된 플랑크 함수의 스펙트럼 분포는 그림 1.6a의 오른쪽과 왼쪽에 255K와 6,000K에 대해 나타나 있으며, 두 값은 각각 지구와 태양의 등가 방출 온도(equivalent emission temperature)에 가깝다. 흑체가 모든 진동수 대역에 걸쳐 방출하는 에너지의 합은 온도에만 의존하며, 슈테판-볼츠만의 흑체 복사 법칙에 따라 절대 온도(켈빈 단위, K)의 4제곱에 비례한다.

벽 안쪽의 열역학적 평형을 유지하기 위해서는 벽과 내부의 물질이 동일한 양의 복사를 방출하고 흡수해 복사의 열 균형을 유지해야 한다. 다시 말해 주어진 파장에서 방출률(방출 대 플랑크 함수의 비)이 흡수율, 즉 흡수 대 입사하는 복사의 비와 같아야 한다는 뜻이다. 흡수율과 방출률이 같아야 한다는 것은 1859년에 구스타프 키르히호프(Gustav Kirchhoff)가 처음 제안했다.

키르히호프의 법칙은 균일한 온도와 등방적인 복사가 달성되는 열역학적 평형 조건을 요구한다. 분명히, 지구 대기의 복사의 장은 등방성이 아니며 온도는 균일하지 않다. 그러나 약 40km보다 작은 영역에 국한된 부피에서는, 대략 국소적으로 온도가 균일

> 하고 등방적이라고 할 수 있으며, 여기에서 에너지 전달은 분자의 충돌을 통해 결정된다. 대기에 키르히호프의 법칙을 적용할 수 있는 것은 이러한 국소적인 열역학적 평형의 맥락이다.[13]

흡수율을 가지며, 지표면에 도달하는 장파 복사의 하향 플럭스를 거의 완전히 흡수한다. 키르히호프의 법칙에 따라 지구 표면은 거의 흑체처럼 장파 복사의 상향 플럭스를 방출한다. 이 상향 플럭스는 대기를 통과하는 동안 온실 기체에 흡수되면서 고갈되지만, 이 기체들에서 방출되는 복사로 인해 증가하기도 한다. 상향 플럭스는 높이에 따라 흡수보다 방출이 크거나 역전되며, 여기에 맞춰 감소하거나 증가한다.

예를 들어 대기가 등온일 경우, 균질적이면서 등방적인 복사를 내는 흑체 내부처럼 상반된 두 효과가 정확하게 상쇄되어 상향 플럭스는 높이에 대해 상수가 된다. 그러나 대류권처럼 고도가 올라감에 따라 온도가 낮아지면 복사로 인한 상향 플럭스의 증가는 아래에서 오는 플럭스의 흡수로 인한 고갈보다 작아진다. 따라서 대기 중의 복사와 흡수의 차이로 인해 상향 플럭스는 높이가 증가함에 따라 감소한다. 간단히 말해, 대기는 전체적으로 지구 표면이 방출하는 장파 복사의 상향 플럭스가 대기권을 빠져나가기 전에 상당 부분을 가둔다. 이러한 가둠을 대기의 온실 효과라고 부른다.

대기의 온실 효과는 잘 혼합된 온실 기체뿐만 아니라 하늘을 덮는 구름 때문에 일어나기도 한다. 6장에서 설명하겠지만, 구름은 장파 복사를 방출하고 흡수하며, 충분히 두꺼우면 거의 흑체처럼 작용한다. 구름은 대기 전체에서 일어나는 온실 효과의 약 20%를 차지한다. 그러나 구름이 지구의 복사 균형에 미치는 영향은 온실 효과만이 아니다. 구름의 알베도(albedo, 태양광의 반사율)는 대부분의 지표면보다 높아서, 들어오는 태양 복사를 반사하기도 한다. 지구 전체의 연평균으로 볼 때 구름이 일으키는 태양 복사의 반사가 온실 효과를 압도한다. 따라서 구름은 지구의 열 균형에서 알짜 냉각 효과를 발휘한다.[14]

요약하면, 대기는 전체적으로 지구 표면에서 방출되는 장파 복사의 상향 플럭스를 상당히 흡수한다. 한편으로 대기는 장파 복사를 방출하기도 하므로, 흡수하는 상향 플럭스를 조금 보상한다. 그러나 키르히호프의 법칙에 따르면 대기의 흡수율은 모든 파장에서 방출률과 같아야 하므로, 상대적으로 따뜻한 지표면에서 방출되는 상향 플럭스의 흡수가 상대적으로 차가운 대기에서 일어나는 상향 플럭스의 방출보다 훨씬 크다. 따라서 대기는 지구 표면이 방출하는 장파 복사의 상향 플럭스를 대기권 최상단에 도달하기 전에 상당히 줄여 주는 온실 효과를 일으키며, 지구를 따뜻하고 생명이 거주할 수 있도록 유지하는 데 도움을 준다.

지구 온난화

지금까지 대기가 왜 이른바 온실 효과로 지구 표면에서 방출되는 장파 복사의 상향 플럭스의 많은 부분을 가두는지 설명했다. 이번에는 대기 중 온실 기체(예를 들어 CO_2)의 농도가 증가하면 왜 지표면과 대류권의 온도가 증가하는지를 설명하려고 한다.

앞 절에서 설명했듯이 지구의 유효 방출 온도는 $-18.7°C$로, 지구 표면 온도보다는 대류권 중간의 지구 평균 온도에 훨씬 더 가깝다. 유효 방출 온도가 지구 표면 온도보다 훨씬 낮은 이유는, 표면에서 방출되는 장파 복사의 상당한 부분이 대기권 최상단에 도달하기 전에 흡수되기 때문이다. 반면에 차가운 대류권 상층에서 방출되는 장파 복사의 상향 플럭스는 위쪽에 있는 대기층의 흡수가 작기 때문에 대부분이 대기권 최상단에 도달한다. 따라서 지구 밖으로 빠져나가는 장파 복사의 유효 방출 높이는 대류권 중간쯤이며, 그 온도는 지구 표면보다 훨씬 낮다.

장파 복사의 전달에서 일어나는 대기의 온실 효과를 양자 역학적으로도 설명할 수 있다. 복사가 광자의 형태라고 생각하면, 광자가 방출되는 위치보다 높은 곳에 있는 온실 기체 때문에 지구 상의 광자가 대기권 밖으로 빠져나갈 가능성이 줄어든다. 따라서 지구 표면에서 방출된 광자는 대기 중의 높은 곳에서 방출된 광자보다 대기권 최상단에 도달할 가능성이 훨씬 낮다. 모든 광자에 방출되는 높이와 온도가 적힌 '이름표'를 붙인다고 상상하면, 대기권 최상단에 도달하는 광자 분포의 중심은 표면의 기온보다 훨씬 낮은 온도, 즉 유효 방출 온도라는 이름표를 단 광자들이 차지하고 있을 것이다.

대기 중에서 CO_2와 같은 온실 기체의 농도가 높아지면, 공기의 적외선 불투명도가 높아져 대기 중 장파 복사의 흡수가 커진다. 따라서 대기권의 낮은 층에서 오는 장파 복사의 상향 플럭스는 높은 층에서 나오는 플럭스보다 더 잘 흡수되며, 이것은 주로 대기권 상층의 광학적 두께(optical thickness) 차이 때문이다. 다시 말해, 지표면과 대기 하층부에서 많이 나오는 광자는 대기권 최상단에 도달할 가능성이 작다. 이런 이유로 대기 중 온실 기체 농도가 높아지면 지구 밖으로 빠져나가는 장파 복사가 발생하는 유효 높이가 높아진다. 지구 밖으로 나가는 복사의 유효 방출 높이는 대류권 내에 위치하며, 대류권은 높이에 따라 온도가 낮아진다. 따라서 유효 방출 높이가 올라갈수록 온도가 낮아지고, 대기권 최상단에서 빠져나가는 장파 복사는 감소한다.

그림 1.7은 온실 기체가 증가할 때 장파 복사의 반응에 관련된 물리적 과정을 보여 준다. 그림 1.5와 마찬가지로 기울어진 실선은 대류권의 연직 온도 분포를 도식적으로 나타내며, 여기에서 온도는 높이에 따라 거의 선형으로 감소한다. 기울어진 선 위의 점 A는 대기권 최상단에서 빠져나가는 장파 복사의 유효 방출 높이를 가리킨다. (다시 말해, 대기권 최상단에 도달하는 광자의 절반은 이 높이 아래에서 오고, 절반은 더 높은 곳에서 온다.) 점 A에서 나오는

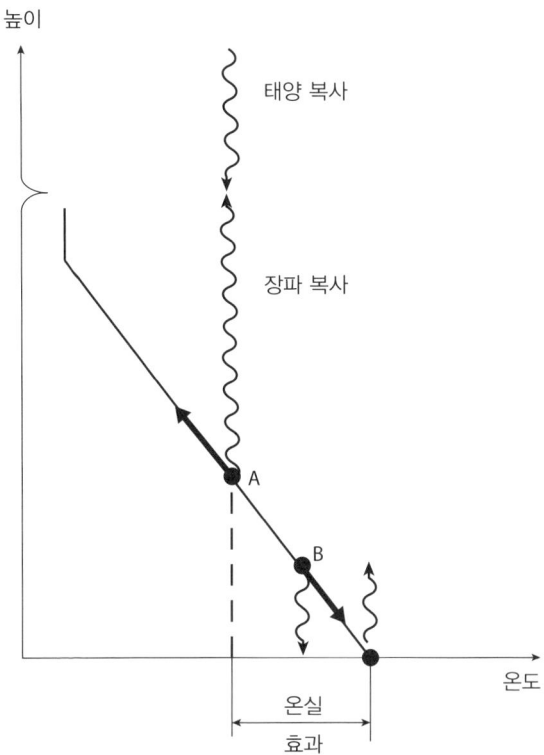

그림 1.7 대기 중 온실 기체 농도 상승에 대한 반응으로 대기권 최상단에서 방출되는 장파 복사의 평균 방출 높이(점 A)가 올라가는 것을 설명하는 개략도. 이 그림은 온실 기체의 농도 증가에 따른 지표면 장파 복사의 하향 플럭스 방출의 평균 높이(점 B) 변화도 보여 준다. 자세한 내용은 그림 1.5의 설명을 참조하라.

화살표가 가리키듯이, 대기 중의 온실 기체(예를 들어 CO_2)의 농도 증가에 따라 방출 높이가 위로 올라가며, 이것은 앞에서 설명한 것과 같다. 따라서 유효 방출 높이에서의 온도가 낮아지고, 대기권 최상단에서 빠져나가는 장파 복사가 감소한다.

온실 기체(예를 들어 이산화탄소와 수증기)의 농도 변화는 대기권 최상단에서 빠져나가는 장파 복사의 상향 플럭스뿐만 아니라 지구 표면에 도달하는 하향 플럭스에도 영향을 미친다. 대기 중 온실 기체의 농도가 높아지면, 공기의 적외선 불투명도가 높아져 대기 중 장파 복사의 흡수가 커진다. 따라서 높은 곳에서 나오는 하향 플럭스가 낮은 곳에서 나오는 것보다 더 많이 흡수된다. 그러므로 온실 기체 농도가 높아지면 하향 플럭스의 유효 방출 높이가 낮아진다. 그림 1.7의 기울어진 선이 가리키듯이 대류권에서는 높이가 낮아짐에 따라 온도가 올라가므로, 점 B로 표시된 하향 플럭스의 유효 방출 높이에서의 온도도 올라가며, 따라서 지구 표면에 도달하는 장파 복사의 하향 플럭스가 증가한다.

온실 기체의 증가에 대한 지표면-대류권 계의 복사 반응은 관련된 두 과정의 최종 결과로 볼 수 있다. 첫 번째 과정에서는 아래로 향하는 장파 복사가 많아져서 지표면 온도가 올라간다. 충분히 긴 시간이 지나면 지표면은 흡수한 복사 에너지를 모두 대기로 되돌려 보내고, 습하고 건조한 대류, 장파 복사, 대규모 순환을 통해 열에너지가 위로 전달된다. 따라서 지표면뿐만 아니라 대류권의 온도도 올라간다. 이러한 온난화가 다른 변화 없이 일어나면, 대기권 최상단에서 더 많은 장파 복사가 빠져나갈 것이다.

두 번째 과정은 온실 기체 농도 증가에 대해 대기권 최상단에서 빠져나가는 장파 복사의 반응과 관련된다. 지표면-대류권 계의 온도가 변하지 않은 채로 온실 기체가 많아지면, 앞에서 보았듯이 대기권 최상단의 장파 복사 상향 플럭스가 줄어든다. 지구 전체의 복사열 균형을 유지하기 위해 지표면-대류권 계는 이 두 과정의 효과가 균형을 이룰 수 있을 만큼만 따뜻해져서, 대기권 최상단에서 빠져나가는 장파 복사는 온난화에도 불구하고 변하지 않게 된다.

지구 온난화의 규모에 영향을 미치는 중요한 요인 중 하나는 수증기와 관련된 양의 되먹임 과정이다. 앞에서 말했듯이 수증기는 대기 중에서 가장 강력한 온실 기체이다. 수증기는 파장이 긴 지구 복사 스펙트럼 대역의 대부분을 강하게 흡수하고 방출하며(그림 1.6d), 대기가 나타내는 강력한 온실 효과의 주요 원인이 된다. 대기 중에 오래 머무는 이산화탄소와 같은 온실 기체와 달리 수증기는 대기 중에 몇 주 동안 짧게 머무르며, 지구 표면(예를 들어 바다)에서 증발을 통해 빠르게 대기로 들어왔다가 응축과 강수를 통해 대기에서 빠져나간다. 공기의 절대 습도는 포화 상태 이상으로 높아지지 못하며, 상대 습도가 대규모로 100%를 넘는 일은 일어나지 않는다. 클라우지우스-클라페롱 방정식(Clausius-Clapeyron equation)에 따르면 공기의 포화 증기압은 온도가 올라갈수록 증가하므로, 공기의 절대 습도는 일반적으로 온도가 오를수록 증가해서 대기의 온실 효과가 커진다. 기온과 대기의 온실 효과 사이의 양의 되먹임 효과를 '수증기 되먹임(water vapor feedback)'이라고 부르며, 6장에서 더 자세히 다룰 것이다. 수증기 되먹임은 이산화탄소, 메테인, 아산화질소, CFC처럼 대기에 오래 잔류하는 온실 기체의 증가처럼 지구 온난화를 더 크게 한다.

지구 온난화가 일어나면 기온 변화 외에도 기후 계의 다른 반응도 함께 일어난다. 클라우지우스-클라페롱 방정식에 따르면 습한 표면(예를 들어 바다)과 접촉하는 공기의 포화 증기압은 표면 온도가 증가함에 따라 가속적으로 증가하기 때문에 지표면이 따뜻해지면서 물이 더 많이 증발한다. 이때 상대 습도는 거의 변하지 않는데, 여기에 대해서는 다음 장들에서 설명할 것이다. 전 세계적으로 증발률이 증가하면 강수율이 증가해 장기적으로 대기의 수분 균형을 충족하게 된다. 이것이 지구 온난화가 진행됨에 따라 평균 증발률과 강수율이 같은 크기로 증가하는 주된 이유이며, 10장에서 더 자세히 논의할 것처럼 지구의 물 순환 속도가 빨라진다.

이 장에서는 대기의 온실 효과가 일어나는 원인을 설명했다. 온실 효과는 지구 표면을 따뜻하고 거주 가능한 기후로 유지하기 위해 필수적이다. 대기 중 CO_2 농도가 높아짐에 따라 지구 표면의 온도가 상승하고 지구의 물 순환이 빨라지는 이유도 설명했다. 이 책의 나머지 부분에서, 기후 변화를 제어하는 물리적 메커니즘을 탐구하는 다양한 연구를 소개할 것이다, 이러한 메커니즘은 산업화 시대인 현재뿐만 아니라 지질학적 과거의 기후 변화까지 지배한다. 이러한 연구를 대략 역사적인 순서로 소개할 것이며, 다음 장에서는 초기의 선구적 연구에 대해 알아보겠다.

2장
초기의 연구

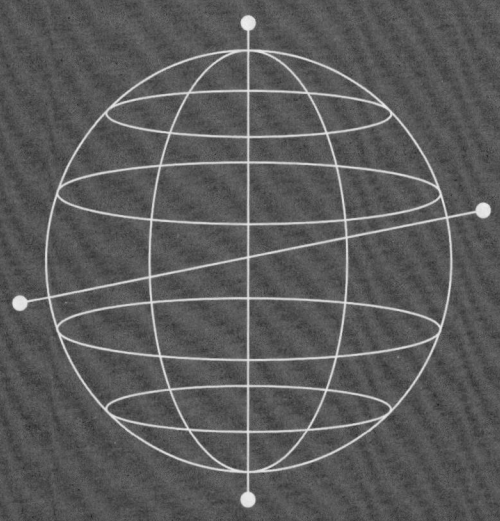

이번 2장에서는 대기의 온실 효과와 범지구적 기후 변화에 대해 19세기와 20세기 초에 수행된 초기 연구를 소개한다. 푸리에, 틴들, 아레니우스, 헐버트의 선구적인 연구에서부터 시작한다.

갇힌 열

앞의 장에서 설명한 대기의 온실 효과를 처음으로 추측한 사람은 유명한 수리 물리학자 장바티스트 조제프 푸리에(Jean-Baptiste Joseph Fourier)일 것이다. 1824년과 1827년에 출판된 에세이[1]에서 푸리에는 스위스 과학자 오라스 베네딕트 드 소쉬르(Horace Bénédict de Saussure)가 수행한 실험을 언급했다. 이 실험에서 소쉬르는 투명한 용기를 검은 코르크로 막고, 일정한 간격으로 투명한 유리판 여러 장을 코르크 마개에 삽입했다. 낮 동안에 햇빛이 유리판을 통해 용기 상부로 들어간다. 이 장치에서 가장 안쪽 칸의 온도가 더 많이 올라갔다. 푸리에는 대기가 그림 1.6b와 같이 들어오는 태양 복사에 대해 거의 투명함에도 불구하고 유리창처럼 안정적인 장벽을 형성할 수 있다고 추측했다. 푸리에는 1장에서 살펴본 것과 같은 열이 갇히는 메커니즘을 구체적으로 설명하지 않았지만, 소쉬르가 수행한 간단한 실험을 바탕으로 대기의

온실 효과의 존재를 정확하게 추측한 것은 매우 주목할 만하다.[2]

그러나 푸리에는 대기 중에서 열을 가두는 역할을 할 수 있는 성분을 밝히지 않았다. 아일랜드의 물리학자 존 틴들(John Tyndall)은 이 기체들을 성공적으로 확인하고 대기의 온실 효과에 대한 기여의 상대적 크기를 추정했다. 열전대열(熱電對列, thermopile) 기술을 이용한 그의 측정 장치는 기체 흡수 분광학의 역사에서 초기의 이정표였다. 틴들은 질소와 산소와 같은 공기의 주요 성분은 장파 복사에 대해 투명하지만 수증기, 이산화탄소, 메테인, 아산화질소, 오존처럼 함유량이 작은 성분들이 장파 복사를 흡수하고 방출해 온실 효과를 일으킨다고 결론지었다.[3] 그는 이중에서 수증기가 대기 중 가장 강력한 흡수체이며, 이산화탄소가 바로 다음임을 알아냈다. 이것들은 지표면의 온도를 제어하는 주요 기체들이다. 지구 온난화에 대한 이 기체들의 상대적 기여는 웨이청 왕(Wei-Chyung Wang)[4]과 베라브하드란 라마나탄[5]의 정량적 평가의 대상이 되었다.

최초의 정량적 평가

1894년에 스웨덴의 스반테 아레니우스(그림 2.1)는 스톡홀름 물리학회 모임에서 매우 도발적인 강연을 했다. 대기 중의 CO_2 농도가 2~3배 변하면 지표면의 평균 기온이 빙기와 간빙기의 차이에 버금갈 만큼 변하는 기후 변화를 일으킬 수 있다고 추측했다. 아

그림 2.1 스반테 아레니우스(1859~1927년).

레니우스는 자신이 수행한 연구를 구체적으로 기술한 논문[6]을 이듬해에 발표했는데, 이것은 거대한 빙기-간빙기 기후 변화(7장)뿐만 아니라 현재 일어나고 있는 지구 온난화와도 관련이 있음이 밝혀졌다. 대기 중 CO_2 농도 변화에 따른 지표면 기온 변화의 크기를 추정하기 위해 단순한 기후 모형을 사용한 그의 진정으로 선구적인 연구를 여기에서 설명한다.

아레니우스는 각각의 위도와 계절 각각에 대해 대기와 지표면의 열 균형을 나타내는 방정식 2개를 만들었다. 그 공식에서 대기의 열 균형은 거의 다음과 같은 요소들 사이에서 유지된다.

- 장파 복사의 방출과 흡수에 따른 냉각과 가열.

- 태양 복사의 흡수에 따른 가열.
- 지표면에서 대기권으로 가는 열의 알짜 상향 플럭스로 인한 가열.
- 대기 중의 대규모 순환으로 일어나는 자오선 열 수송(열 수송이 남북 방향으로 이루어진다는 뜻이다. — 옮긴이)으로 인한 가열 또는 냉각.

지표면의 열용량이 0이고 모든 복사 열에너지를 현열(sensible heat)과 잠열(latent heat)의 형태로 되돌려 보낸다고 암묵적으로 가정하면, 지표면의 열 균형은 다음과 같은 요소들 사이에서 유지된다.

- 장파 복사의 방출과 흡수에 따른 냉각과 가열.
- 태양 복사의 흡수에 따른 가열.
- 지표면에서 대기 중으로 가는 열의 알짜 상향 플럭스로 인한 냉각.

앞에서 설명한 대기와 지구 표면의 열 균형 방정식으로부터 아레니우스는 지구 표면의 온도와 대기 중 CO_2 농도를 연결하는 공식을 얻었다. 이 공식을 사용해 여러 위도와 각각의 계절에 대해 CO_2 농도 변화에 따른 표면 온도 변화를 계산했다. 1장에 설명한 수증기 관련 양의 되먹임 효과를 반복 계산으로 포함시켰고, 각각의 반복 계산에서 온도 변화에 따른 대기의 상대 습도는 변하지 않도록 했다. 그는 수증기 되먹임 외에도 기온 상승에 따라 쌓인 눈이 극 지방으로 후퇴하기 때문에 지표면 온난화에 가해지는 양의 되먹임 효과도 고려했다. 아레니우스가 가장 중요한 두 가지 양의 되먹임 효과를 알아보고 계산에 포함시킨 것은 매우 인상적이다. 그러나 아레니우스가 지표면과 대기의 온도 변화에도 불구하고 수평 및 수직 열 플럭스는 변하지 않는다고 가정함으로써 계산을 크게 단순화했다는 점에 주목해야 한다. 이 가정은 그가 얻은 표면 온도 변화의 크기가 오로지 복사 과정을 통해 조절되며, 대규모 대기 순환과 연직 대류를 통한 열 전달에 의존하지 않는다는 것을 의미한다.

이렇게 해서 아레니우스는 지구 전체 표면 온도 변화의 평균을 얻었고, 대기 중 CO_2 농도가 2배로 증가하면 지구 평균 표면 온도가 5~6℃ 증가한다는 것을 발견했다. 이렇게 얻은 지구 온난화의 규모는 상당히 크고, 현재 기후 모형의 민감도 범위 위쪽에 있다.[7] 앞으로 논의할 것처럼 이 모형의 민감도가 큰 주된 이유는 계산에 사용한 CO_2의 흡수율/방출률이 비현실적으로 컸기 때문이다.

아레니우스는 수증기와 CO_2의 흡수 스펙트럼을 추정하기 위해 천문학자이자 물리학자인 새뮤얼 피어폰트 랭글리(Samuel Pierpont Langley)[8]가 얻은 달에서 방출되는 복사의 기록을 사용했다. 라마나탄과 앤드루 보겔만(Andrew M. Vogelmann)[9]이 상세한 분석에서 지적했듯이, 아레니우스가 사용한 CO_2 흡수율은 약 2.5배 더 크다. 그들은 이러한 차이가 주로 랭글리가 관찰한 스펙트럼 범위에서 수증기의 흡수 대역과 CO_2의 흡수 대역이 겹치는 부분에서 CO_2의 흡수율 추정에 오류가 있었기 때문이라는 가설을 제안했다. 현재의 CO_2 흡수율 데이터를 사용해 알베도 되먹임이 없는 조건으로 아레니우스의 계산을 반복했을 때, 그들은 CO_2가 2배로 증가하면 표면 온도가 최대 2℃만 상승한다는 것을 발견했다. 이것은 아레니우스가 얻은 5~6℃보다 훨씬 작지만, 현재의 CO_2 흡수율 데이터를 사용하는 지표면-대기권 계의 1차원 모형의 민감도와 비슷하다.

이미 논의했듯이 대기의 온실 효과의 크기는 온실 기체의 연직 분포뿐만 아니라 온도의 연직 구조에도 의존하는데, 온도의 연직 구조는 대류와 복사의 두 가지 열 전달 모두의 영향을 받는다. 따라서 지구 온난화의 신뢰성 있는 추정치를 얻으려면 아레니우스가 사용한 단층 모형보다는 대기의 다층 복사-대류 모형을 사용하는 것이 바람직하다. 이러한 모형을 사용하려는 최초의 시도는 에드워드 올슨 헐버트(Edward Olson Hulburt)[10]에 의해 이루어졌다. 그는 대기의 연직 기둥 모형을 개발했는데, 이것은 복사-대류 평형의 대류권과 복사 평형의 성층권으로 구성되었다. 그는 자신이 고안한 모형이 지표면의 지구 평균 온도를 성공적으로 재현하자 큰 용기를 얻었다. 헐버트는 이 모형을 사용해 주어진 대기 중 CO_2 농도 변화로 인한 지표면 온도 변화의 크기를 추정했다. 그는 양의 수증기 되먹임이 없을 때 대기 중 CO_2 농도가 2배로 증가하면 지구 표면의 온도가 4℃ 상승한다는 것을 발견했다. 수증기 되먹임을 고려하면 온난화의 규모가 훨씬 더 커진다는 것을 깨달은 그는 아레니우스의 의견에 동의하며 CO_2가 빙기를 초래할 수 있다는 이론은 여러 가지 반대 의견에도 불구하고 신뢰할 수 있다고 결론지었다.

헐버트가 얻은 4℃의 온난화(CO_2 농도가 2배로 증가했을 때의 반응)는 라마나탄과 보겔만[11]이 수증기 되먹임과 눈의 알베도 되먹임이 없는 아레니우스 모형을 사용해 얻은 3.8℃의 온난화와 비슷하다. 이 두 값은 모두, 앞과 같은 되먹임이 없는 조건에서 복사-대류 모형에 현재의 CO_2 흡수율을 적용해서 얻은 값인 1.2℃의 3배쯤이다. 따라서 헐버트는 아레니우스처럼 거의 3배나 큰 CO_2 흡수율 데이터를 사용했을 가능성이 크다. 헐버트가 수증기 되먹임을 계산에 포함시켰다면, 대기 중의 CO_2 농도가 2배로 증가할 때 6℃의 지표면 온도 증가라는 결과를 얻었을 것이다.

헐버트의 연구는 아레니우스가 수행한 연구의 자연스러운 확장이다. 이 연구는 처음으로 대기의 복사-대류 모형을 사용했고, 온도의 연직 구조를 고려해 지구 온난화를 추정했다. 불행히도 헐버트의 연구는 영국의 공학자 가이 스튜어트 캘런더(Guy Stewart Callendar)가 제안한 매우 단순한 접근법에 가려 오랫동안 무시당했는데, 이 연구에 대해서는 다음 절에서 살펴볼 것이다. 헐버트의 연구는 앞에서 살펴보았듯이 심각한 결함이 있었지만, 마나베와 리처드 웨더럴드(Richard T. Wetherald)[12]가 수행한 복사-대류 모형 연구보다 30년도 훨씬 전에 나온 진정한 최초의 연구였다. 마나베와 웨더럴드의 복사-대류 모형 연구에 대해서는 3장에서 살펴볼 것이다.

단순한 대안

아레니우스의 연구가 발표되고 수십 년이 지난 뒤인 1938년 캘런더는 대기 중 CO_2 농도 변화로 인한 지구 표면 온도의 변화를 추정하는 새로운 시도를 했다. 그러나 그가 이 연구를 하게 된 동기는 아레니우스와 달랐다. 아레니우스는 온실 기체가 빙기와 간빙기의 기후 차이에 어떤 역할을 하는지 탐구하는 데 주로 관심이 있었다. 그러나 캘런더는 다음과 같은 주장으로 그의 논문을 시작했다. "우리의 기후와 날씨를 만드는 대기의 자연적인 열 교환에 익숙한 사람들 중에, 인간의 활동이 이 거대한 규모의 현상에 영향을 줄 수 있다고 믿는 사람은 거의 없을 것이다. 나는 이 논문에서 그러한 영향이 가능할 뿐만 아니라 이 시대에 일어나고 있음을 보여 주고자 한다."[13]

캘런더는 앞에서 설명한 아레니우스의 연구를 알고 있었지만, 아레니우스가 사용한 것보다 더 현실적인 CO_2와 수증기의 흡수율을 이용해 CO_2가 일으키는 표면 온도 변화의 추정을 개선하려고 시도했다. 그러나 캘런더는 지구 표면의 복사 열 균형만을 기반으로 하는 매우 간단한 방법을 사용했다. 이 장의 나머지 부분에서 그가 사용한 방법을 알아보겠다.

1장에서 보았듯이, 대기 중 온실 기체의 농도 변화는 지구 표면에서 장파 복사 하향 플럭스의 세기에 변화를 일으킨다. 예를 들어 대기 중 온실 기체 농도가 높아지면 공기의 적외선 불투명도도 함께 높아져서 대기는 장파 복사를 더 많이 흡수한다. 이것으로 인해 대기권의 높은 층에서 방출되는 장파 복사의 하향 플럭스가 낮은 층에서 방출되는 하향 플럭스보다 더 많이 흡수된다. 따라서 하향 플럭스가 방출되는 층의 유효 높이가 낮아진다. 대류권에서는 높이가 낮아지면 기온이 올라간다. 장파 복사의 하향 플럭스가 발생하는 높이가 낮아진다는 것은 그 높이의 온도는 올라간다는 뜻이다. 이것으로 인해 대기 중의 CO_2 농도가 높아지면, 지표면에서 장파 복사의 하향 플럭스가 증가한다. 따라서 다른 상황들이 변하지 않는 조건에서 지표면의 열 균형을 유지하려면, 하향 플럭스가 증가하는 만큼 장파 복사의 상향 플럭스도 증가해서 보상되어야 한다. 캘린더는 자신의 연구에서, 대기 중 CO_2 농도의 증가로 인한 하향 플럭스의 증가에도 불구하고 지표면에서 장파 복사의 알짜 상향 플럭스가 변화하지 않기 위해 필요한 표면의 온도 변화를 추정했다.

지표면에서 장파 복사의 알짜 상향 플럭스(E)는 다음과 같이 상향 플럭스(U)와 하향 플럭스(D)의 차이로 정의된다.

$$E = U - D. \quad (2.1)$$

여기에서 E는 대개 양수이며, 지표면의 온도가 상승하면 증가할 것으로 기대된다.

지표면에서 장파 복사의 알짜 상향 플럭스의 섭동 방정식은 다음과 같이 나타낼 수 있다.

$$dE(C, T_s) = (\partial E/\partial C) \cdot dC + (\partial E/\partial T_s) \cdot dT_s. \quad (2.2)$$

여기에서 C는 대기 중 CO_2의 농도이고 T_S는 지표면의 지구 평균 온도이다. 지표면의 열 균형이 유지된다고 가정하면 $dE(C, T_S) = 0$이고, 이것은 $(\partial E/\partial C) = -(\partial D/\partial C)$임을 뜻한다. 그러면 CO_2 농도의 변화와 표면 온도 사이의 관계를 다음과 같이 유도할 수 있다.

$$dT_s = [(\partial D/\partial C)/(\partial E/\partial T_s)] \cdot dC. \quad (2.3)$$

캘린더는 이렇게 구한 식 (2.3)을 사용해 주어진 대기 중 CO_2 농도의 변화로 인한 지표면 온도 변화의 크기를 추정했다. 그는 연직 방향의 온도 기울기는 일정하고 표면 온도에 의존하지 않는다고 가정했다. 이 방법을 통해 대기 중 CO_2가 2배로 증가하면 표면 온도가 약 2℃ 올라간다는 결과가 나왔다. 아레니우스가 이전에 얻은 5~6℃의 절반에도 미치지 못하지만, 캘린더의 결과는 19세기부터 20세기 초반까지 수십 년 동안 일어난 평균 지표면 온도 상승과 일치하는 것으로 보였다.

캘런더의 연구가 발표된 지 몇십 년이 지난 뒤에, 여러 저자들이 캘런더가 무시했던 요인들을 포함시켜서 다시 연구해 보았다.[14] 예를 들어, 1956년에 길버트 플래스(Gilbert N. Plass)는 CO_2 농도가 2배로 증가하면 표면 온도가 3.6℃ 올라간다는 것을 발견했다. 1960년에 루이스 카플란(Lewis D. Kaplan)은 장파 복사의 하향 플럭스 변화에 대한 구름의 영향을 고려해 약 1.5℃를 얻었다. 당시에 이용 가능했던 가장 정확한 CO_2 흡수율[15]을 사용해 프리츠 뮐러(Fritz Möller)[16]는 캘런더가 얻은 2℃의 약 절반인 1℃를 얻었다. 앞에 제시된 결과가 수증기 되먹임을 고려하지 않고 얻어졌다는 점에 주목한 뮐러는 되먹임을 포함시켜 다시 계산해 보았지만, 이번에는 조금 이상한 결과가 나왔다.

1장에서 설명했듯이, 온실 기체의 증가로 인한 지구 표면의 온난화는 대류권 전체의 온도 상승과 절대 습도 증가를 동반하며, 상대 습도는 근본적으로 변하지 않는다. 절대 습도의 증가는 대류권의 적외선 불투명도를 더 증가시켜 장파 복사의 하향 플럭스가 발생하는 층의 평균 높이를 더 낮춘다. 앞에서 언급했듯이 대류권에서는 높이가 낮아짐에 따라 온도가 상승하기 때문에 장파 복사의 하향 플럭스가 증가해 양의 수증기 되먹임 효과를 통해 지구 표면의 온난화가 커진다. 이 효과를 통합하기 위해 뮐러는 식 (2.3)에서 $\partial E/\partial T_S$를 dE/dT_S로 바꿔서 다음의 식을 얻었는데, 이것은 수증기 되먹임이 존재하는 경우 dT_S와 dC의 관계를 나타내는 방정식이다.

$$dT_s = [(\partial D/\partial C)/(dE/dT_s)] \cdot dC. \quad (2.4)$$

여기에서 dE/dT_S는 T_S뿐만 아니라 W(즉 대기의 총 수분 함량)에도 의존한다. $(\partial E/\partial W) = -(\partial D/\partial W)$이므로, 이 방정식을 다음과 같이 바꿀 수 있다.

$$dE/dT_s = \partial E/\partial T_s - \partial D/\partial W \cdot (dW/dT_s). \quad (2.5)$$

장파 복사의 하향 플럭스는 W의 증가에 따라 증가하며, 앞에서 말했듯이 W는 표면 온도 상승에 따라 증가하므로, 식 (2.5)의 오른쪽 두 번째 항인 $\partial D/\partial W \cdot (dW/dT_S)$는 양수이며 첫 번째 항을 보상한다. 첫 번째 항은 앞에서 말했듯이 양수이므로, 두 번째 항은 지구 평균 표면 온도의 섭동에 작용하는 복사 되먹임의 세기(즉 dE/dT_S)를 감소시킨다. 예를 들어 표면 온도가 15℃이고 공기의 상대 습도가 77%로 고정되어 있다고 가정할 때, 식 (2.5)의 오른쪽에 있는 두 항은 서로를 거의 완전히 보완하므로 dE/dT_S는 매우 작은 음의 값이 된다. 다시 말해, 장파 복사의 알짜 상향 플럭스는 표면 온도가 증가함에 따라 약간 감소한다. 이것은 수증기 되먹임이 존재하는 경우에 장파 복사의 알짜 상향 플럭스는 대기 중 CO_2 농도 증가로 인한 하향 플럭스의 증가를 보상할 수 없음을 의미한다. 이렇게 얻은 dE/dT_S 값을 식 (2.4)에 대입하면 대기 중 CO_2가 2배로 증가할 때 6℃라는 큰 냉각 효과를 얻는다. 이 불합리한 결과는 장파 되먹임이 양의 값이고 식 (2.4)가 더 이상 타당하지 않기 때문이다.

지표면에서 열 균형에 대한 중요한 요소 중 하나는 대기로 들어가는 현열과 증발 잠열의 상향 플럭스이다. 대기 중 CO_2 농도의 증가에 따라 지표면에서 장파 복사의 하향 플럭스가 증가하면 지표면의 온도가 상승하며, 따라서 대기로 들어가는 현열과 잠열의 상향 플럭스가 증가한다. 그러나 캘런더는 지표면 온도 변화의 크기를 추정하기 위해 표면 온도가 변해도 현열과 잠열의 상향 플럭스는 변하지 않는다고 가정했다. 따라서 그는 지표면의 열 균형에 기여하는 중요한 과정 중 하나를 무시한 것이다. 이것이 캘런더와 유사한 지표면 열 균형 접근법을 사용한 뮐러가 앞에서 설명한 어려움에 직면한 주된 이유이다. 아레니우스도 현열과 잠열의 상향 플럭스가 변하지 않는다고 잘못 가정했지만, 그의 모형에서는 대기의 연직 온도 기울기가 증가할 수 있었기 때문에 유사한 어려움을 겪지 않았다. 연직 온도 기울기가 커지면 지표면에서 장파 복사의 알짜 상향 플럭스를 증가시켜 CO_2와 수증기의 증가로 인한 하향 플럭스의 증가를 보상하는 데 도움이 된다. 반면에 캘런더 모형에서는 연직 온도 기울기가 고정되어 있었고, 대기 중 두 기체의 증가로 인한 하향 플럭스의 증가를 보상할 수 있을 만큼 장파 복사의 알짜 상향 플럭스가 증가하는 것이 불가능해졌다.

1979년에 리처드 뉴웰(Richard G. Newell)과 토머스 도플릭

(Thomas G. Dopplick)[17]은 지표면과 대기 사이의 열 교환 효과를 통합한 지표면의 열 균형 모형을 사용해 CO_2 농도의 2배 증가에 따른 지표면 온도 변화의 추정을 다시 시도했다. 그들은 지표면 온도 상승의 크기가 0.25℃ 미만임을 발견했다. 예를 들어 로버트 와츠(Robert G. Watts)[18]가 논의했듯이, 이 모형의 값이 작은 것은 지표면 근처의 대기층에서 기온과 절대 습도가 CO_2 농도 증가에 따라 변하지 않는다는 비현실적인 가정 때문이며, 따라서 지표면 온도 변화의 크기가 심각하게 제한된다.

지구 온난화의 신뢰성 있는 추정치를 얻기 위해서는, 캘린더가 한 것과 같은 인위적인 가정을 하지 않고 지표면과 대기 사이의 열 교환을 계산하는 모형을 구축하는 것이 바람직하다. 이러한 가정을 필요로 하지 않는 접근법은 지구 온난화 연구에 사용하기 위해 (헐버트가 개발한 것과 같은) 복사-대류 모형을 개선하는 것이다. 3장에서는 1960년대 초에 수행된 이러한 연구를 살펴볼 것인데, 이때는 온실 기체의 흡수율을 정확하게 측정할 수 있게 되었고, 복사열 전달을 안정적으로 추정하기 위한 간단한 체계도 개발되었다.[19]

3장
1차원 모형

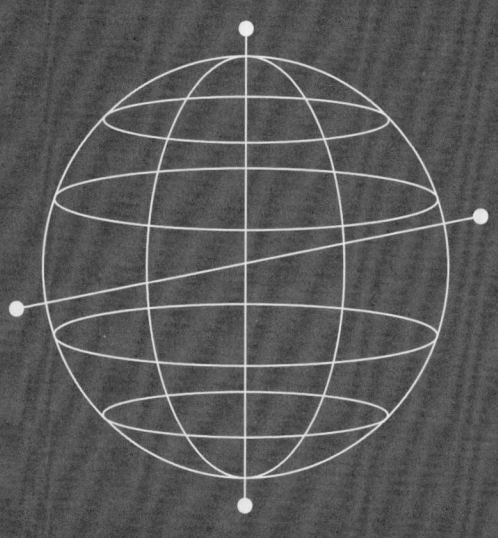

복사-대류 평형

1960년대 초 당시 미국 기상청(현재 NOAA) 소속의 지구 물리 유체 역학 연구소(GFDL)는 대기의 1차원 연직 기둥 모형을 개발했다. 이러한 복사-대류 평형의 1차원 모형은 다음 장에서 설명할 대기의 3차원 일반 순환 모형의 첫 단계로 개발되었다. 그럼에도 불구하고 1차원 모형은 대기의 열 구조의 유지에서 여러 가지 온실 기체(수증기, 이산화탄소, 오존)의 역할을 탐구하는 데 매우 유용했다. 이 장에서는 1964년에 마나베와 로버트 스트리클러(Robert F. Strickler)[1]가 구축한 모형의 구조를 설명하고, 대기 중 온도의 연직 분포를 얼마나 잘 재현하는지 평가한다. 그런 다음에 이 장의 후반부에서 대기 중 CO_2 농도가 변할 때 대기와 지표면의 온도 반응을 추정하는 데 이 모형을 어떻게 사용하는지 설명한다.

복사-대류 모형에서는 태양 복사, 장파 복사, 대기의 대류, 지표면과 대기 사이의 열 교환의 네 가지 과정이 작동한다. 구름의 연직 분포와 대기 중 수증기, 이산화탄소, 오존 등 온실 기체의 농도를 고려해 미리 정해진 연직 온도 분포로 모형을 초기화하고 (1) 태양 복사 흡수, (2) 장파 복사의 방출 및 흡수, (3) 지표면에서 대류권으로 전달되는 열의 상향 플럭스, (4) 대류권에서 대류를 통한 상향 열 전달을 수치적으로 계산한다.

앞에서 언급했듯이 지구 표면의 열 균형은 태양 복사, 장파 복사, 지구 표면에서 대기로의 열 플럭스 사이에서 유지된다. 표면에서의 열 플럭스는 현열과 잠열의 플럭스로 이루어지지만, 이 모형에서는 두 플럭스를 구별하지 않고 뭉뚱그려서 처리한다. 지금 설명하는 전 지구 평균 모형에서는 지표면에서 증발한 모든 수증기가 결국은 응축되어 대류권에서 위로 이동하면서 현열로 변하기 때문에 이러한 단순화가 정당화될 수 있다. 그러나 지표면의 열 균형에서는 해양에서의 열의 연직 혼합과 토양에서의 열 전도와 같은 다른 요소도 있다는 점에 유의해야 한다. 이러한 플럭스는 단기간에는 크게 기여할 수 있지만, 일반적으로 충분히 긴 시간에 걸쳐 평균을 내면 상당히 작아진다. 따라서 여기에서는 지구 표면이 받는 모든 에너지가 대기권으로 돌아간다고 가정한다.

이 모형에서 대류는 '대류 조정(convective adjustment)'이라고 불리는 기법으로 모사된다. 온도의 연직 감률(lapse rate)이 임곗값을 넘어서면 대류 조정이 작동해 자연적인 대류에서의 감률로 조정하며, 이때 총 퍼텐셜 에너지(즉 퍼텐셜 에너지와 내부 에너지의 합계)는 일정하게 유지된다. 여기에서 대류의 임계 감률은 6.5℃ km^{-1}로 선택했는데, 이것은 대류권에서 관측된 지구 전체의 평균 감률에 가깝다. 이 감률은 대기 중 포화 공기 덩어리의 상승에 따르는 습윤 단열 온도 분포와 크게 다르지 않아서, 4장에서 다룰 것처럼 저위도와 중위도에서는 심층 습윤 대류(deep moist convection)가 지배적이라는 점을 보여 준다.

마나베와 스트리클러가 구축한 모형에서는 대기를 두께가 각각 다른 18개의 층으로 나누고, 각 층마다 온도를 결정한다. 등온 온도 분포에서 시작해 짧은 시간 단계로 시간에 대해 수치 적분을 수행한다. 각 시간 단계에서 태양 복사와 장파 복사에 따른 온도 변화를 계산한다. 가장 낮은 층의 온도 변화는 지표면에서 오는 열 플럭스의 기여도 포함한다. 이렇게 얻은 온도 변화를 이전 시간 단계의 끝에서 온도에 더한다.

이렇게 얻은 연직 온도 분포는 대류 조정을 통해 더 수정되며, 이것은 연직 공기 기둥의 총 에너지를 보존하면서 임곗값을 넘어설 때마다 온도의 연직 감률을 자연적인 대류에서의 감률로 조정한다. 대류 조정이 끝나면 모형의 시간 적분은 다음 시간 단계로 넘어가며, 모형 대기 상태가 더 이상 변하지 않고 대기권 최상단의 알짜 유입 태양 복사가 밖으로 빠져나가는 장파 복사와 실질적으로 같아질 때까지 이 과정을 반복한다.

마나베와 스트리클러[2]는 이 모형을 사용해 구름이 없는 이상화된 대기에 대한 복사-대류 평형의 두 가지 상태를 얻었다. 매우 따뜻하고 매우 차가운 등온 대기 온도 분포를 사용해 모형을 초기화해서, 이 모형의 두 가지 시간 수치 적분을 수행했다. 두 적분에서 대기권 최상단으로 들어오는 지구 전체 연평균 태양 복사의 플럭스를 부과했다. 이산화탄소, 수증기, 오존 평균 농도의

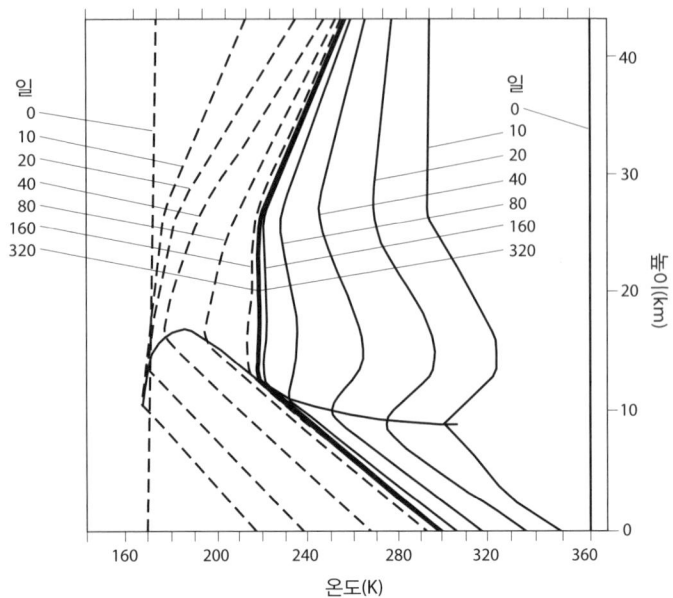

그림 3.1 차갑고 따뜻한 등온 초기 조건에서 복사-대류 평형에 접근하는 온도의 연직 분포. 점선과 실선은 각각 170K와 360K의 등온 대기로부터의 접근을 나타내고, 굵은 실선은 최종 분포를 나타낸다. 고도 9~16km의 거의 평행한 실선은 대류권 계면(tropopause)의 위치를 나타낸다.[3]

연직 분포는 관측 결과를 바탕으로 미리 결정했고, 시간에 따라 변하지 않도록 했다.

그림 3.1은 두 가지 시간 적분에서 지구 평균 온도의 연직 분포가 대기에서 어떻게 진화하는지 보여 준다. 두 초기 조건 사이에 큰 차이가 있지만, 재현된 분포는 320일의 기간에 걸쳐 적분한 다음에는 거의 똑같아진다. 굵은 실선으로 나타낸 최종 분포

는 일정한 연직 온도 기울기를 갖는 대류권, 거의 등온인 성층권 하층부와 높이에 따라 온도가 점점 증가하는 성층권 상층부로 이루어진다.

대기의 열 구조에 대한 대류의 영향을 평가하기 위해, 복사-대류 평형에서 온도의 연직 분포를 복사 평형 분포(그림 3.2)와 비교한다. 복사 평형 분포에서는 대류가 없고, 태양 복사와 장파 복

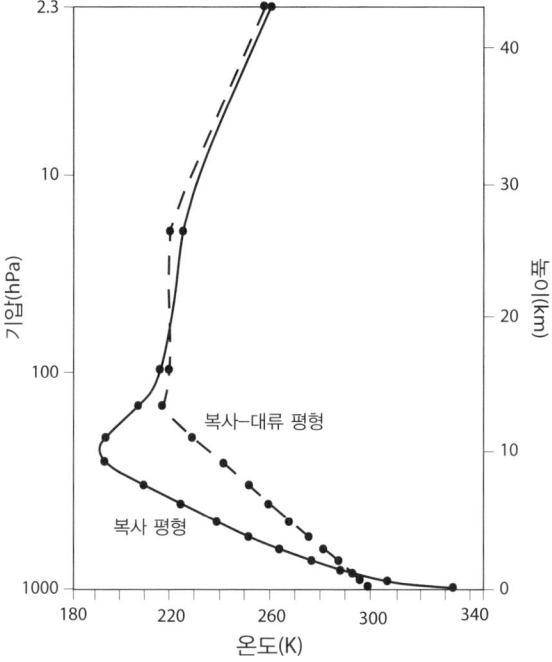

그림 3.2 구름이 없는 대기에서 복사 평형과 복사-대류 평형의 연직 온도 분포.[4]

사 사이에서 열 균형이 유지된다. 두 분포의 차이는 대기와 지표면의 온도에 대한 대류의 영향을 나타낸다.

그림 3.2에서 실선으로 나타나는 복사 평형 상태에서, 지표면의 온도는 매우 높지만(333K, 즉 60℃) 위로 올라가면서 대류의 온도 임계 감률인 6.5℃ km^{-1}보다 훨씬 더 빠르게 감소한다. 구름이 없는 대기는 그림 1.6b처럼 0.4에서 0.7μm 파장 대역의 가시광선에 대해 거의 투명하기 때문에, 들어오는 태양 복사의 대부분이 지표면에 도달해 흡수되거나 반사된다. 반면에 대기는 1장에서 설명했듯이 지표면에서 방출되는 장파 복사 상향 플럭스의 대부분을 가둬 둔다. 대류권에서 대류가 없을 때 들어오는 태양 복사와 나가는 알짜 장파 복사 사이의 균형을 유지하려면, 그림 3.2에 보였듯이 지표면의 온도가 매우 높게 유지되어야 한다.

반면에 복사-대류 평형 상태에서는, 지구 표면의 온도가 300K(27℃)이며 위로 올라감에 따라 대류 조정의 임계 감률(6.5℃ km^{-1})로 선형적으로 감소한다. 이 경우에 표면 온도는 복사 평형의 온도보다 훨씬 낮지만, 대류권 중간층과 상층부의 온도는 그 반대이다. 즉 대류는 열을 위로 전달하며, 대류가 없는 안정된 성층권 아래에서 대류권을 형성한다.

그림 3.3a는 복사-대류 평형 조건을 충족하는 구름 없는 대기에서 열 균형이 어떻게 유지되는지를 보여 준다. 대류권에서 열 균형은 태양 복사의 흡수 및 대류에 따른 가열과 장파 복사에 따른 냉각 사이에서 유지된다. 1장에서 설명했듯이, 수증기와 이

산화탄소는 지구 복사에서 장파 스펙트럼의 넓은 영역에서 복사를 방출하고 흡수하며, 그림 3.3a와 같이 대류권의 알짜 장파 냉

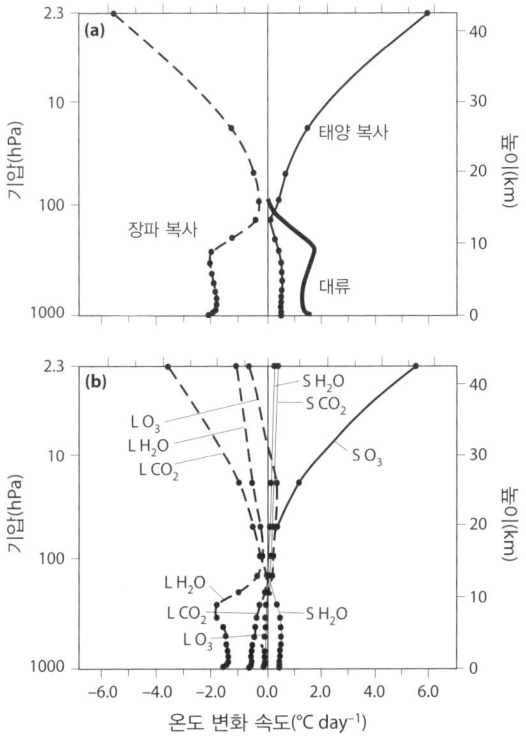

그림 3.3 복사-대류 평형에서 구름 없는 대기의 열 수지 성분들의 연직 분포. (a) 대류, 태양 복사, 장파 복사에 따른 온도 변화 비율의 연직 분포. (b) 실선은 수증기(S H$_2$O), 이산화탄소(S CO$_2$), 오존(S O$_3$)의 태양 복사 흡수율에 따른 온도 변화 비율(℃ day^{-1})의 연직 분포를 나타내며, 점선은 수증기(L H$_2$O), 이산화탄소(L CO$_2$), 오존(L O$_3$)에 의한 장파 복사의 방출 및 흡수에 따른 온도 변화 비율(℃ day^{-1})을 나타낸다.[5]

각을 일으킨다. 한편으로 수증기는 0.8~4μm의 대역에서 태양 복사를 강하게 흡수하며(그림 1.6d), 그림 3.3의 두 그림에서 나타나듯이 태양에 의한 대류권의 가열을 일으킨다.

대류로 인한 가열이 없는 성층권에서는 열 균형이 그림 3.3a와 같이 태양 복사의 흡수로 인한 가열과 장파 복사에 따른 알짜 냉각 사이에서 유지된다. 태양에 의한 가열은 주로 오존을 통해 일어나며, 오존은 태양 스펙트럼의 짧은 쪽 끝에서 파장이 0.3μm 미만인 자외선을 매우 강하게 흡수한다. (그림 1.6d) 반면에 이산화탄소는 15μm 근처의 장파 복사를 매우 강하게 방출 및 흡수하며(그림 1.6d), 그림 3.3a와 같이 성층권의 장파 알짜 냉각의 주요 원인이 된다. 수증기도 냉각에 기여하지만, 그림 3.3b에서 보는 것처럼 그 크기는 이산화탄소보다 작다. 요약하면, 성층권의 열 균형은 기본적으로 오존의 태양 복사 흡수에 따른 가열과 이산화탄소의 장파 복사 방출 및 흡수에 따른 알짜 냉각 사이에서 유지된다.

앞에서 설명한 복사-대류 평형 상태는 구름이 없는 대기에서 얻은 것이다. 그러나 실제의 대기에서는 구름이 지구를 절반쯤 덮고 있다. 1장에서 보았듯이, 구름은 장파 복사를 흡수해서 지표면을 따뜻하게 하는 온실 효과를 일으킨다. 한편으로, 구름은 들어오는 태양 복사를 반사해서 냉각 효과도 일으킨다. 후자가 전자보다 크기 때문에, 구름은 지구의 열 수지에서 알짜 냉각 효과가 있다. 지구 표면의 온도를 현실적으로 시뮬레이션하기 위해서 마나베와 스트리클러는 1957년에 줄리어스 런던(Julius London)[6]이 작성한 관측 데이터를 바탕으로 구름 양(cloudiness)을 미리 입력해서 다시 계산했다. 이렇게 얻은 평형 온도는 지표면에서 287K(14℃)여서, 관측된 지구 평균 온도와 비슷하다. 그러나 이것은 구름이 없는 경우에 얻은 온도인 300K(27℃)보다 약 13℃ 더 낮아서, 지표면 평균 온도에 대한 구름의 알짜 냉각 효과를 나타낸다.

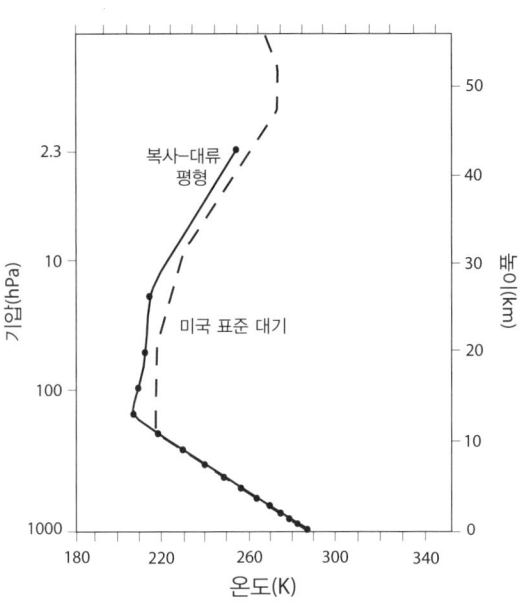

그림 3.4 중위도의 구름 양이 평균인 대기에 대해서 구한 복사-대류 평형의 연직 온도 분포. 비교를 위해 미국 표준 대기(U. S. Standard Atmosphere)의 연직 온도 분포를 함께 표시했다.[7]

그림 3.4에서는 이렇게 구한 복사-대류 평형에서 온도의 연직 분포를 미국 표준 대기와 비교한다. 미국 표준 대기는 미국 본토 중간 위도의 연평균 기온 분포를 도식적으로 나타낸다. 이 모형은 성층권 하부의 온도를 몇 도쯤 과소 평가하지만, 밀접하게 연결된 지표면-대류권 계의 온도를 매우 잘 재현한다.

CO_2 변화에 대한 반응

대기의 연직 온도 분포를 시뮬레이션한 1차원 복사-대류 모형의 성공에서 용기를 얻은 마나베와 웨더럴드[8]는 1967년에 같은 모형으로 대기 중 CO_2 농도 변화에 따른 온도 변화를 추정했다. 그들은 각각 세 가지 CO_2 농도에 대해 시뮬레이션을 했다. 첫 번째는 기준이 되는 시뮬레이션으로, 이 연구를 수행하던 당시의 관측 농도보다 약간 작은 CO_2 농도인 300ppmv에 대한 복사-대류 평형 상태를 얻었다. 추가 시뮬레이션은 기준 시뮬레이션에서 설정된 CO_2 농도의 2배와 절반인 600ppmv와 150ppmv의 CO_2 농도로 이루어졌다. 이러한 시뮬레이션에서 얻은 세 가지 상태 간의 차이로부터 대기 중 CO_2 농도의 2배 및 절반에 대한 온도 평형이 나타내는 반응을 추정했다.

각각의 대기 중 CO_2 농도에 대해, 수백 일의 기간에 걸쳐 모형의 수치 시간 적분을 수행했다. 수증기의 양의 되먹임 효과를 통합하기 위해, 대기의 절대 습도를 연속적으로 조정해 세 가지 적분 과정 전체에서 대류권의 상대 습도 분포를 일정하게 유지했다. 대류가 없는 성층권에서는 1963년에 H. J. 매스턴브루크(H. J. Mastenbrook)[9]가 수행한 기구 관측을 바탕으로 절대 습도를 매우 작은 값으로 고정했다.

그림 3.5는 이렇게 얻은 복사-대류 평형의 세 가지 연직 온도 분포를 보여 준다. 300ppmv의 표준 CO_2 농도의 경우에, 표면 온도는 288.4K(15℃)로 관측된 지구 평균 표면 온도와 비슷하다.

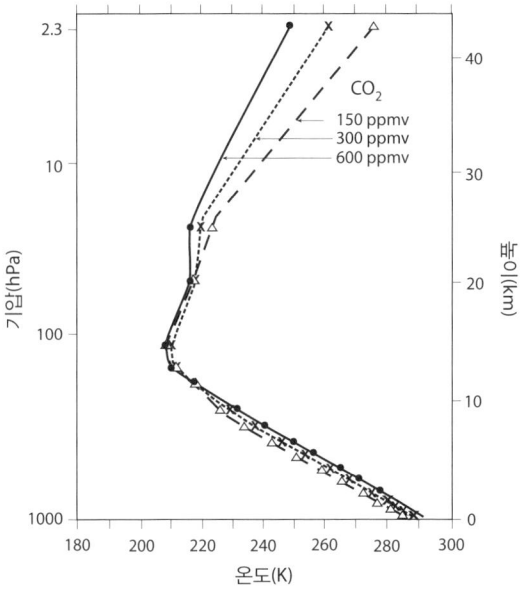

그림 3.5 대기 중 이산화탄소 농도가 150, 300, 600ppmv(부피의 100만분의 1)일 때 구한 복사-대류 평형의 연직 온도 분포.[10]

대기 중 CO_2 농도가 600ppmv로 2배 증가하면, 1장에서 설명했듯이 지표면뿐만 아니라 대류권 전체의 온도가 2.4℃ 올라간다. 반면에 CO_2 농도가 300ppmv에서 150ppmv로 절반으로 줄어들면 온도는 2.3℃와 비슷한 크기로 감소한다.

앞에서 설명한 CO_2를 2배로 하는 실험에서는 CO_2 농도가 300ppmv 증가하지만, CO_2를 절반으로 하는 실험에서는 150ppmv만 감소한다. CO_2 농도 변화의 크기는 전자가 후자보다 2배 크지만 온도 변화의 크기는 두 실험에서 거의 같다. 이러한 비선형적인 결과는 복사 전달의 물리학에 기인한다. CO_2 흡수율(또는 방출률)은 대략 CO_2의 로그에 비례하기 때문에 대기의 온실 효과도 대기의 CO_2 농도의 로그에 비례해 변화할 것으로 예상된다. 따라서 CO_2 농도가 2배로 될 때 온난화의 크기는 CO_2 농도가 절반이 될 때 냉각의 크기가 비슷하다. 그러나 CO_2 농도 변화의 크기만 따진다면 후자는 절반에 불과하다.

지표면-대류권 계의 온도 변화 메커니즘은 1장에서 설명했지만, 독자들을 위해 여기에서 다시 짧게 설명하겠다. 예를 들어 대기 중 CO_2 농도가 증가하면 지표면에서 장파 복사의 하향 플럭스가 증가한다. 따라서 표면 온도가 상승하고, 이것으로 인해 그 위에 있는 대류권으로 가는 열 플럭스가 증가하며, 대류권에서는 대류를 통해 열이 위로 전달된다. 이러한 이유로 지표면뿐만 아니라 대류권 전체의 온도가 상승한다. 그러나 온난화의 정도는 대기 중 온실 기체 농도 증가에도 불구하고 대기권 최상단에서 빠져나가는 복사 플럭스가 변하지 않도록 결정된다.

대류권에서 공기의 상대 습도가 변하지 않도록 절대 습도가 증가하면서, 수증기 되먹임을 통해 온난화가 더 커진다. 수증기 되먹임이 온난화 시뮬레이션에 미치는 영향을 정량적으로 평가하기 위해 1967년에 마나베와 웨더럴드[11]는 되먹임을 없앤 또 다른 일련의 시뮬레이션을 수행했다. 이 시뮬레이션에서는 절대 습도 분포를 고정하고, 상대 습도가 일정하게 유지되도록 조정하지 않았다. 이렇게 얻은 세 가지 복사-대류 평형 상태 간의 차이로부터 수증기 되먹임이 없을 때 평형이 나타내는 표면 온도 반응의 크기를 추정했다. 그들은 표면 온도가 각각 약 1.3℃ 증가하거나 감소한다는 것을 발견했다. 이 온도 변화는 수증기 되먹임이 있을 때의 값인 2.4℃와 2.3℃보다 상당히 작다. 이 실험의 결과는 수증기가 강한 양의 되먹임 효과를 가지며, 표면 온도 변화를 약 1.8배로 확대한다는 것을 보여 준다.

대기 중 CO_2 농도가 2배로 증가하면 지표면과 대류권에서는 온도가 상승하지만, 반대로 성층권에서는 그림 3.5와 같이 냉각이 일어난다. 대류 가열이 없기 때문에 성층권의 열 균형은 그림 3.3b와 같이 오존을 통한 태양 복사의 흡수와, 주로 이산화탄소를 통한 장파 복사의 방출과 흡수에 따른 알짜 냉각 사이에서 복사를 통해 유지된다. 예를 들어 대기 중 CO_2 농도가 2배로 증가하면, 장파 냉각이 커져서 성층권 온도는 낮은 값에서 평형이 이루어진다. 이것이 그림 3.5와 같이 CO_2를 2배로 하는 실험에서 성층권 냉각이 일어나는 주된 이유이다.

성층권의 냉각은 대기권 최상단에서 빠져나가는 장파 복사를 감소시킨다. 모형 성층권은 국지적 복사 평형 상태이기 때문에 대기권 최상단에서 빠져나가는 장파 복사의 감소는 대류권 계면에서의 장파 복사의 알짜 상향 플럭스의 감소와 같으며, 대류권 계면은 대류권과 성층권 사이의 경계면이다. 따라서 지표면-대류권 계의 온난화는 성층권 냉각이 없을 때보다 더 크다. 즉 성층권의 냉각은 예를 들어 1984년에 제임스 한센(James Hansen) 등[12]이 지적했듯이 지표면-대류권 계의 온난화를 증가시킨다.

성층권의 지구 평균 온도는 지난 수십 년 동안 감소해 왔다. 위성을 통한 마이크로파 측정과 라디오존데 관측으로 얻은 지구 평균 성층권 온도 추이를 보여 주는 그림 3.6에 따르면, 지구 평균 성층권 온도는 지난 50년 동안 성층권 하부에서 10년에 0.4℃의 속도로 감소했고, 반면에 같은 시기에 더 아래에 있는 대류권은 10년에 0.2℃의 속도로 온난화되었다. 성층권과 대류권의 온도 추이 역전은 여기에 설명한 복사-대류 모형으로 얻은 결과와 정성적으로 일치하는 것으로 보인다. 그러나 성층권의 냉각은 예를 들어 2006년에 라마스와미[13]가 지적했듯이 이산화탄소 농도 증가뿐만 아니라 성층권의 오존 감소 때문일 수도 있다. 이 주제에 대한 자세한 논의는 기후 변화에 관한 정부 간 협의체와 기술 및 경제 평가 위원회[14]의 특별 보고서 1장에 나온다.

예를 들어 라마나탄과 제임스 코클레이(James A. Coakley)[18]가

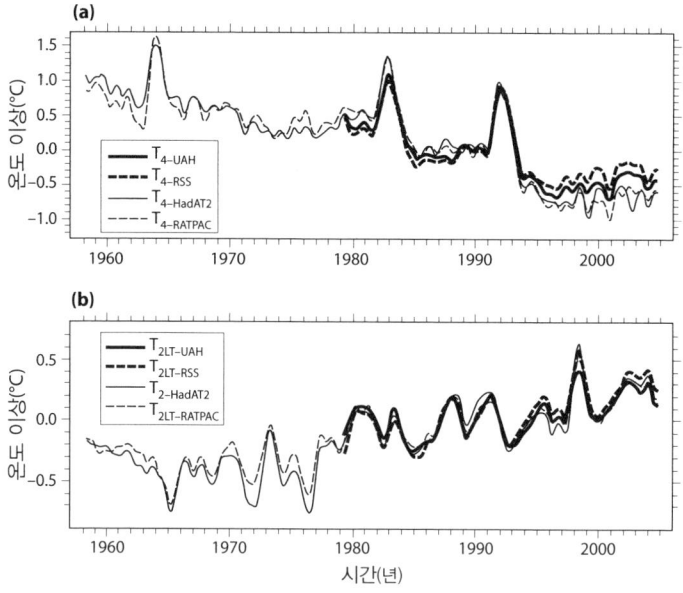

그림 3.6 관측된 온도 이상 추이. (a) 성층권 하층, (b) 대류권 하층이다. 칼 등[15]의 위성 마이크로파 측정(UAH, RSS, VG2)과 라디오존데 관측(UKMO HadAT2, NOAA RATPAC) 분석을 바탕으로 작성했다. 그들의 분석에서 성층권 하층은 10~30km의 두꺼운 층이고, 대류권 하층은 그 아래의 6km 층이다. 두 시계열은 1979~1997년의 상대적인 월평균 이상이며, 7개월 이동 평균 필터로 평활화했다. 위성 마이크로파 측정과 라디오존데 관측의 약어는 IPCC의 보고서[16]에 나온다.[17]

수행한 포괄적인 검토에서 논의되었듯이, 1차원 복사-대류 모형은 온실 기체 농도의 변화에 따른 대기와 지표면의 지구 평균 온도 변화에 대한 예비 추정치를 얻는 데 매우 유용했다. 또한 1차원 모형의 구축은 현재의 산업 시대뿐만 아니라 지질학적 과거의 기후 변화를 탐구하는 데 필수적인 대기-해양-육지 결합 계의 3차원 일반 순환 모형 개발에 매우 중요한 단계임이 알려졌다. 다음 장에서는 대기의 일반 순환 모형의 초기의 발전에 대해 간략히 설명하고, 지구 전체의 기후 분포를 시뮬레이션하는 이 모형의 능력을 평가한다.

4장
대기 대순환 모형

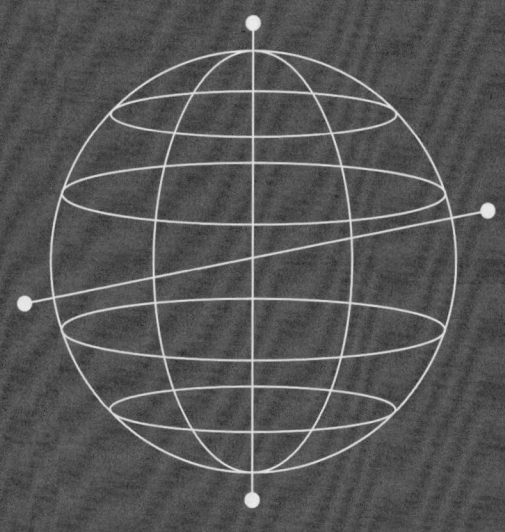

대기 대순환 모형(general circulation models, GCM)은 일상 생활에서 쓰이는 일기 예보를 만드는 데 필수적인 동역학적 수치 예보 모형에서 발전했다. 1950년대에 노먼 필립스(Norman A. Phillips)[1]는 프린스턴 고등 연구소에서 수치 기상 예보를 위해 개발된 단순 모형을 사용해 대기의 대순환을 시뮬레이션하는 첫 시도를 했다. 진정으로 선구적인 이 연구를 여기에서 간략히 설명하겠다.

필립스의 모형에서 대기권은 2층으로 구성되어 있다. 상층과 하층 모두 격자점이 주기적으로 2차원 배열되어 있고 이 격자점에서 바람 벡터와 온도가 결정된다. 모형은 각 격자점에서 각각 운동 방정식과 열역학적 에너지 방정식을 수치 적분해서 바람과 온도의 시간적 변동을 계산한다. 모형의 계산 영역은 위도 폭이 10,000km이고 경도면 경계에 이상화된 조건을 준 구역이다.

필립스는 정지 상태의 등온 대기에서 시작해서 모형의 수치 시간 적분을 수행했는데, 여기에서 대기는 저위도에서 가열되고 고위도에서 냉각되며, 지구 표면에 마찰이 가해졌다. 열 강제력 때문에 온도의 위도 기울기는 시간이 지남에 따라 서서히 증가했다. 한편으로 대기권에서 광범위한 편서풍대가 발달했고, 자오면 채널의 중심에서 남쪽에서는 상승하고 북쪽에서 하강하는 전도(顚倒, overturning) 순환이 나타났다. 약 30일쯤 계속된 이 실험이 끝날 때쯤에는 동서 방향으로 부는 대상풍(帶狀風, zonal wind)의 연직 전단(vertical shear)이 대규모 요란(disturbance) 발생의 임곗값을 넘어섰다. 적분의 이 시점에서 계산에 도입된 작은 섭동에서 생긴 파장이 수천 킬로미터인 행성파(planetary wave)가 빠르게 커졌다. 비선형 계산의 불안정성 때문에 대기 흐름이 통계적 정상 상태(statistically steady state)에 도달하지 못했지만, 이 모형은 중위도에서 관측된 것과 비슷하게 서쪽에서 부는 강한 제트류와 여기에 관련된 행성파를 성공적으로 산출했다. 행성파 요란의 영향으로 앞에서 언급한 전도 순환은 기본적으로 저위도 지방에서만 관측되는 해들리 순환(Hadley circulation)과 유사했다. 해들리 순환은 열대에서 상승하고 아열대에서 하강하는 운동을 특징으로 한다.

지구 기후 분포를 제어하는 대기 순환의 주요 특징을 시뮬레이션하려는 필립스의 선구적인 시도에서 용기를 얻은 몇몇 그룹은 GFDL,[2] 로런스 리버모어 국립 연구소(Lawrence Livermore National Laboratory, LLNL),[3] 캘리포니아 대학교 로스앤젤레스 캠퍼스(UCLA) 기상학과,[4] 국립 대기 연구 센터(National Center for Atmospheric Research, NCAR)[5]와 같은 다양한 기관에서 GCM을 개발하기 시작했다. (이 모형들의 개발에 대한 포괄적인 설명은 폴 에드워즈(Paul N. Edwards)가 쓴 문헌[6]의 7장에 나온다.) 다음 절에서는 논의의 편의를 위해 UCLA와 GFDL에서 개발한 모형의 구조와 능력에 대해 설명한다.

UCLA 모형

UCLA 기상학과에서 예일 민츠(Yale Mintz)와 아라카와 아키오 (荒川昭夫)는 실제적인 육지와 해양의 분포, 대륙의 지형을 고려해 지구 전체 대류권의 2층 모형을 구축했다.[7] 필립스가 개발한 모형과 마찬가지로 UCLA 모형은 대류권의 상층과 하층에서 일정한 간격으로 배치된 격자점에서 바람과 온도를 예측했다. 정지 상태의 등온 대기에서 시작해 수백 일 동안 모형의 수치 시간 적분을 수행했다. 이 적분 과정 내내, 1월 한 달 동안 들어오는 태양 복사가 대기권 최상단에 입사하는 것으로 가정했다. 또한 관측 결과를 바탕으로 1월 평균 해수면 온도의 지리적 분포를 적용했다. 대륙 표면의 온도는 적용하지 않았고, 지표면의 열 균형 조건을 충족하도록 모형으로 계산했다. 적분이 끝날 무렵에 이 모형은 대기권 최상단에서 들어오는 태양 복사와 나가는 장파 복사 사이에 균형이 이루어진 준(準)정상(quasi-stationary) 상태에 도달했다. 이 모형은 계산 해상도가 경도 9도, 위도 7도라는 격자 간격으로 오늘날의 기준으로는 거칠지만, 시간 평균 흐름뿐만 아니라 대기에서 관측된 과도 파동 요란(transient wave disturbances)의 진폭도 잘 재현했다. 이 시뮬레이션의 성공에는 1966년에 아라카와[8]가 개발한 이른바 원시 운동 방정식의 유한 차분 공식화가 적지 않게 기여했다. 그가 해낸 매우 뛰어난 공식화 덕분에 필립스가 직면했던 비선형 계산의 불안정성을 피해서 모형의 안정적인 수치 시간 적분을 수행할 수 있었다. 그들의 결과에서 주목할 만한 부분을 살펴보겠다.

그림 4.1a는 앞에서 설명한 모형에서 얻은 바람의 띠 모양(zonal) 성분을 동서에 걸쳐 평균해 얻은 값의 2차원 분포이다. 두 반구의 대류권 상층에서는 강한 편서풍이 우세하며, 저위도와 고위도에서 비교적 약한 동풍(회색 부분)이 발생한다. 편서풍은 남반구의 여름보다 북반구의 겨울인 1월에 상당히 강해서 관측 결과와 아주 잘 일치한다. (그림 4.1b 참조) 대상풍의 장(場, field)을 잘 재현하는 이유는 대류권의 정적 안정성과 미리 적용한 해수면 온도의 공간 분포가 실제와 잘 맞기 때문일 수도 있지만, 이 모형이

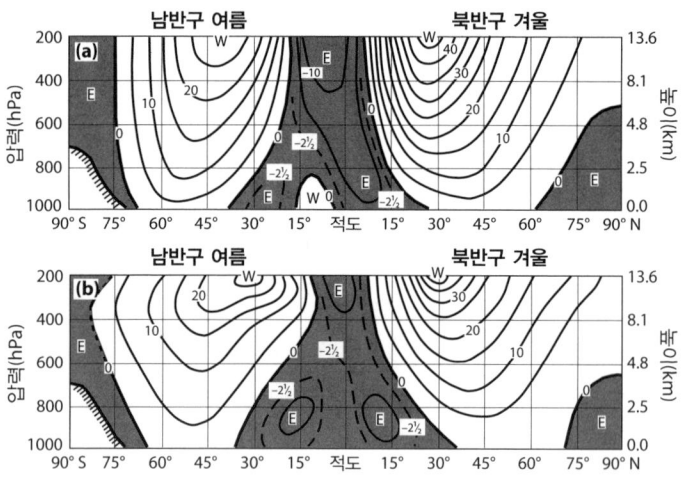

그림 4.1 대상풍(ms⁻¹, 동쪽이 양의 방향이다.)의 위도-높이 분포. 1월 한 달간 전체 위도원(circle of latitude)에 걸쳐 평균을 낸 것이다. (a)는 시뮬레이션, (b)는 관측값이다.[9]

대기 중 대상풍의 위도-높이 분포를 잘 재현해 낸 것은 매우 인상적이다. (이후 위도대를 따라 벌어지는 현상을 가리키는 형용사 zonal을 우리 기상학계의 용례에 따라 '동서'로 주로 옮길 것이다. 맥락에 따라 '대상(帶狀)', '띠 모양'으로 번역할 것이다. — 옮긴이)

그림 4.2는 이 모형이 재현한 해수면 기압의 지리적 분포를 관측값과 비교한다. 이 모형은 1월에 관측된 월평균 해수면 기압의 대규모 패턴을 잘 재현한다. 예를 들어 북반구의 경우, 이 모형이 계산한 중앙아시아의 '시베리아 고기압', 북대서양의 '아이슬란드 고기압', 북태평양의 저기압 중심과 아열대의 고기압 영역이 매우 잘 일치한다. 남반구의 경우, 해수면 근처에서 강한 편서풍이 유지되는 남극해에서 자오면에 따른 남북 방향 기압차가 큰 위도대가 매우 잘 일치한다. 바람 벡터는 등압선에 거의 평행하기 때문에 해수면 기압의 성공적인 재현은 이 모형이 표면 근처 대기층에서 부는 바람의 지리적 분포를 잘 재현한다는 것을 의미한다. 즉 이 모형은 대류권 상층의 제트류와 지표면 근처의 바람 분포와 같은 대기 순환의 주요 특징을 성공적으로 재현했다. 이러한 성공적인 시뮬레이션은 대기 중 GCM의 개발에서 중요한 돌파구였다.

GFDL 모형

1950년대 후반과 1960년대 초반 스마고린스키[10]는 대기의 2층

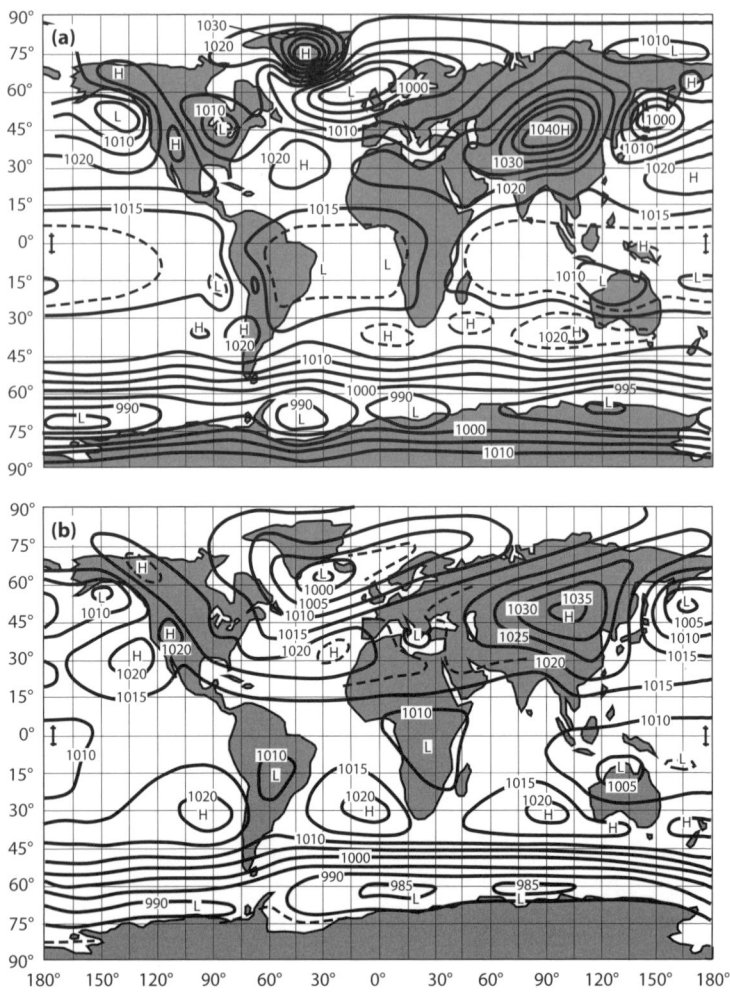

그림 4.2 1월 해수면 기압(hPa)의 지리적 분포. (a)는 시뮬레이션이고, (b)는 관측값이다. H는 고기압의 중심이고, L은 저기압의 중심이다.[11]

모형에 대한 장기간의 적분에도 성공했다. 필립스가 모형의 시간 적분 과정에서 직면했던 계산의 불안정성을 방지하기 위해 스마고린스키는 점도의 비선형 공식화를 사용했다. 이 접근법의 성공에 용기를 얻은 그는 포괄적인 대기 GCM을 구축하기 위한 매우 야심 찬 계획을 개발하기 시작했다.

1958년 초 스마고린스키는 도쿄 대학교에서 박사 학위를 받은 지 얼마 되지 않은 마나베에게 미국으로 와서 대기 GCM을 개발하는 그의 연구진에 합류하라고 권했다. 전후 일본에서 일자리를 구하는 데 어려움을 겪던 마나베는 재빨리 수락했는데, 이 결정은 그의 연구 경력 60년에서 가장 중요한 결정 중 하나가 되었다. 가을 무렵 마나베는 스마고린스키의 그룹에 합류해 워싱턴 교외에 위치한 미국 기상청 대순환 연구부에 들어갔다.

1958년 가을의 어느 화창한 날에 스마고린스키는 도시에서 포토맥 강 바로 건너편에 있는 워싱턴 내셔널 공항으로 차를 몰아 마나베를 마중 나갔다. 집에 도착하자마자 스마고린스키는 대순환, 복사열 전달, 수문학적 순환의 동역학을 명시적으로 통합하는 포괄적인 GCM의 개발에 대한 야심과 계획에 대해 이야기하기 시작했다. 이것은 나중에 기후 변화 예측의 필수품이 된 기후 모형 개발의 청사진이었다. 이 계획에 영감을 받은 마나베는 매우 어려운 프로젝트에 몰두했다.

스마고린스키가 모형의 동역학적 성분들을 개발하는 데 탁월한 진전을 이루었다는 것을 깨닫고, 마나베는 복사열 전달, 습한 대기와 건조한 대기의 대류, 대류 표면에서의 열 수지와 물 수지 등의 요소들에 집중했다. 스마고린스키는 복사열 전달 전문가인 프리츠 뮐러 교수에게 자신의 연구 그룹을 방문해 달라고 부탁했고, 뮐러는 귀중한 조언을 했다. 수치적 안정성과 계산 효율성의 문제를 극복하기 위해, 모형으로 명시적으로 해결할 수 없는 과정(이른바 아격자 규모 과정)의 모수화(parameterization)를 최대한 단순하게 했다. 1960년대 중반까지 앞에서 언급한 다른 성분들과 동역학적 성분을 성공적으로 결합하는 모형이 구축되었다. 이 모형 개발 노력에서 얻은 결과는 논문 2편으로 발표되었다.[12] 첫 번째 논문은 모형의 수문학적 순환이 없는 버전에서 얻은 결과를 기술했고, 두 번째 논문은 수문학적 순환이 명시적으로 통합된 버전에서 얻은 결과를 기술했다. 다음 소절에서는 두 번째 버전(이하 '연평균 모형')의 구조를 설명하고, 이 모형에서 얻은 결과의 주요 내용을 제시한다.

연평균 모형

이 모형은 수평 방향으로 약 500km 떨어져 있고 지표면과 중간 성층권 사이를 고르지 않은 간격으로 9개의 높이로 분할한 3차원 배열의 격자점에 대해 바람 벡터, 온도, 습도를 지정했다. 세 변수의 변화율(rate of change)을 각각 기본 운동 방정식, 열역학 에너지 방정식, 수증기의 연속 방정식을 사용해 계산했다. 그림 4.3과 같이, 이 모형은 대규모 순환에 따른 열 이류(advection), 태

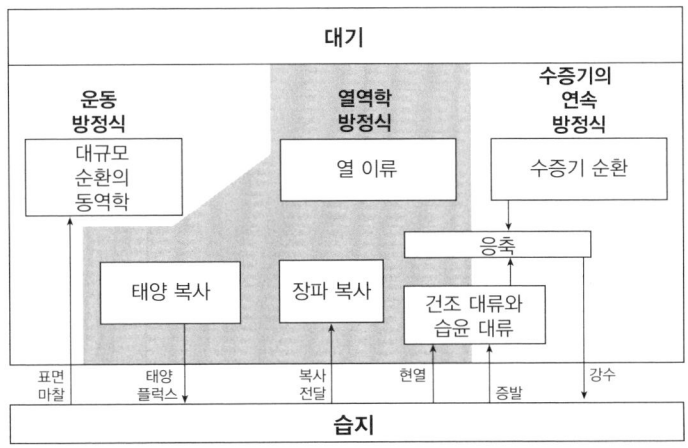

그림 4.3 GFDL 모형의 초기 버전에 포함된 과정을 보여 주는 그림.[13]

양 복사, 장파 복사, 습윤 대류와 건조 대류, 응축열과 같은 다양한 물리적 과정을 명시적으로 통합했다. 또한 이 모형은 표면 마찰, 현열 플럭스, 증발을 통한 지표면과 대기층 사이의 운동량, 열, 수증기의 교환을 통합했다.

태양 복사와 지구 복사의 연직 분포를 계산하기 위해 이 모형은 3장에서 설명한 1차원 복사 모형을 위해 개발된 방법을 사용했다. 온도뿐만 아니라 CO_2와 구름의 분포를 고려해 대기를 통한 태양 복사의 흡수와 장파 복사의 방출 및 흡수에 따른 온도 변화율을 복사 전달 방정식으로 계산했다.

온도와 수증기의 연직 분포를 조절하는 중요한 과정 중 하나는 대류권 상층부를 관통하는 심층 습윤 대류이다. 심층 대류

(deep convection)의 개념적 모형은 1958년에 허버트 리흘(Herbert Riehl)과 조앤 말커스(Joanne Malkus)[14]가 개발한 '거대 열탑(giant hot tower)' 가설이다. 강한 대류성 폭풍에서 종종 발달하는 열탑에서는 포화 공기의 강한 상승 기류가 포화 공기의 강한 하강 기류가 어느 정도 서로 질량으로 상쇄되어 대기 중 포화 공기 덩이의 상승에 따른 습윤 단열 온도 분포를 유지한다. 이 탑은 규모가 워낙 커서 주변에서 건조한 공기가 유입되어도 내부의 습도는 쉽게 낮아지지 않는다. 이러한 이유로 거대 열탑은 대류권 하층부를 훨씬 넘어 대류권 상층부로 확장되어 대류권 계면까지 도달하기도 한다. 이것은 포화 공기의 강한 상승 기류가 주변에서 느리게 내려오는 건조 공기로 국지적으로 보상되는 무역풍 적운과 같은 비교적 얕은 대류와는 대조적이다. 예를 들어 2003년에 에드워드 집서(Edward J. Zipser)[15]가 지적했듯이 열탑의 특성을 가진 중규모 대류 시스템은 저위도뿐만 아니라 중위도에서도 종종 발달한다. 이러한 예로는 태풍의 눈벽(eye wall), 스콜선(squall line), 집중 호우를 일으키는 전선 계가 있다.

지금 설명하는 모형에서 심층 대류는 1956년에 마나베 등[16]이 제안한 '습윤 대류 조정(moist convective adjustment)'이라는 과정으로 표현된다. 포화 공기 기둥 속 연직 온도 기울기가 습윤 단열 감률(즉 포화 공기 덩이가 단열 상승할 때 생기는 온도의 연직 기울기)보다 커질 때마다 이 과정이 작동해 온도 기울기를 조정한다. 습윤 대류 조정은 원래 포화 대기의 습윤 단열 과정에서 층 형성이 불안정할 때 생기는 계산 불안정성을 방지하기 위해 개발되었다. 그런데도 습윤 대류 조정은 앞에서 설명한 열탑처럼 포화 대기의 상승 기류가 포화 대기의 하강 기류에 따라 보상되는 중간 규모의 심층 대류를 매우 잘 모사한다. 습윤 대류 조정은 저위도에서 모형 대류권 전체의 정적 안정성 조절에서 결정적인 역할을 한다.

모형의 초기 버전을 구성하는 과정에서 단순함을 위해 여러 가지 이상적인 상황을 가정했다. 예를 들어 태양 복사의 계절 변이를 무시했다. 대신에 위도에 따른 연평균 일사가 대기권 최상단으로 들어온다고 가정했다. 또한 이 모형에서는 지리적 조건도 이상화했다. 계산을 한쪽 반구로만 제한했고, 적도가 자유 미끄럼 경계(free-slip boundary, 법선 방향 속도 성분은 0이고 접선 방향 속도 성분에는 제한이 없다. 즉 경계에서 출입은 일어나지 않으며, 경계면을 따라 자유롭게 미끄러질 수 있다. —옮긴이)라고 보았다. 지구의 표면은 평평하고 수평 방향으로 균일하며, 습지와 같은 습한 표면으로 덮이고, 물은 무제한이지만 열용량을 0으로 간주했다. 지표면의 온도는 지표의 열 균형을 만족하도록 결정했고, 지표면과 지구 내부 사이의 열 교환이 없다고 암묵적으로 가정했다.

정지해 있는 등온 건조 대기를 초기 상태로, 187일에 걸쳐 모형의 수치 시간 적분을 수행했다. 150일째가 되자 대기와 지표면 온도의 체계적인 변화가 멈추었다. 그림 4.4a는 시간 적분에서 동서(zonal) 평균 온도의 위도-높이 분포의 마지막 30일 동안의 평균값을 보여 준다. 그림 4.4b는 관측된 온도 분포이다. 이

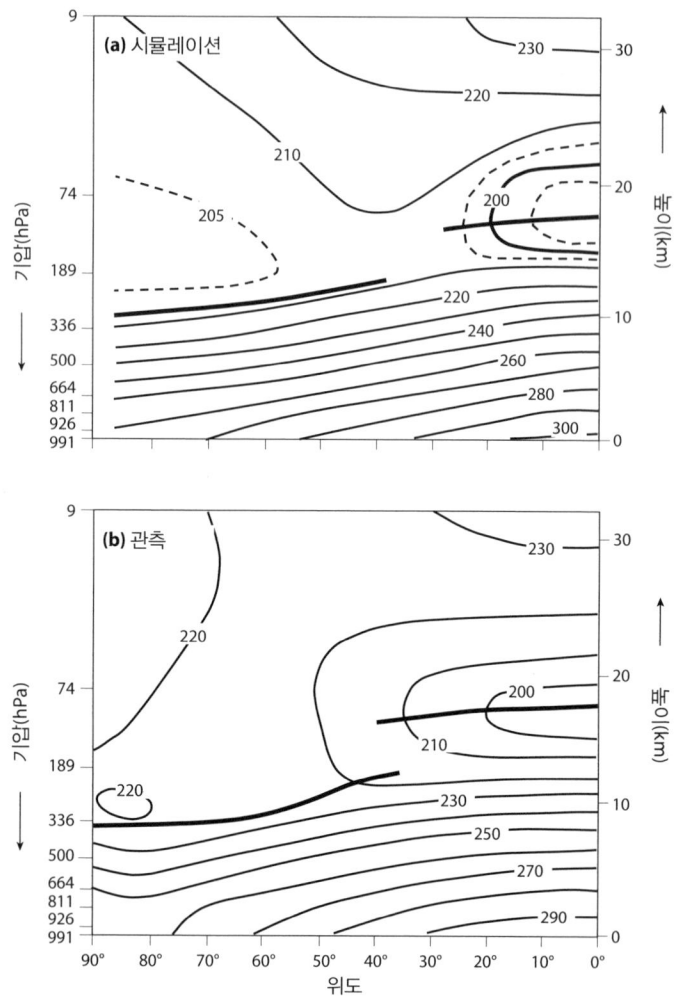

그림 4.4 동서 평균 온도(K)의 위도-높이 분포. (a)는 GFDL 모형 초기 버전의 시뮬레이션이고, (b)는 관측에 따른 값이다. 굵은 실선은 대류권 계면의 높이를 나타낸다.[17]

둘을 비교하면 두 분포가 서로 비슷하다는 것을 알 수 있다. 예를 들어 모형은 대류권 계면 높이의 위도에 따른 변이를 거칠게 재현하는데, 대류권 계면은 대류권과 안정적인 성층권 사이의 경계이다. 따라서 이 모형은 대류권 계면 형성과 유지에 필요한 기본적인 물리적 과정을 포함하고 있는 것으로 보인다.

여기에 나와 있지 않지만, 이 모형은 아열대의 강수가 적은 지역뿐만 아니라 열대 수렴대(intertropical convergence zone, ITCZ)와 관련되어 강수가 많은 지역과 중위도의 온대 폭풍 경로도 정성적으로 재현했다. 그러나 열대 강우대의 남북 방향 범위가 너무 좁게 나왔는데, 이것은 적도를 자유롭게 미끄러질 수 있는 벽으로 임의로 설정했을 뿐만 아니라 계절의 변이를 고려하지 않았기 때문이기도 하다. 계절 변이를 고려하지 않은 점은 그림 4.4a에서 보듯이, 열대 대류권 계면이 중위도로 멀리 뻗어 있는 것을 잘 재현하지 못한 이유이기도 하다.

계절 모형

연평균 모형을 통한 동서 평균 온도의 위도-높이 분포 시뮬레이션 결과가 고무적이었기 때문에, 이 모형에서 지리적 조건과 들어오는 태양 복사의 계절 변이를 현실적인 값으로 바꿔서 지구 전체의 모형으로 전환했다. 해양 표면에서 계절에 따라 변하는 해수면 온도의 수평 분포를 관측값으로 고정했다. 대륙 표면의 온도는 태양 복사 흡수에 따른 가열과 알짜 상향 플럭스, 현열,

증발 잠열에 따른 냉각 사이에서 균형을 이루도록 결정했다. 증발률은 표면 온도와 토양 수분(다시 말해 토양의 뿌리층이 머금고 있는에 있는 물의 양)의 함수로 결정했다. 토양 수분의 시간적 변이는 비가 내리거나 눈이 녹으면서 토양에 유입되는 수분과, 흘러가거나 증발해서 빠져나가는 수분 사이의 물 수지로 계산했다. 적설의 물 상당 깊이(water-equivalent depth of snow, 쌓인 눈을 녹여 생긴 물의 깊이. ─ 옮긴이)는 강설에 따른 증가와 승화와 용융에 따른 감소의 차이로 예측했다.

강력한 컴퓨터를 사용할 수 있게 되어, 모형의 계산 해상도를 2배로 해서 격자 간격을 500km에서 250km로 줄일 수 있었다. 그러나 계산 시간을 아끼기 위해, 해상도가 낮은 버전을 사용해서 모형의 초기 상태를 얻었다. 이 예비 시뮬레이션에서는 1월에 대기권 최상단으로 들어오는 태양 복사 플럭스와 해수면 온도를 경계 조건으로 사용했다.[18] 이렇게 해서 초기 상태를 결정한 다음에 계절 모형의 시간 적분을 3.5년 동안 계속했다. 1970년대 초에 구할 수 있는 가장 빠른 컴퓨터를 사용했지만, 시간 적분을 완료하는 데 수천 시간이 걸렸다. 여기에 나오는 분석에는 마지막 2년 동안의 순환에 대한 시뮬레이션 결과를 사용했다.

그림 4.5a는 계절 모형으로 얻은 연평균 강수율의 지리적 분포를 보여 준다. 열대에서는, 이를테면 태평양과 인도양에서는 넓은 지역에 걸쳐 많은 비가 내린다. 많은 비가 내리는 다른 지역으로는 아마존 강 유역이 있다. 동태평양 열대 지방에서 적도의

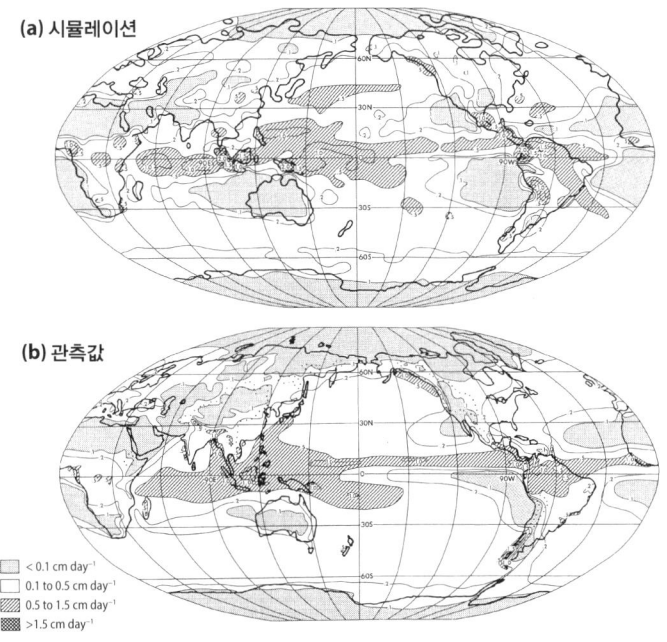

그림 4.5 지구 전체의 연평균 강수율 분포(cm day⁻¹). (a)는 시뮬레이션이고, (b)는 관측값이다. 관측된 강수율의 윤곽은 대륙 전체에 걸쳐 수작업으로 부드럽게 다듬었고, 원래 지도와 세부적으로 다르다.[19]

바로 북쪽에 열대 강우대의 북쪽 가지가 뻗어 있고, 남쪽 가지는 태평양 가운데에서 시작해서 남동쪽으로 뻗어 있다. 모형으로 얻은 열대 강수의 지리적 패턴은 그림 4.5b에 표시된 관측 패턴과 상당히 일치한다.

저위도에서 동서 평균 강수는 해들리 순환으로 인해 강하게 제어된다. 적도 근처의 상승 운동은 열대 중심부에 비가 많이 내리는 것을 설명하고, 아열대의 하강 운동은 그곳에서 강수가 적은 이유를 설명한다. 이것은 관측 결과처럼 사하라 사막 지역과 오스트레일리아 같은 지역의 강수가 적은 이유도 설명한다. 중위도 지방의 강수율은 모형과 관측 모두에서 비교적 크게 나타나며, 이것은 많은 강수를 동반하는 온대 저기압의 빈번한 통과에 주로 기인한다.

계산으로 얻은 강수 분포를 열대 지방의 해수면 온도 분포(표시되지 않았다.)와 비교하면, 일반적으로 저위도에서는 해수면이 주변보다 따뜻한 지역에서 강수율이 높고, 이것은 관측 결과와 일치한다. 그것은 열대 저기압과 같은 열대 요란(tropoical disturbance)이 이 지역에서 자주 발생해 많은 강수를 일으키기 때문이다. 마나베 등[20]이 설명했듯이, 모형에서 습윤 대류 조정으로 표현되는 심층 대류는 대류권 상층에 따뜻한 핵을 형성시키며, 이것은 열대 저기압의 발달에 매우 중요한 역할을 한다.

이 모형은 강우의 지리적 분포뿐만 아니라 대기 순환이, 특히 코리올리 힘이 약하고 습한 대류가 지배적인 저위도에서 매우 잘 재현되었다. 그림 4.6은 1월(그림 4.6a)과 7월(그림 4.6b)에 지구 표면 근처의 월평균 흐름의 공간 분포를 보여 준다. 두 기간 모두에서 흐름 분포는 아열대 해양성 고기압으로부터 발산하고 적도 부근의 좁은 지대, 즉 ITCZ로 수렴하는 것이 특징이다. 예를 들어 이 모형에서, 동태평양에서는 1월과 7월 모두에서 ITCZ는 적

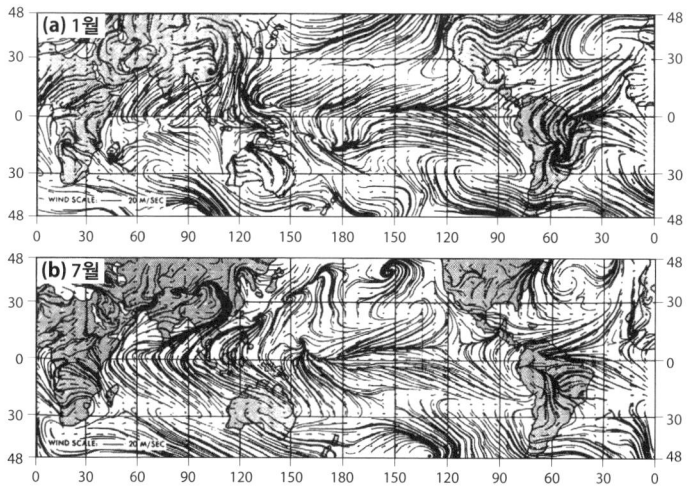

그림 4.6 지구 표면 근처의 공기 흐름(흐르는 선과 바람 벡터로 표시), 1월(a)과 7월(b)의 시뮬레이션.[21]

도 북쪽에 있다. 그러나 그 위치는 1월보다 7월에 더 북쪽에 있다. 대서양 전체에서 ITCZ는 계절에 따라 비슷하게 이동하며, 1월에는 적도에 매우 가까이 접근한다. 앞에서 설명한 계절에 따른 ITCZ의 이동은 앞에서 살펴본 대로 해수면 온도가 주변 지역보다 따뜻한 열대 중심부에서 형성되는 열대 강우대의 이동과 잘 일치한다. 여기에 제시된 결과는 열대의 강수 분포와 흐름 분포가 잘 재현되었음을 가리키며, 이것은 해양 표면의 온도 분포를 실제와 같게 한 것이 적지 않게 기여한 덕분이다.

이 모형을 통해 재현된 표면 근처의 흐름 분포에서 가장 두

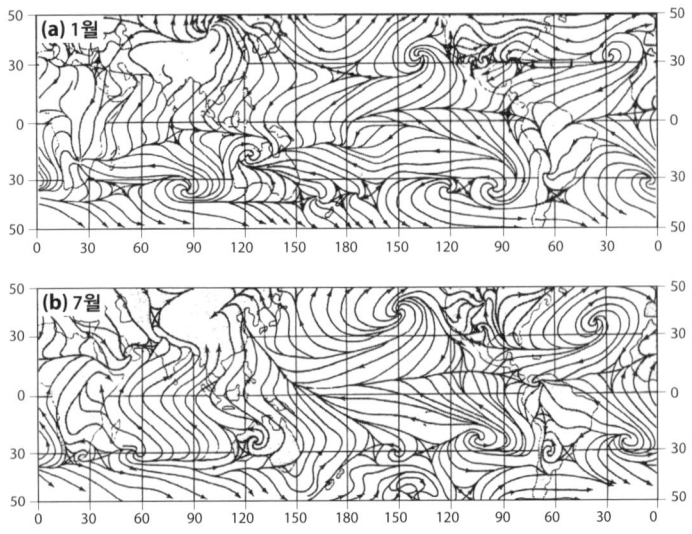

그림 4.7 지구 표면에서 관측된 공기 흐름. (흐르는 선으로 표시했다.) (a)는 1월이고, (b)는 7월이다.

드러진 특징 중 하나는 7월에 인도양과 태평양의 서쪽을 가로지르는 강한 남풍이다. 이 남풍은 인도와 동남아시아의 계절성 강우에 많은 양의 수분을 공급한다. 1월에는 인도양 북부에서 표면 흐름의 방향이 뒤바뀌어, 시베리아 고기압에서 북풍이 불어서 적도까지 오고, 적도의 약간 북쪽에 형성된 ITCZ로 들어간다. 앞에서 설명한 표면 흐름의 특징은 그림 4.7과 같이 실제의 대기와 매우 잘 일치한다.

이 장에서는 대기 GCM의 초기 개발에 대해 전반적으로 설명하고, 초기의 모형들이 바람, 온도, 강수 분포를 재현하는 능력에 대해 알아보았다. 이러한 값들이 잘 재현되었고 GCM이 기후 변화를 연구하고 예측하는 매우 강력한 도구가 될 수 있다는 방대한 증거가 나왔다. 다음 장에서는 점점 더 복잡해지는 GCM들을 소개하고, 지구 온난화의 물리적 메커니즘과 그것에 따른 물 순환의 변화를 이해하기 위해 GCM이 어떻게 사용되었는지 살펴보겠다.

5장
초기의 수치 실험

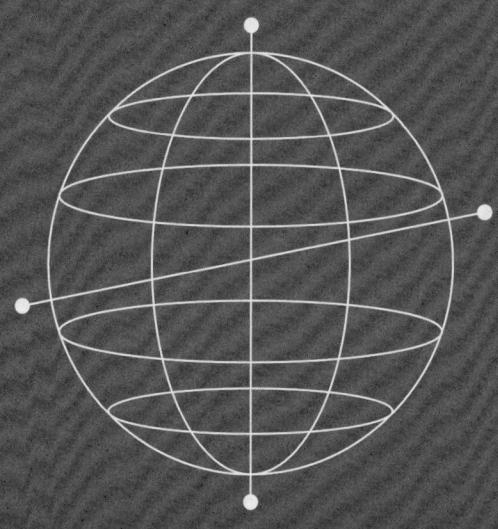

극 증폭

기후 변화를 연구하기 위한 GCM의 사용은 GFDL에서 1960년대 말과 1970년대 초에 시작되었다. 이 연구의 결과는 1970년대 중반에 발표된 2편의 동반 논문에서 설명되었다.[1] 첫 번째 논문은 대기 중 CO_2 농도가 2배로 증가한다고 가정했을 때 기후의 전체적인 반응을 연구했다. 두 번째 논문은 태양 복사 조도(irradiance) 2% 변화에 대한 반응을 평가했다. 이 연구에 사용된 모형은 앞 장에서 설명한 연평균 모형과 비슷하지만, 한 가지 중요한 차이가 있다. 이 모형에서는 수증기의 양의 되먹임 효과를 통합하기 위해 복사 전달 계산을 위한 모형으로 결정한 수증기 분포를 사용했는데, 원래의 연평균 모형에서는 관측된 분포를 사용했다.

당시에 사용 가능한 컴퓨터의 능력이 제한적이었기 때문에 수치 실험의 계산 요구량을 최대한 줄여야 했다. 이 목표를 달성하기 위해 하나의 반구가 아니라 지구의 6분의 1만을 모형의 대상 공간 영역으로 삼았다. 이 영역은 그림 5.1과 같이 경도 120도 간격으로 떨어져 있고 적도에서 81.7도까지 뻗어 있는 두 자오선을 경계로 했다. 동쪽 경계와 서쪽 경계에 순환 연속성을 주어서,

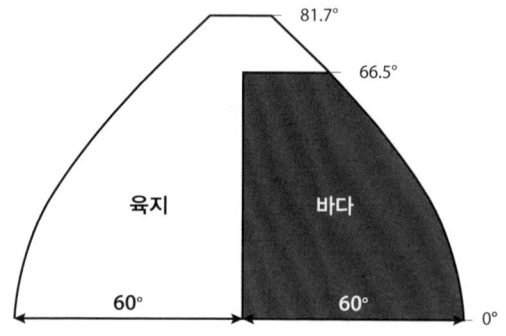

그림 5.1 마나베와 웨더럴드가 사용한 대기 대순환 모형의 계산 영역.[2]

남북으로 뻗은 어느 한쪽 경계선에서 빠져나가는 대기 요란은 반대쪽 경계선으로 다시 들어오도록 했다. 적도와 81.7도는 자유롭게 미끄러질 수 있는 절연된 벽으로 설정했다. 공간 영역을 줄이기는 했지만, 대기 순환의 역학을 제어하는 데 결정적으로 중요한 역할을 하는 행성파를 유지할 수 있을 만큼 충분히 넓게 설계했다.

이 영역을 다시 육지와 바다로 나눴고, 각각의 경도 범위를 60도로 했다. 해수면 온도를 관측값으로 했던 이전의 모형들과 달리 해양과 대륙 표면의 온도를 모두 열 균형의 요구 조건에 따라 결정했으며, 해수면의 열용량도 0이라고 암묵적으로 가정했다. 이 가정에 따라 부과된 CO_2 농도 변화 또는 태양 복사 조도 변화에 따른 대기권 최상단의 에너지 균형 변화에 따라 모형의 온도가 반응할 수 있었다. 해수면 온도가 바닷물의 어는점(−2℃)

아래로 내려가면 해수면은 알베도가 높은 해빙으로 덮이는 것으로 가정했다. 모형의 해양 표면은 항상 물이 무제한적으로 가용한 습윤 상태로 했지만, 대륙 표면의 토양 수분과 깊이는 4장에서 설명한 연평균 모형에서처럼 계산했다. 반사가 매우 잘 되는 해빙과 눈이 덮인 넓이를 예측할 수 있게 함으로써 기후 민감도(climite sensitivity)를 높이는 알베도 되먹임을 모형이 재현할 수 있게 되었다.

CO_2 2배 실험

대기 중 CO_2 농도가 2배로 되었을 때 온도의 평형 반응을 추정하기 위해 모형의 수치 시간 적분을 두 가지로 수행했다. 첫 번째 세트의 적분에서는 대기의 CO_2 농도를 300ppmv로 했다. 800일 동안의 적분을 두 번 수행했고, 초기 조건을 다르게 했다. 둘 다 정지해 있는 등온과 건조한 대기에서 시작했고, 하나의 초기 상태는 매우 따뜻하게, 다른 하나는 매우 춥게 했다. 처음에 시작할 때는 온도 차이가 컸지만, 적분이 끝날 무렵의 대기 온도는 실질적으로 동일했다. 두 적분의 마지막 100일 동안의 평균 상태를 평균해서 준평형 상태를 얻었다. 대기 중 CO_2 농도를 600ppmv로 해서 동일한 방법으로 시뮬레이션을 했고, 같은 방식으로 준평형 상태를 얻었다. 그런 다음에 두 가지 준평형 상태로부터 CO_2가 2배로 되었을 때의 평형 반응을 결정했다.

그림 5.2a는 CO_2가 2배로 되었을 때 동서 평균 온도의 평형

반응을 보여 준다. 3장에서 설명한 1차원 복사 대류 모형의 결과와 일치해, 지구 표면뿐만 아니라 대류권에서도 온도가 올라간 반면에 성층권에서는 온도가 내려갔다. 해발 고도 약 5km 이하의 대류권 하층부에서는 위도 증가에 따라 온난화의 규모가 증가했다. 특히 지표면 근처의 대기층에서는 태양 복사의 많은 부분을 반사하는 눈과 해빙이 북극 쪽으로 후퇴했기 때문에 온난화 규모가 더 컸다. 그러나 그림 5.2를 자세히 살펴보면, 고위도에서의 큰 온난화가 지표면 근처의 대기층에만 국한된 것이 아님을 알 수 있다. 온난화는 대류권의 중간까지 커졌다. 이것은 극에 의한 온난화의 증폭이 양의 알베도 되먹임뿐만 아니라, 예를 들어 1978년에 아이작 마이어 헬드(Isaac Meyer Held)[3]가 지적했듯이, 대규모 대기 순환의 변화로 인한 고위도에서의 대류권의 정적 안정성 약화 때문임을 강조한다.

고위도에서는 높이 올라가면 대류권의 온난화 규모가 줄어들지만, 저위도에서는 높이 올라가면 온난화 규모가 커진다. 이것은 주로 열대에서 자주 발달하는 심층 습윤 대류 때문이며, 습윤 대류는 연직 온도 기울기를 습윤 단열 감률에 가깝게 유지한다. 습윤 단열 감률은 온도 증가에 따라 감소하기 때문에, 그림 5.2에서 보듯이 대류권 상층의 온난화 규모가 대류권 하층보다 더 크다. 위성 마이크로파 탐사에 따르면,[4] 지난 수십 년 동안에 열대의 온도는 대류권 상층이 지표면보다 더 높아져서, 여기에 나온 결과와 일치한다. 모형 대류권의 넓이 평균 정적 안정성이

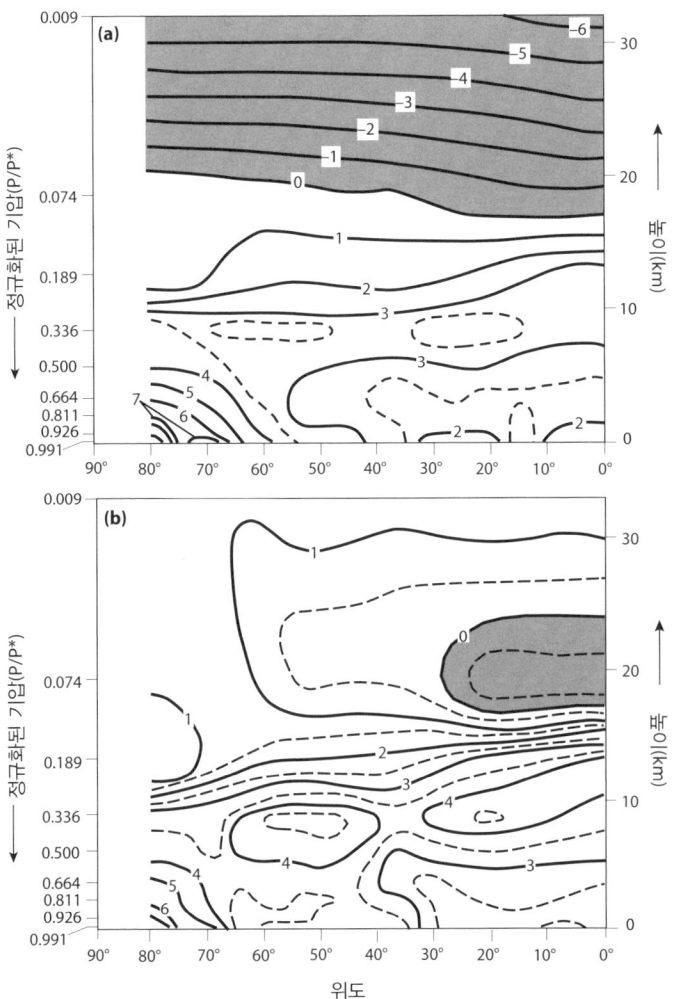

그림 5.2 대기 중 동서 평균 온도(℃)의 평형 반응에 대한 위도-높이 분포. (a)는 대기 중 이산화탄소 농도 2배 증가에 대한 반응이고,[5] (b)는 태양 복사 조도 2% 증가에 대한 반응이다.[6] P는 기압이고, P*는 표면 기압이다.

고위도와 저위도의 보상 때문에 CO_2가 2배로 되어도 거의 변하지 않은 점은 흥미롭다. 따라서 3장에 나왔던 대기의 전 지구 평균 복사-대류 모형에서 채택한 대류권의 정적 안정성이 변하지 않는다는 가정이 올바른 것으로 보인다.

모형의 영역 전체에 대해 평균해서 지구 표면의 온도는 2.9℃가 올랐는데, 이것은 복사-대류 모형에 수증기 되먹임을 활성화해서 얻은 2.4℃보다 조금 크다. 여기에 설명한 3차원 모형에서는 수증기 되먹임뿐만 아니라 눈과 해빙의 알베도 되먹임까지 고려했다. 따라서 두 모형 사이의 온난화 규모 차이는 주로 알베도 되먹임 때문으로 보인다.

모형에서 수증기 되먹임이 어떻게 작동하는지 조사하기 위해, 대기 중 CO_2 농도 2배 증가에 따른 동서 평균 상대 습도의 변화를 보여 주는 그림 5.3을 살펴보자. 이 그림에서 알 수 있듯이 상대 습도의 체계적 변화보다 자연적인 변동이 훨씬 작기 때문에, 이 분포는 지역별로 매우 들쭉날쭉하다. 그럼에도 불구하고 상대 습도 분포의 몇 가지 체계적인 변화를 확인할 수 있다. 예를 들어 700hPa 이하의 대류권 하층부에서는 상대 습도가 몇 퍼센트 증가한 반면에 300hPa와 700hPa 사이의 대류권 상층부에서는 몇 퍼센트 감소했다. 1967년에 대류권의 상대 습도와 평균 표면 온도의 관계를 평가한 마나베와 웨더럴드[7]의 연구를 참조하면, 이러한 상대 습도 변화가 표면 온도 변화에 얼마나 기여했는지 대략 추정할 수 있다. 우리의 추정치는 겨우 0.1℃를 넘지 않

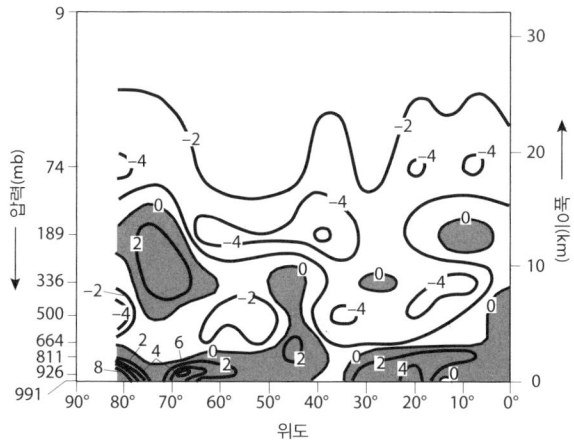

그림 5.3 대기 중 이산화탄소 농도 2배 증가에 따른 동서 평균 상대 습도 변화의 위도-높이 분포. 동서 평균 상대 습도는 동서 평균 포화 증기압에 대한 동서 평균 증기압 변화의 백분율이다.[8]

는데, 대류권 상층과 하층의 기여가 부분적으로 상쇄되기 때문이다. 간단히 말해서 이 3차원 모형에서 수증기 되먹임의 강도는 3장에서 설명한 상대 습도가 고정된 1차원 복사-대류 모형의 강도와 유사할 가능성이 크다.

극에 의한 지구 온난화의 증폭은 지난 130년 동안 수행된 기후 관측을 통해 확인되었다. 그림 5.4는 북극 지역과 북반구 전체에 걸쳐 평균화된 연평균 표면 온도 이상 시계열을 비교한다. 이 그림은 두 시계열이 모두 1년, 10년, 수십 년의 시간 규모에서 요동과 함께 체계적인 온난화 추세를 나타낸다. 그러나 평균 온난

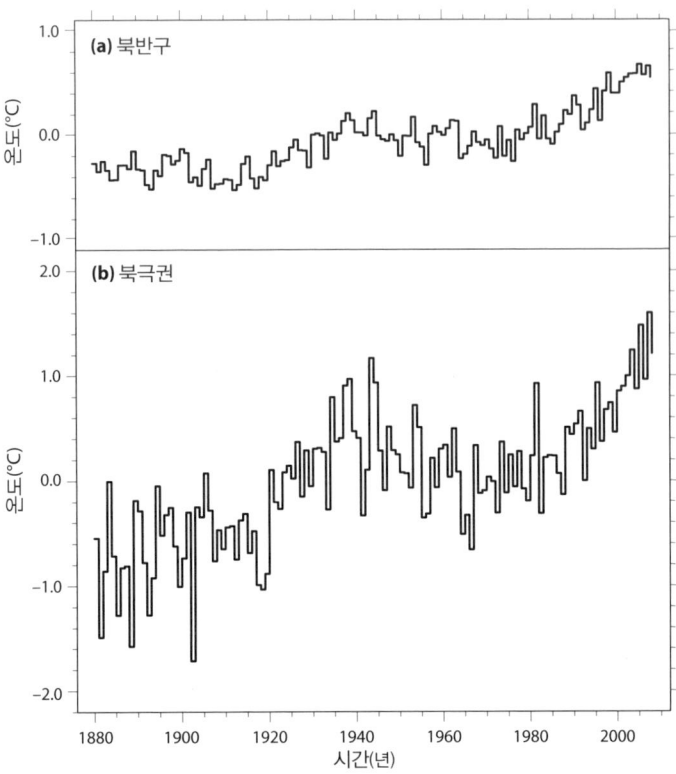

그림 5.4 기준 기간 1880~1960년에 대한 지표면 평균 온도 이상 시계열. (a)는 북반구(북위 0~85도)의 데이터이고, (b)는 북극권(북위 65~85도)의 데이터이다. P. M. 켈리(P. M. Kelly) 등[9]이 얻은 시계열을 필립 브로헌(Philip Brohan) 등[10]이 갱신한 자료를 사용해 2010년까지 연장했다.

화 속도는 북극이 북반구 전체보다 훨씬 더 커서, 극에 의해 지구 온난화가 증폭된다는 설득력 있는 증거를 제공한다. 여기에는 나타나지 않았지만, 남반구에서는 극에 의한 지표면 온난화의 증폭이 그리 뚜렷하지 않다. 이것은 남극해에서는 열의 심층 수직 혼합이 커서 해양 표면 온난화 규모가 매우 작게 유지되기 때문이다. 이 메커니즘은 8장에서 대기와 해양 전체를 결합한 모형을 사용해 더 자세하게 탐구할 것이다.

태양 복사 조도의 변화

지금까지 대기 중 CO_2 농도가 2배일 때의 수치 실험 결과를 살펴보았다. 비슷하게 태양 복사 조도(즉 대기권 최상단으로 들어오는 평균 태양 복사)가 각각 +2%, -2%, -4% 변했을 때의 수치 실험도 수행되었다. 그림 5.2b는 +2%의 복사 조도 변화에 대한 동서 평균 온도의 평형 반응의 위도-높이 분포를 보여 준다. 이것을 그림 5.2a에 표시된 CO_2가 2배일 때의 반응과 비교하면, 15km 이하의 대류권에서는 동서 평균 온도의 반응이 상당히 비슷함을 알 수 있다. 예를 들어 대류권의 지표면에 가까운 층에서 온난화 규모는 위도 증가에 따라 증가하며, 고위도에서 최대가 된다. 반면에 높이가 10km쯤 되는 대류권 상층부에서는 온난화가 위도 증가에 따라 조금 감소한다. 태양 복사 조도 +2% 변화와 CO_2 2배 증가 사이의 열 강제력 차이를 고려할 때, 이러한 유사성은 주목할 만하다. 두 가지 열 강제력이 모두 양성이지만, 전자는 후자보다 위도 증가에 따라 온난화가 훨씬 빠르게 감소한다. 열 강제력의 위도 기울기 차이라는 관점에서, 두 유형의 열 강제력에서 동서 평균 온도 변화의 위도 분포가 상당히 유사하다는 것은 놀라운 일이다.

태양 복사 조도가 증가했을 때와 CO_2가 증가했을 때 반응이 유사하다는 점은 다른 기후 모형을 사용한 실험에서도 발견되었다. 한센 등[11]은 미국 국립 항공 우주국(National Aeronautics and Space Administration, NASA)의 고다드 우주 연구소(Goddard Institute for Space Studies, GISS)에서 개발한 GCM을 사용해 유사한 실험을 수행했다. 그들은 동서 평균 반응의 위도-높이 분포가 태양-복사 조도 +2%와 CO_2 2배 실험에서 거의 똑같다는 것을 알아냈고, 방금 설명한 결과에서도 이 점을 확인할 수 있다. 이러한 연구는 대류권과 지구 표면에서, 온도 변화의 위도 분포가 열 강제력의 분포에 거의 의존하지 않음을 시사한다. 대신에 온도 변화의 위도 분포는 극에 의한 표면 온도 증폭을 제어하는 총 열 강제력의 크기에 의존한다. 또한 이 결과는 대류권과 지구 표면에서 +2%의 복사 조도뿐만 아니라 −2%와 −4%의 실험이 각각 CO_2 2배, CO_2 절반, CO_2 1/4배 실험을 대신할 수 있음을 시사한다.

CO_2 2배와 복사 조도 +2% 분포 사이의 유사성은 정적 안정성이 거의 변하지 않는 대류권에서 자오면 온도 기울기가 어떤 임곗값이 넘지 않도록 막는 동역학적 메카니즘의 존재를 시사한다. 예를 들어 1963년에 스마고린스키[12]는 4장에서 소개한 자신의 2층 모형을 가지고 수행한 장기간 적분에 대한 분석을 바탕으

로 이러한 메커니즘을 제안했다. 피터 스톤(Peter H. Stone)[13]이 자세하게 논의한 스마고린스키의 가설을 여기에서 간략하게 살펴보겠다. 자오면 온도 기울기가 중위도 편서풍 불안정(말하자면 경압 불안정(baroclinic instability))의 임곗값을 넘는다고 하자. 그 결과로 행성파가 증폭되어 극을 향한 열 전달을 촉진하고 대류권에서 자오면 온도 기울기의 추가 증가를 막을 것으로 기대된다. CO_2 2배 실험과 복사 조도 +2% 실험 모두에서 유사한 메커니즘이 모형 대류권에 작동한다고 추측할 수 있다. 이것은 동서 평균 열 강제력의 분포가 상당히 다름에도 불구하고 두 실험에서 동서 평균 온도 변화의 위도 분포가 유사한 중요한 이유일 수 있다.

태양 복사 조도의 네 가지 값에 대한 동서 평균 표면 온도의 위도 분포가 그림 5.5에 나와 있다. 이 그림은 태양 복사 조도를 $340Wm^{-2}$로 한 기준 실험에서 얻은 분포 외에, 이 값을 각각 +2%, -2%, -4%로 바꾼 세 가지 실험에서 얻은 분포를 포함한다. 이 그림은 +2%에서 -4%의 순서로 온도 감소와 눈 및 해빙의 알베도 되먹임 증가에 따라 자오면 온도 기울기가 증가함을 보여 준다. 표 5.1은 태양 상수(solar constant, 태양 복사 조도를 말한다. - 옮긴이)가 +2%, -2%, -4%로 변할 때 넓이 평균 표면 온도의 평형 반응의 표이다. 비교를 위해 3장에서 소개한 복사 대류 모형에서 얻은 반응도 함께 나타냈다. 기준 실험과 비교하면, 태양 복사 조도가 2% 증가할 때 모형은 3.04℃만큼 따뜻해진다. 이 온난화는 복사 조도의 2% 감소에 따른 4.37℃ 냉각과, 복사

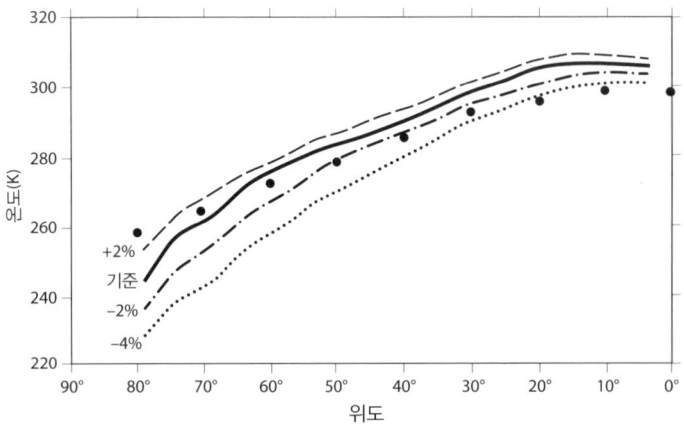

그림 5.5 4개의 총 태양 복사 조도에 대해 구한 동서 평균 표면 공기 온도(K)의 위도에 따른 분포. 기준값(1395.6Wm^{-2}), +2%, -2%, -4%. 관측된 연평균 동서 평균 표면 온도는 검은 점으로 표시했다.[14]

조도가 −2%에서 −4%로 감소할 때 발생하는 5.71℃ 냉각보다 상당히 작다. 즉 태양 상수 2% 감소에 대한 반응의 크기는 태양 복사 조도가 감소함에 따라 증가한다.

GCM의 열 반응 규모는 전 지구 평균 온도에 따라 달라지지만 복사-대류 모형에서는 태양 복사 조도 2% 증가에 대한 반응이 2.57℃, 2.55℃, 2.54℃로 거의 일정하다. 이러한 두 모형의 차이는 주로 눈과 해빙의 알베도 되먹임에 기인한다. 간단히 말해서 표면 온도가 낮아지면 눈과 해빙으로 이루어진 극관(polar cap)으로 덮인 지역이 넓어지므로 열 강제력에 대한 반응이 커진다. 다시 말해 열 강제력이 약해지면서 눈과 해빙의 범위가 주어진

표 5.1 태양 복사 조도 변화에 대한 평균 표면 공기 온도의 평형 반응.

태양 복사 조도 변화	표면 온도 변화	
	GC 모형	RC 모형
기준값에서 +2%로	+3.04℃	+2.57℃
기준값에서 -2%로	-4.37℃	-2.55℃
-2%에서 -4%로	-5.71℃	-2.54℃

GC 모형은 이 장에서 설명하는 대기 대순환(General Circulation) 모형을 말하고, RC 모형은 3장에 설명한 복사-대류(Radiative-Convective) 모형을 말한다.[15]

거리만큼 적도 쪽으로 확장되면, 알베도가 높은 표면이 늘어나는 넓이는 해빙 경계를 이루는 위도원의 길이에 비례한다. 따라서 냉각이 커지면 얼음으로 인한 양의 알베도 되먹임도 함께 커진다.

에너지 균형 모형은 얼음 알베도 되먹임의 역할을 이해하는 강력한 도구이다. 1차원 모형처럼 가장 간단한 형태에서는 온도가 위도에 따라서만 변한다. 이러한 모형에서 에너지 균형은 지구 밖으로 나가는 장파 복사, 들어오는 태양 복사의 흡수와 반사, 대규모 대기 순환에 따른 자오면 열수송 사이에서 일어나며, 이 모든 것들은 동서 평균 표면 온도의 섭동에 따라 달라지는 것으로 가정한다. 1969년에 미하일 이바노비치 부디코(Mikhail Ivanovich Budyko)[16]와 윌리엄 셀러스(William D. Sellers)[17]는 이 모형의 구성을 개척했고, 이것을 이용해서 태양의 복사 조도 변화에 대한 북극 빙관의 반응을 연구했다. 헬드와 맥스 수아레즈

(Max J. Suarez)[18]와 제럴드 노스(Gerald R. North)[19]는 각각 1974년과 1981년에 이러한 선구적인 연구를 바탕으로 수학적으로 엄격한 분석을 수행했고, 태양 복사 조도의 변화에 대한 빙관과 표면 온도의 반응에 관련된 귀중한 통찰을 얻었다.

1차원 에너지 균형 모형(energy balance model, EBM)은 매우 단순하지만 여기에 소개한 GCM으로 얻은 여러 가지 발견을 예측했다. 예를 들어 EBM은 북극의 빙관이 중위도로 확장되어 알베도 되먹임이 커짐에 따라, 태양 복사 변화에 대한 전 지구 평균 표면 온도 반응이 태양 복사 조도 감소에 따라 증가함을 나타냈다. 또한 이 모형은 태양 복사 조도가 임곗값 이하로 떨어지고 북극의 빙관이 임계 위도를 넘어서 성장하면 얼음 덮개(ice cover)가 불안정해진다는 결과도 얻었다. (이른바 '대규모 빙관 불안정성(large ice-cap instability)'이다.) 이러한 상황에서는 양의 얼음 알베도 되먹임이 장파 복사 방출의 온도 의존성과 열의 자오면 확산으로 인한 음의 되먹임을 압도한다. 따라서 적도까지 얼음 덮개가 확장될 수 있으며, 약 7억 5000만 년 전부터 5억 5000만 년 전까지 간헐적으로 나타난 '눈덩이 지구(Snow Ball Earth)'를 연상시키는 얼음 덮인 행성이 될 수 있다.[20] 부디코와 셀러스의 EBM 연구에 따르면 태양 복사의 감소가 2% 미만이어도 빙관 불안정성을 일으키기에 충분할 것이다. 이러한 결론은 이 장의 앞에서 설명한 웨더럴드와 마나베[21]의 연구와는 달랐는데, 이 연구에서는 빙관 불안정성이 발생하기 위해서는 태양 복사 조도가 2% 이상 감소

(또는 CO_2 농도 2배 이상 감소)해야 한다고 지적했다.

태양 복사 조도에 대한 빙관의 민감도는 심층 분석의 대상이었고, 1981년에 수행된 이 분석에서 대기의 2단계 GCM이 사용되었다.[22] 이 모형은 최소의 계산으로 여러 가지 수치 실험을 수행할 수 있고, 비교적 쉽게 준평형 상태를 얻을 수 있도록 단순화되었다. 헬드 등은 태양 복사 조도의 변화에 대한 그들의 모형의 반응이 확산 에너지 균형 모형의 반응과 크게 다르다는 것을 발견했다. 태양 복사 조도가 몇 퍼센트 줄어들면, 빙관 경계의 알베도 기울기가 적도 방향으로 위도 60도까지 내려가서, 모형 기후는 태양 복사 조도 값에 매우 민감해지지만, 이러한 민감도가 빙관 불안정성이 금방이라도 나타난다는 징후는 아니다. 반대로 태양 복사 조도가 더 낮아질수록 모형 기후는 더 민감해지기는커녕 덜 민감해진다. 이러한 비교적 안정된 대규모 빙관 상태는 태양 복사 조도의 약 5% 범위 내에서 존재하며, 한편으로 빙관은 위도 20도까지 확장된다. 태양 복사 조도가 계속해서 더 낮아지면 대규모 빙관 불안정성이 발생하며, 얼음이 지구 전체를 덮는다.

열 확산 계수를 위도에 따라 다르게 해서 GCM과 비슷하게 패턴화한 2단계 확산 EBM에서도 유사한 결과가 나왔다. 이 저자들은 미리 정해진 자오면 구조의 확산율(diffusivity)을 GCM의 자오면 구조 유효 확산율과 비슷하게 선택해서, 빙관 경계가 유효 확산율이 위도 감소에 따라 증가하는 영역 안에 있을 경우에는 태양 복사 조도에 덜 민감함을 알아냈다. 반면에 빙관 경계가 위도 감소에 따라 확산율이 감소하는 영역 안에 있을 경우에는 더 큰 민감도를 보인다. 이 실험들의 결과는 확산율이 상수인 EBM에서 발견된 대규모 빙관 불안정성이 GCM에서 발생하기 위해서는 태양 복사 조도가 훨씬 더 커져야 함을 보여 준다. 이러한 반응 차이는 유효 확산율의 위도 의존성 때문이며, 이것은 위도와 무관한 확산율로는 일시적 소용돌이(transient eddy)를 적절하게 표현할 수 없음을 나타낸다. 따라서 열 확산율이 위도에 의존하지 않는 EBM으로 얻은 결과를 정량적으로 해석할 때는 약간의 주의가 필요하다.

계절적 변이

지금까지 연평균 일사를 적용해서 크게 이상화한 모형을 사용한 기후 변화 연구들을 살펴보았다. 1970년대에 GFDL에서 더 강력한 컴퓨터를 사용할 수 있게 되자, 기후 변화 연구에 사용되는 GCM에 현실적인 지리를 반영하고 일사가 계절에 따라 변하도록 함으로써 실세계에 더 가깝게 개선했다. 1979년과 1980년에 마나베와 로널드 스토퍼(Ronald J. Stouffer)[23]는 이러한 모형 중 하나를 사용해 극에 의한 지구 온난화의 증폭이 계절에 따라 어떻게 달라지는지 밝혀냈다. 이 모형으로 얻은 결과를 논의하기 전에 모형의 구조를 간략하게 설명하겠다.

    이 모형은 지구 전체를 대상으로 하며, 해양과 대륙의 현실적인 지리적 분포를 적용했다. 4장에서 설명한 계절 모형과 같이 이 모형은 대기 GCM, 대륙 표면의 열과 물의 균형 모형으로 구성되어 있다. 이전의 모형과 달리 해수면 온도를 관측값으로 하지 않고, 해양을 두께가 약 70m인 수직 등온층으로 나타낸다. 이 '혼합층'의 온도는 표면 열 수지를 만족하도록 결정되며, 모형 해양 내에서 열의 수평 이동은 일어나지 않는다. 해양 혼합층과 심해 사이의 열 교환은 무시된다. 이 열 교환은 단기적인 시간 규모에서는 그리 중요하지 않지만, 몇십 년과 100년의 시간 규모에서는 표면 온도의 변화에 상당한 영향을 미친다. 기후 변화에서 심해의 역할은 8장과 9장에서 자세히 살펴보겠다.

해양 혼합층의 열 수지에 영향을 주는 중요한 요소는 해빙이다. 해빙은 고위도에서 바다를 덮고, 태양 복사의 많은 부분을 반사한다. 또한 해양 혼합층과 대기 상층부 사이의 열 교환을 감소시켜 혼합층의 열 균형에 상당한 영향을 미친다. 이 모형에서 해빙 위의 강설·승화·용융, 바다에서의 결빙(또는 용융) 같은 해빙의 구성 요소들(그림 5.6)을 포함하는 해빙 수지(budget of sea ice)로부터 해빙 두께의 변화를 계산한다. 여기에서 해빙 바닥에서의 결빙(또는 용융) 속도는 해빙을 통한 열전도에도 불구하고 혼합층의 온도가 어는점(-2℃)을 유지하도록 결정된다. 해빙 상단의 온도는 태양 복사, 장파 복사, 현열 플럭스, 승화, 해빙을 통한 열전도 사이의 열 균형 요건이 충족되도록 결정된다. 이렇게 계산된 온도가 해빙의 녹는점(0℃)을 초과하면 해빙이 녹으면서 온도가

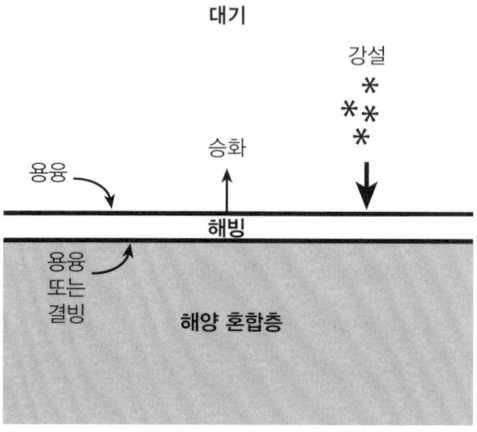

그림 5.6 마나베와 스토퍼[24]에 의해 구축된 대기/해양 혼합층 모형에서 해빙 수지의 구성 요소들.

해빙의 녹는점으로 유지된다.

앞에서 설명한 대기/해양 혼합층 모형을 사용해 마나베와 스토퍼는 기후의 계절적 변화를 시뮬레이션하려고 시도했다. 이 모형에서 정지해 있는 등온의 초기 조건에서 시작해 10년 순환에 대해 수치 적분을 수행했다. 처음에 모형의 전체 평균 표면 온도는 매우 빠르게 변했다. 그러나 적분이 끝나 갈 무렵에는 열 평형 상태에 도달해, 지구 밖으로 나가는 장파 복사의 지구 평균 플럭스가 대기권 최상단으로 들어오는 알짜 태양 복사와 실질적으로 같아졌다.

표면 온도의 계절적 변화를 시뮬레이션하는 모형의 능력을

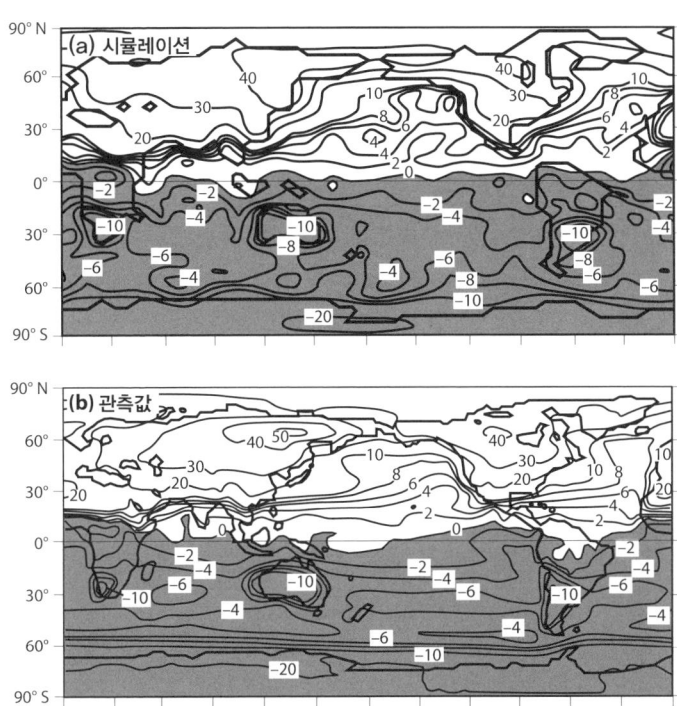

그림 5.7 8월과 2월 사이의 월평균 표면 기온 차이(℃)의 지리적 분포. (a)는 시뮬레이션 분포이고, (b)는 관측된 분포이다. 북반구와 남반구에 대해 각각 해럴드 크러처(Harold L. Crutcher)와 J. M. 미저브(J. M Meserve),[25] 얀 탈야르트(Jan J. Taljaard) 등[26]이 수집한 데이터를 바탕으로 했다. 등온선 간격은 차이의 규모가 10℃ 미만인 경우에 2℃이고, 차이의 규모가 10℃ 이상인 경우 10℃이다. 회색 부분은 차이가 음수인 영역이다.[27]

평가하기 위해 모형의 8월과 2월 표면 기온 차이의 지도를 관측과 비교했다. (그림 5.7) 차이의 부호가 두 반구 사이에서 반대로

된다는 것을 염두에 두고, 차이의 크기가 표면 온도 변동의 연간 범위를 대략적으로 나타내는 지표라고 할 수 있다.

그림 5.7a와 5.7b를 비교하면, 모형이 시뮬레이션한 8월과 2월의 지표면 기온 차이의 지리적 분포가 관측과 잘 일치함을 알 수 있다. 예를 들어 표면 기온의 연간 범위는 해양이 대륙보다 확실히 작은데, 이것은 주로 해양 혼합층의 열 관성(thermal inertia) 때문이다. 해양 혼합층을 비교적 단순하게 처리하는 모형에서도 표면 기온 연간 범위의 지리적 분포가 상당히 재현된다는 사실은 고무적이었다.

마나베와 스토퍼는 대기/해양 혼합층 모형을 사용해 CO_2 농도 증가가 기후에 일으키는 효과를 조사하기 위해 수치 실험을 수행했다. 앞에서 설명한 CO_2 농도 300ppmv의 시뮬레이션을 기준 실험(1×C)으로 사용했다. CO_2가 많을 때의 기후를 시뮬레이션하기 위해 CO_2 농도를 표준값의 4배(1200ppmv, 4×C)로 고정해 다시 실행했다. CO_2의 변화를 크게 하는 이유는 시뮬레이션된 4×C의 기후와 1×C의 기후를 비교해 결정될 기후의 반응을 확대하기 위해서이다. 기후의 복사 강제력은 3장에서 설명했듯이 변화 전후의 CO_2 농도 비율에 비례하기 때문에, CO_2가 4배로 될 때 일어날 기후 변화는 CO_2가 2배로 될 때의 변화보다 약 2배 더 크다.

그림 5.8은 CO_2 4배 증가에 대응하는 동서 평균 표면 기온 변화 시뮬레이션을 위도와 월별 함수로 표시한 것으로, 극에 의

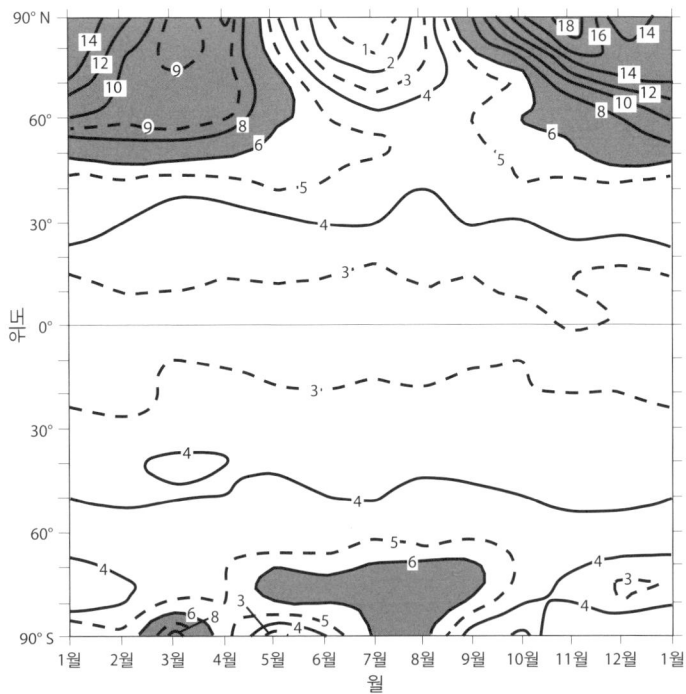

그림 5.8 CO_2가 4배로 증가할 때 월평균 동서 평균 표면 온도(℃) 변화의 시뮬레이션을 위도와 월별 함수로 나타냈다.[28]

한 지구 온난화의 증폭이 계절에 따라 어떻게 변하는지를 보여준다. 북반구의 고위도에서, 지구 표면의 온난화 규모는 계절에 따라 크게 변한다. 온난화 규모는 가을부터 늦봄까지 매우 크고, 여름에는 작아져서 극 증폭이 일어나지 않는다. 남위 70도쯤의 남극해 해안 부근에서도 비슷한 계절적 변화가 나타나지만, 크기가 훨씬 작다. 해빙은 아래의 물과 상공의 공기 사이의 열 교환을 조절하는 데 중요한 역할을 하며, 따라서 북극해와 인근 지역에

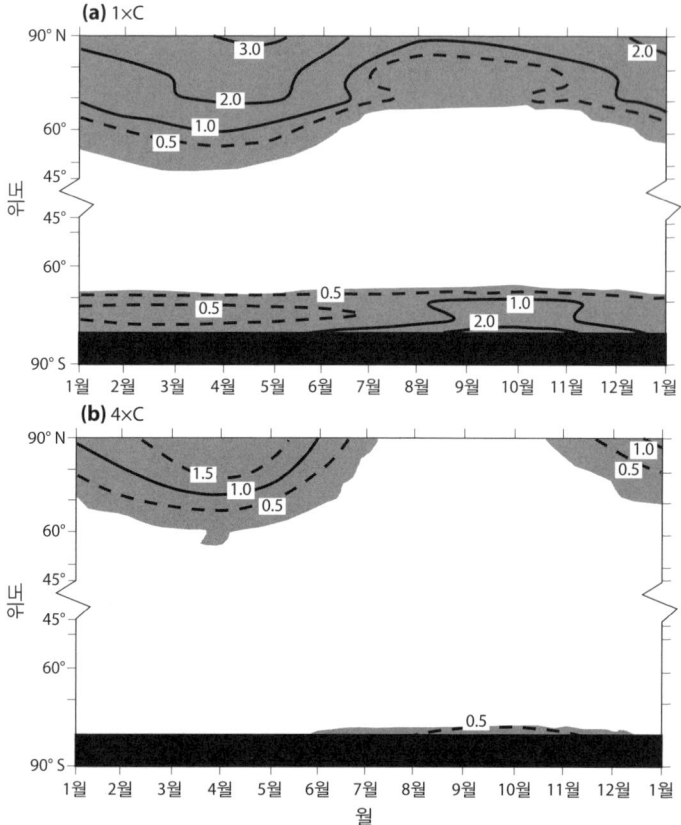

그림 5.9 시뮬레이션된 동서 평균 해빙 두께(m)의 월평균 변화를 위도와 월별 함수로 나타냈다. (a) 기준 실험 1×C 실행, (b) 4×C 실행. 회색 부분은 해빙 두께가 0.1m를 초과하는 지역이다.[29]

서 온난화의 계절적 의존성을 조절한다.

그림 5.9a는 대조 실험(1×C)에서 해빙의 지역 평균 두께가 두 반구의 고위도 지역에서 계절에 따라 어떻게 달라지는지를 보여 준다. 북위 60도와 북극 사이에서 해빙은 8월부터 10월까지 3개월 동안 얇고 최소의 두께를 가진다. 해빙은 10월부터 두꺼워지기 시작해서 4월에 최대가 된다. 시뮬레이션으로 재현된 표면 기온은 그림 5.8과 같이 여름부터 초겨울까지 급격히 감소하는 반면에 해빙 아래의 수온은 바닷물의 어는점인 -2℃로 유지된다. 따라서 해빙의 바닥에서 꼭대기까지 온도 기울기가 증가하고, 위로 향하는 열전도가 커져서 해빙의 바닥에서 물이 얼게 된다. 이 과정은 9월부터 4월까지 해빙이 두꺼워지는 원인이다. 얼음 두께는 늦봄 동안에 햇빛이 많아지고 주변 대륙에서 오는 이류로 따뜻한 공기가 유입됨에 따라 해빙의 표면이 녹으면서 빠르게 감소하기 시작한다. 남극 해안 근처에서도 해빙 두께의 계절적 변화가 일어나지만, 그 크기는 북극해에 비해 작다.

그림 5.9는 대기/해양 혼합층 모형에서 해빙이 덮는 넓이가 일사가 상대적으로 강한 여름에는 작은 반면에 일사가 상대적으로 약한 겨울에 크다는 것을 나타낸다. 해빙과 일사는 서로 반대로 움직이기 때문에 해빙의 계절적 변이를 포함시키면 연주기 동안 태양 복사의 전체 반사는 줄어들게 된다. 1981년에 웨더럴드와 마나베[30]가 논의했듯이, 계절 변화가 있는 모형에서 결과적으로 일어나는 태양 복사 흡수의 증가는 계절 변화가 없는 모형에 비

해 평균 표면 기온이 높아지는 이유 중의 하나이다. 연간 변이가 있을 때와 없을 때의 시뮬레이션을 비교해서, 이 결과는 태양 복사의 계절 변이가 작을수록 알베도 되먹임이 강해지고 지구 표면의 평균 온도가 낮아짐을 암시한다. 이러한 관계는 북반구 빙상의 성장이 여름 일사의 감소로 인해 촉진된다는 이른바 천문학적 빙기 이론을 뒷받침한다.[31]

4×C와 1×C 적분에서 얻은 동서 평균 해빙 두께의 위도/월별 분포를 비교해 보면(그림 5.9), 해빙의 넓이와 두께가 4×C 적분에서 현저하게 감소함을 알 수 있다. 해빙 두께의 감소는 해빙 넓이가 최소가 되면서 1×C 실행에 비해 크게 줄어드는 여름에 해양 혼합층을 통한 일사 흡수의 증가에 적지 않은 영향을 받는다. 여름 동안의 태양 에너지 흡수 증가는 추운 계절 동안 해빙의 성장을 지연시키고 1년 내내 해빙 두께를 줄이는 데 기여한다.

이러한 전반적인 해빙 두께 감소는 그림 5.8에 묘사된 북극 온난화 규모의 계절적 대조를 강화하는 데 크게 기여한다. 예를 들어 겨울에, 해빙 상단의 온도는 바닷물의 어는점으로 유지되는 바닥보다 훨씬 더 낮다. 열전도율은 해빙 두께에 반비례하기 때문에, 해빙이 얇아질수록 얼음을 통해 전도되는 열은 증가한다. 이것이 이산화탄소 농도의 증가에 따라 북극해 전체에 걸쳐 표면 온도가 증가하는 주된 이유이다. 온난화 규모는 해빙의 상하 온도차가 매우 큰 겨울철에 특히 커지며, 반면에 이 온도차가 적은 여름에는 작아진다.

북극 온난화 규모가 계절에 따라 달라졌다는 관찰 증거가 있다. 윌리엄 채프먼(William L. Chapman)과 존 월시(John E. Walsh)[32]는 1961년과 1990년 사이에 관측된 북극 육상 관측소 온도의 계절적 거동을 조사했다. 그들의 분석에 따르면 겨울과 봄의 온난화의 중간 비율은 각각 10년마다 약 0.25℃와 0.5℃이다. 여름에 이 경향은 거의 0에 가까웠고, 가을에는 중립적이거나 약간 냉각되는 경향을 보였다. 여름에는 온난화가 거의 일어나지 않고 겨울과 봄에 상당한 온난화가 일어나는 차이는 모형을 통해 재현된 북극 온난화의 계절 의존성과 대체로 일치하는 것으로 보인다. 제임스 스크린(James A. Screen)과 이언 사이먼즈(Ian Simmonds)[33]는 최신 기법을 이용한 재분석으로 1989~2008년의 기간에 북반구 고위도 지역에서 지표면 기온의 계절적 변화를 추정했다. 그들은 대부분의 계절에 북극해에서 표면 근처의 온난화 경향이 뚜렷하지만 여름에는 표면 근처의 온난화가 훨씬 더 완만하다는 것을 발견했다. 그들은 온난화의 계절 의존성이 큰 이유는 거의 해빙 두께의 감소 때문이라는 가설을 제안했다.

2011년에 마나베 등[34]은 이스트 앵글리아 대학교 기후 연구부와 영국 기상청 해들리 기후 예측 및 연구 센터(Hadley Centre for Climate Research and Prediction, 현재는 영국 기상청 해들리 센터(Met Office Hadley Centre)라는 이름으로 불린다. - 옮긴이)가 수집한 과거의 표면 온도 데이터를 사용해 지난 수십 년 동안 표면 온도 추세의 계절 의존성을 평가했다. 이 분석 결과는 그림 5.10에서 볼

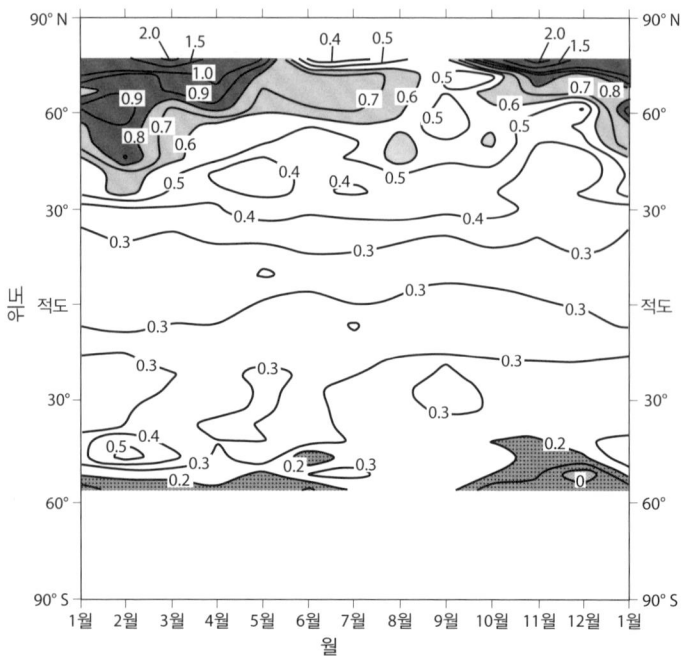

그림 5.10 1991~2009년 기간 동안 관측된 지구 평균 표면 온도 이상을 위도와 월별 함수로 나타냈다. 이 이상은 1961~1990년의 30년 기준 기간 동안의 평균과의 편차를 나타낸다. 데이터 부족으로, 북위 80도와 남위 60도에서 극 방향의 이상은 집계하지 못했다.[35]

수 있으며 이것은 1961~1990년의 30년의 기준 기간과 비교한 1991~2009년의 지구 평균 표면 온도 이상 위도/월별 분포를 보여 준다. 1991~2009년의 이상 현상은 지난 반세기 동안 동서 평균 기온의 추세를 보여 준다고 할 수 있다. 동서 평균 표면 온도는 실질적으로 모든 위도와 계절에서 증가한다. 북반구에서, 온난화 추세는 위도 증가에 따라 증가한다. 대부분의 기간 동안 북극해와 근처에서 특히 온난화가 크며, 계절적으로 온난화가 최소가 되는 여름의 경우만 예외적이다. 이것은 그림 5.8에 표시된 모형의 결과와 정성적으로 잘 일치한다.

남반구에서는 극 증폭이 뚜렷하지 않아서 북반구와 뚜렷한 대조를 이룬다. 남위 60도에서 남극 쪽의 온도 이상은 겨울의 월별 평균 온도 데이터가 부족해서 그림에 나타나지 않지만, 사실상 남극해에서는 1년의 많은 기간 동안 남위 55도 부근에서는 온도 변화가 크지 않다. 남극해에서 뚜렷한 온난화가 일어나지 않는 것은 주로 혼합층과 심해의 열 교환 때문이며, 이것은 여기에서 설명하는 대기/해양 혼합층 모형으로 파악할 수 없다. 8장에서 대기 GCM과 해양 GCM의 결합 모형을 사용해 이 주제를 더 탐구할 것이다.

인공 위성에 탑재된 마이크로파 측심 장치를 사용하는 원격 탐지를 통해 해빙의 넓이 변화 경향을 관찰할 수 있게 되었다. 그림 5.11은 해빙 넓이가 각각 최대와 최소가 되는 9월과 3월에 북반구에서 해빙이 차지하는 넓이비(%)의 시간적 변화를 보여 준다.[36] 1979년부터 2009년까지 북극해에서 해빙이 차지하는 넓이비는 9월에 10년당 8.9%의 비율로 감소했지만, 3월에는 10년당 2.5%의 비율로 훨씬 더 느린 속도로 감소했다. 북극해에서 9월과 3월 사이에 관찰된 해빙 넓이비의 변화율 차이는 모형에서 얻은

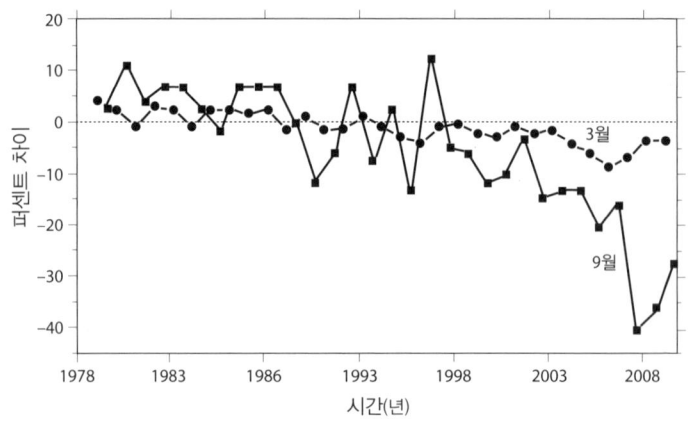

그림 5.11 1979~2009년 북극해에서 관측된 해빙 넓이비의 평균값과의 차이(%) 시계열. 9월(얼음 넓이비가 최소인 달)과 3월(얼음 넓이비가 최대인 달)의 시계열이다.[37]

결과와 일치한다. 그림 5.9에 나타나듯이, CO_2 4배 증가에 대응해 해빙 남쪽 가장자리의 북극 방향 후퇴는 3월에 비해 9월에 훨씬 더 크다.

여기에 설명된 대기/해양 혼합층 모형의 유형은 GFDL뿐만 아니라 1983년과 1984년에 NASA/GISS에서도 한센 등[38]에 의해 개발되었다. GFDL 모형과 GISS 모형이 나타내는 CO_2로 인한 온난화의 위도/월별 패턴이 유사하다는 것은 극에 의한 온난화의 증폭이 적어도 정성적으로는 특정한 모형의 특성이 아닌 굳건한 결과임을 시사한다. GISS와 GFDL의 대기/해양 혼합층 모형의 기본 구조는 비슷하지만, 두 모형 사이에는 중요한 차이가 있다.

앞에서 설명한 GFDL 모형의 버전에서 지구 평균 표면 온도는 CO_2 4배 증가에 대응해 약 4.1℃ 증가했다. CO_2 농도와 복사 강제력 사이의 로그-선형 관계는 CO_2 2배의 온도 변화가 2℃보다 조금 더 클 것임을 함의한다. 대조적으로 한센 등[39]의 1984년 모형은 CO_2 2배 증가에 대해 4℃의 온난화를 예측했는데, 이것은 이 모형이 여기에 제시된 GFDL 모형보다 거의 2배 민감하다는 것을 의미한다. 두 모형의 민감도 차이가 크다는 것은 여전히 기후 민감도의 불확실성이 크다는 것을 보여 준다. 다음 장에서 이 불확실성의 원인에 대해 살펴보겠다.

6장
기후 민감도

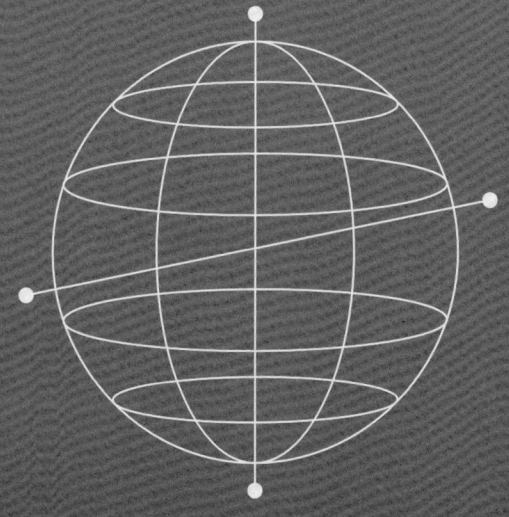

기후 과학의 가장 어려운 과제 중 하나는 기후 민감도를 신뢰성 있게 추정하는 것이다. 기후 민감도란 충분히 긴 시간(즉 평형 반응이 일어나기에 충분한 시간)에 걸쳐 특정한 열 강제력이 주어졌을 때 일어나는 지구 평균 표면 온도의 반응을 말한다. 앞 장에서 지적했듯이, GFDL과 NASA/GISS가 구축한 두 초기 기후 모형의 민감도는 약 2배 정도 차이가 났다. 2013년에 그레고리 플라토(Gregory Flato) 등[1]이 발표한 연구에 따르면, 현재 기후 모형들에도 여전히 비슷한 크기의 민감도 차이가 남아 있다. 이토록 큰 불확실성을 줄여야 한다는 요구는 기후 민감도를 조절하는 복사 되먹임 과정의 모형 연구를 시급하게 개선하고 검증해야 하는 이유 중 하나이다. 이 장에서는 기후 민감도가 어떻게 다양한 복사 되먹임 과정들 사이의 상호 작용을 통해 결정되는지 설명한다. 전 지구 규모의 표면 온도 섭동에 작용하는 총 복사 되먹임 강도와 기후 민감도를 연결하는 공식을 얻는 것에서 시작한다.

복사 되먹임

지구의 복사열 균형은 다음과 같이 대기권 최상단에서 들어오는 태양 복사와 나가는 복사 사이에서 유지된다.

$$I = R. \qquad (6.1)$$

여기에서 I는 들어오는 태양 복사의 지구 평균값이고, R은 나가는 복사의 지구 평균값이다. R은 다음과 같이 두 가지 성분으로 구성된다.

$$R = L + S_r. \qquad (6.2)$$

여기에서 L은 나가는 장파 복사의 지구 평균값이고, S_r는 대기권 최상단에서 반사되는 태양 복사의 평균값이다. 열 교환을 통해 밀접하게 결합된 지표면-대기권 계에 일정한 열 강제력이 지속적으로 가해진다고 하자. 충분히 긴 시간이 주어지면 이 계의 온도는 대기권 최상단(top-of-atmosphere, TOA)에서 지구 밖으로 빠져나가는 복사 플럭스의 증가가 열 강제력과 같아질 때까지 증가하며, 이것은 다음과 같은 식으로 표현된다.

$$\Delta R = Q. \qquad (6.3)$$

여기에서 ΔR은 지구 밖으로 빠져나가는 복사의 TOA 플럭스 변화이며, Q는 이 계의 열 강제력이다. Q가 충분히 작으면, 지구 평균 표면 온도 변화 ΔT_S도 마찬가지로 비교적 작을 것으로 기대된다. 이 경우에 ΔR은 ΔT에 선형적으로 비례하며, 다음과 같이 표현될 것이다.

$$\Delta R = \lambda \cdot \Delta T_\mathrm{S}. \quad (6.4)$$

여기에서 λ는 되먹임 모수(母數, parameter)이다. 이것은 지구 평균 온도 T_S 한 단위의 변화를 동반하는, 지구를 빠져나가는 복사 TOA 플럭스의 지구 평균 변화이다. 다시 말해서 이 모수는 지구 규모 표면 온도 섭동의 복사 감쇠 비율이다. 이것은 $\lambda = dR/dT_\mathrm{S}$로 표현되며, 식 (6.2)를 대입하면 다음과 같이 된다.

$$\lambda = d(L + S_\mathrm{r})/dT_\mathrm{S}. \quad (6.5)$$

식 (6.3)과 (6.4)를 결합해서, 다음과 같은 식을 얻는다.

$$\Delta T_\mathrm{S} = Q/\lambda. \quad (6.6)$$

이 식은 기후 민감도가 전 지구적 규모로 가해지는 표면 온도 섭동의 감쇠 비율에 반비례함을 나타낸다. 간단히 말해서, 되먹임 모수가 클수록 기후 민감도는 작아진다. 되먹임 모수는 우리의 정의에 따라, 전 지구 평균 표면 온도가 알짜 배출 복사에 따라 얼마나 달라지는지 보여 주는 척도이다. 따라서 λ가 양수이면 배출되는 복사의 변화가 부과된 열 강제력에 대해 반대로 작용한다는 뜻이다. 식 (6.6)은 행성의 복사 균형을 회복하는 데 필요한 지구 평균 표면 온도의 변화를 나타낸다. 이 식을 사용하면 복사 강제력에 대한 지구 평균 표면 온도의 평형 반응을 추정할 수 있다.

식 (6.5)과 (6.6)은 지표면-대기권 계의 에너지 균형이 대기 최상단의 알짜 유입 태양 복사와 배출되는 장파 복사 사이에서 유지된다는 가정을 바탕으로 1988년에 웨더럴드와 마나베[2]가 구한 것이다. 그러나 성층권은 본질적으로 복사 평형 상태에 있고 3장에서 소개한 대기의 1차원 복사-대류 모형에서와 같이 대류권과의 (즉 대류권 계면을 통과해서 이루어지는) 열 교환이 거의 없음이 밝혀졌다. 따라서 식 (6.6)은 지표면-대기권 계뿐만 아니라 지표면-대류권 계에도 적용된다. 식 (6.6)을 이런 방식으로 적용하는 것은 대류권에서 지구 평균 표면 온도 섭동의 복사 감쇠 속도가 대기권 최상단의 복사 감쇠 속도와 같다고 암묵적으로 가정하는 것이다.

기후 민감도를 대기 중 이산화탄소 농도 2배 증가에 대한 지구 평균 온도의 평형 반응으로 표현하는 것은 기후 역학 연구자들의 관례가 되었다. 이러한 방식으로 정의하면, 평형의 기후 민감도($\Delta_{2x} T_S$)는 다음과 같이 주어진다.

$$\Delta_{2x} T_S = Q_{2x} / \lambda. \qquad (6.7)$$

여기에서 Q_{2x}는 대기 중 CO_2가 2배로 증가했을 때의 복사 강제력이다. 여기에서 주목해야 할 점은, 지표면-대류권 계의 복사 강제력 Q_{2x}는 대기권 최상단에서 결정되는 순간 복사 강제력과는 다르다는 것이다. 그림 3.5에서 보였듯이, CO_2가 2배로 증가함에 따라 성층권 냉각이 일어나며, 따라서 대기권 최상단에서 빠져나가는 장파 복사가 줄어든다. 성층권은 본질적으로 복사 평형 상태에 있기 때문에 대류권에서 복사의 알짜 상향 플럭스도 같은 양만큼 감소하며, 따라서 지표면-대류권 계에서 복사열 손실이 감소한다. 이러한 이유로, 3장에서 보았듯이 지표면-대류권 계의 복사 강제력은 성층권 냉각이 없을 때보다 더 크다.

식 (6.7)에서 알 수 있듯이 기후 민감도는 표면 온도의 전 지구적 규모의 섭동에 작용하는 복사 감쇠의 강도에 반비례한다. 따라서 민감도를 결정하기 위해서는 지구 평균 표면 온도의 섭동에 반응해서 생겨나는 복사 되먹임의 강도를 신뢰성 있게 추정해야 한다. 이것이 기후 모형 연구에서 가장 해결하기 어려운 문제 중 하나였다. 여기에서 지구 온난화 시뮬레이션의 분석을 참조해 복사 되먹임 강도와 기후 민감도를 추정하는 시도를 할 것이다.

증폭 인자

기후 계에서 일어나는 가장 기본적인 되먹임은 지구가 흑체로서 장파 복사를 방출할 때 일어날 수 있는, 지구 밖으로 빠져나가는 복사 플럭스 변화를 포함한다. 이 이상화된 경우에는 대류권뿐만 아니라 지구 표면에서도 수직으로 균일한 온도 변화가 일어날 것이다. 이 되먹임은 흑체 복사에 대한 슈테판-볼츠만 법칙에 따라 지구 밖으로 빠져나가는 장파 복사의 TOA 플럭스 변화를 일으킨다. 이러한 되먹임을 흔히 '플랑크 되먹임(Planck feedback)'이라고 한다.

두 번째 종류의 되먹임(이후 '제2종 되먹임'으로 표기한다.—옮긴이)은 지표면의 지구 평균 온도 변화를 동반하는 기후 계의 다른 변화로 인해 지구 밖으로 빠져나가는 총 복사 TOA 플럭스 변화를 포함한다. 이러한 유형의 되먹임의 예로는 절대 습도, 구름양, 대류권 온도의 연직 분포 변화, 지구 표면의 쌓인 눈과 해빙의 변화가 있다. 이 변화들은 다시 지구 밖으로 배출되는 장파 복사나 대기권 최상단에서 반사되는 태양 복사에 영향을 준다. 이 두 가지 유형의 되먹임이 함께 복사 되먹임의 전체 강도를 결정하며, 따라서 기후 민감도를 조절한다.

이 두 종류의 되먹임 과정을 바탕으로, 되먹임 모수(λ)를 다음과 같이 두 가지 성분으로 나눌 수 있다.

$$\lambda = \lambda_0 + \lambda_F. \tag{6.8}$$

여기에서 첫 번째 항 λ_0은 위에 정의된 기본 플랑크 되먹임의 강도를 나타낸다. 이것은 $\lambda_0 \approx 4\varepsilon\sigma T_S^3$으로 나타낼 수 있으며, 여기서 ε은 행성의 방출률이고, σ는 흑체 복사의 슈테판-볼츠만 상수이다. 두 번째 항 λ_F는 앞 단락에 열거한 다른 변화들과 관련된 제2종 되먹임을 합친 강도이다.

제2종 되먹임(λ_F)의 복사 되먹임에 대한 상대적 기여를 특징 짓기 위해 1984년에 한센 등[3]은 다음과 같이 정의된 '증폭 인자 (gain factor)'라는 무(無)차원 값(non dimensional metric)을 도입했다.

$$g = -\lambda_F / \lambda_0. \qquad (6.9)$$

이렇게 정의된 증폭 인자 g를 사용해, 되먹임 모수(λ)를 다음과 같이 표현할 수 있다.

$$\lambda = \lambda_0 \cdot (1 - g). \qquad (6.10)$$

이 방정식이 나타내듯이 증폭 인자는 무차원 값이며, 기본 플랑크 되먹임이 제2종 되먹임으로 인해 약화되는 정도, 즉 기후 민감도를 증가시키는 정도를 나타낸다.

이러한 공식화에서 나오는 부호 규약에 주목해야 한다. 민감도 모수 λ가 양의 값이면 표면 온난화에 반응해 지구 밖으로 빠져나가는 알짜 복사가 증가한다는 뜻이다. 따라서 양의 열 강제력이 가해지고 그 반응으로 지구 평균 표면 온도가 올라간다면, 기본 플랑크 되먹임은 강제력의 효과를 부분적으로 상쇄시킬 것이다. 증폭 인자 g의 부호는 λ와 반대가 되어, 양의 값은 가해진 복사 강도의 효과를 강화하는 되먹임 메커니즘을 나타낸다. 기후 역학에서 일반적으로 쓰는 '양의 되먹임'과 '음의 되먹임'이라는 용어는 각각 증폭 인자의 양의 값과 음의 값에 해당한다.

식 (6.7)에 (6.10)을 대입하면 다음과 같은 식을 얻는다.

$$\Delta_{2x}T_S = Q_{2x} / [\lambda_0 \cdot (1 - g)]. \qquad (6.11)$$

식 (6.11)에서 기후 민감도($\Delta_{2x}T_S$)가 증폭 인자에 따라 어떻게 달라지는지 유추할 수 있다. 예를 들어 기후 모형에서 일반적으로 그렇듯이 증폭 인자가 양수이고 1보다 작을 경우, 제2종 되먹임은 기본 플랑크 되먹임을 부분적으로 보상하고 전체적인 복사 감쇠를 약화시켜, 기후 민감도를 크게 한다. 실제로, 증폭 인자가 1을 향해 선형적으로 증가함에 따라 기후 민감도는 비선형적으로 가속적으로 증가한다. 증폭 인자가 1과 같으면, 제2종 되먹임은 기본 플랑크 되먹임을 정확하게 보상해 복사 감쇠가 작동하지 않는 기후 계가 된다. 이 경우에 지구 평균 표면 온도는 제약 없이 자유롭게 떠돈다. 증폭 인자가 1보다 크면 λ가 음수가 되어 식 (6.11)은 더 이상 유효하지 않다. 이 경우에, 기후는 불안정하고 '이탈(runaway) 온실 효과'가 작동하게 될 것이다. 기후가 매우 오랫동안 안정되어 있었다는 사실로 보아, 증폭 인자가 1보다 작아서 우리의 행성을 따뜻하고 거주할 수 있을 만큼 충분히 강한 복사 감쇠가 있다고 우리 자신을 설득하기는 어렵지 않다.

반면에 증폭 인자가 0이면 기본 플랑크 되먹임만 작동한다. 이 경우에 민감도는 Q_{2x}/λ_0으로 주어지며 비교적 작다. 증폭 인자가 음수이면, 제2종 되먹임은 플랑크 되먹임을 강화해서 기후 민감도를 훨씬 더 작게 만든다. 실제의 증폭 인자가 가질 수 있는 대략적인 값의 범위에 대한 관점을 제공하기 위해, 예를 들어 앞의 절들에서 소개한 몇 가지 모형의 증폭 인자를 추정할 수 있다.

3장에서 소개한 1차원 복사-대류 모형에서, 절대 습도가 온도 변화에 반응할 수 있을 때 기후 민감도는 2.36℃이다. 절대 습도가 고정되고 수증기 되먹임이 활성화되지 않은 경우에, 기본 플랑크 되먹임(즉 $g = 0$)만 작동하며 민감도는 1.33℃로 감소한다. 이 두 값을 가지고 식 (6.11)에서 모형의 증폭 인자를 추정할 수 있으며, 이 경우에 증폭 인자는 0.44이다. 이것은 이 모형의 수증기 되먹임이 기본 플랑크 되먹임에 맞서서 복사 감쇠를 44%로 줄인다는 뜻이다. 다시 말해서 제2종 되먹임으로 인해 전체 되먹임의 강도가 0.56배 감소해 민감도는 기본 되먹임만 작동하는 모형의 민감도인 1.33℃의 1.77(또는 1/0.56)배로 커진다.

5장에서 제시한 CO_2 2배 실험에 사용된 이상화된 GCM에 대해서도 비슷하게 분석할 수 있다. 이 모형에서 제2종 되먹임은 수증기 되먹임뿐만 아니라 알베도와 감률 되먹임도 포함하지만, 이 모형에서는 후자가 전자보다 훨씬 작다. 이 모형의 민감도는 2.93℃이며, 복사-대류 모형의 민감도인 2.36℃보다 상당히 크다. 이 모형에서 이러한 되먹임이 없어서 플랑크 되먹임만 작동할 때(즉 $g = 0$)의 민감도가 1.33℃이므로 식 (6.11)을 참조해 증폭 인자를 추정할 수 있다. 이렇게 해서 얻은 증폭 인자는 0.55이고, 0.44(즉 복사-대류 모형의 증폭 인자)보다 크다. 두 증폭 인자의 차이는 주로 이 모형의 알베도 되먹임 때문이고, 감률 되먹임도 조금 기여하는 것으로 보인다.

이 두 모형에서 제2종 되먹임의 결합된 효과는 기본 플랑크 되먹임에 대해 반대로 작용한다. 따라서 제2종 되먹임은 되먹임 전체의 강도를 감소시켜 모형의 기후 민감도를 크게 증가시킨다. 다음 절에서는 상호 작용을 하면서 기후 민감도에 영향을 주는 여러 제2종 되먹임 과정을 살펴보겠다. 먼저 개별적인 제2종 되먹임의 증폭 인자와 기후 민감도 사이의 관계를 공식화한다.

식 (6.8)으로 주어진 것처럼 되먹임 모수 λ는 기본 플랑크 되먹임 λ_0과 λ_F의 합으로 표현할 수 있고, λ_F는 웨더럴드와 마나베[4]가 했듯이 여러 가지 제2종 되먹임의 기여의 합으로 표현할 수 있다.

$$\lambda_F = \lambda_\Gamma + \lambda_w + \lambda_c + \lambda_a. \tag{6.12}$$

여기서 λ_Γ, λ_w, λ_c, λ_a는 각각 온도의 연직 감률(Γ), 수증기(w), 대류권의 구름(c), 지구 평균 표면 온도의 한 단위(즉 1℃) 변화를 가져오는 알베도 변화(a)로 인해 지구 밖으로 배출되는 복사의 TOA 플럭스 변화를 나타낸다. 다른 제2종 되먹임도 있지만, 기여가 비교적 작기 때문에 여기에 포함시키지 않았다. 식의 양변을 λ_0, 즉 기본 플랑크 되먹임의 강도로 나누면, 전체 증폭 인자를 제2종 되먹임과 관련된 증폭 인자들의 합으로 나타낼 수 있다.

$$g = g_\Gamma + g_w + g_c + g_a. \quad (6.13)$$

여기서

$$\begin{pmatrix} g_\Gamma \\ g_w \\ g_c \\ g_a \end{pmatrix} = -\frac{1}{\lambda_0} \begin{pmatrix} \lambda_\Gamma \\ \lambda_w \\ \lambda_c \\ \lambda_a \end{pmatrix}. \quad (6.14)$$

식 (6.13)을 (6.11)에 대입해서, 기후 민감도 $\Delta_{2x} T_S$와 감률 되먹임, 수증기 되먹임, 구름 되먹임, 알베도 되먹임과 같은 개별 되먹임 과정의 증폭 인자들 사이의 관계를 나타내는 다음의 식을 얻을 수 있다.

$$\Delta_{2x} T_S = Q_{2x} / \{\lambda_0 \cdot [1 - (g_\Gamma + g_w + g_c + g_a)]\}. \quad (6.15)$$

제2종 되먹임

앞에서 얻은 공식을 사용해 이번에는 다양한 제2종 되먹임들이 어떻게 서로 상호 작용해 기후 민감도를 조절하는지 설명하겠다.

감률 되먹임

양의 열 강제력에 반응해 지구 표면 온도가 올라가면 대류권에서도 온도가 올라가며, 대류권에서는 열이 심층 대류와 대규모 순환을 통해 연직 방향으로 전달된다. 온난화 규모는 대개 높이에 따라 달라지며, 따라서 온도의 연직 감률이 달라진다. 예를 들어 5장에서 소개한 3차원 모형에서 전체적인 지구 온난화는 심층 습윤 대류가 주도하는 저위도에서 연직 감률의 감소를 동반하며, 표면 근처에서 온난화가 가장 강한 고위도에서는 감률 증가를 동반한다. 따라서 모형의 전체 영역에 걸친 평균 감률은 거의 변하지 않는다.

앞에서 논의한 모형의 저위도 반응처럼 복사 강제력에 대한 반응으로 대류권의 온난화가 높이에 따라 증가하는 경우(즉 감률의 감소)를 살펴보자. 이 경우에 지구를 빠져나가는 장파 복사 TOA 플럭스의 증가는 동일한 표면 온난화와 균일한 연직 온도 변화가 일어나는 경우보다 더 클 것이다. 따라서 감률이 감소하면 식 (6.5)로 정의한 복사 감쇠의 강도가 증가하고 식 (6.7)로 표현되는 기후 민감도는 감소한다. 반대로 열 반응이 높이에 따라 감소하는 온난화(즉 감률 증가)인 경우에 전체적인 대류권의 온난화가 표면 온난화와 같은 경우보다 지구를 빠져나가는 장파 복사 TOA 플럭스의 증가는 더 작을 것이다. 따라서 감률이 증가하면 복사 감쇠가 약해지고 기후 민감도가 높아진다. 앞으로 대류권의 온도 연직 감률 변화를 수반하는 되먹임 과정을 '감률 되먹임(lapse rate feedback)'이라고 부르겠다.

수증기 되먹임

수증기는 몇 주일 정도로 짧게 대류권에 머무는데, 지구 표면에서 증발을 통해 유입되었다가 강수를 통해 제거된다. 대기 중에서 공기 덩어리가 위로 이동할 때, 높이 증가에 따라 압력이 감소하면서 단열 팽창으로 공기가 냉각된다. 결국 공기 속의 수증기가 응축되어 비나 눈이 내린다. 반면에 공기 덩어리가 아래로 이동하면 단열 압축으로 인해 따뜻해지면서 상대 습도가 감소한다. 간단히 말해서, 대류권의 상대 습도 분포는 크게 공기의 연직 이동을 통해 조절된다. 지구 온난화의 규모가 크지 않은 한 대기 대순환의 변화는 작을 것이며, 상대 습도 분포의 변화는 거의 없을 것이다.[5] 대개 상대 습도는 잘 변하지 않으므로 대류권의 온도가 올라가면 절대 습도가 높아져서 적외선 불투명도가 커진다.

　대류권의 적외선 불투명도 증가는 대기권 최상단에서 빠져나가는 장파 복사에 영향을 미친다. 1장에서 온실 기체가 장파 복사에 미치는 영향에 대해 논의할 때 설명했듯이, 지구를 빠져나가는 장파 복사 TOA 플럭스의 유효 방출 중심의 고도가 증가할 것이다. 대류권에서는 높이 증가에 따라 온도가 감소하기 때문에 유효 방출 중심의 고도가 증가하면 대기권 최상단에서 지구 밖으로 배출되는 장파 복사가 줄어든다. 그림 6.1은 이 반응을 설명한다. 이 그림에서 두꺼운 실선 I은 대류권에서 높이가 증가함에 따라 온도가 거의 선형적으로 내려가고 그 위의 성층권 하부에서는 거의 등온인 연직 온도 분포를 개략적으로 나타낸다. 실선 I에 있는 검은 점(A)은 대기권 최상단에 도달하는 장파 복사 상향 플럭스의 유효 방출 중심을 나타낸다. 대류권의 온도가 감률 변화 없이 I에서 II로 증가한다고 가정하자. 수증기 되먹임이 없다면 절대 습도는 변하지 않으며, 따라서 대류권의 적외선 불투명도는 변하지 않는다. 이 경우에 그림이 보여 주듯이, 나가는 장파 복사의 유효 방출 중심(B)은 동일한 고도 H_2에 머물게 되며, 온도는 T_A에서 T_B로 증가한다. 반면에 수증기 되먹임이 있으면, 나가는 장파 복사의 유효 방출 중심(C)은 H_2에서 H_1로 올라가서 대류권의 적외선 불투명도가 증가하며, 온도가 T_A에서 T_C로 올라간다.

이러한 방식으로 수증기 되먹임은 표면 온도의 주어진 변화에 반응해 복사 방출 온도 변화의 크기를 줄인다. 다시 말해서 수증기 되먹임은 표면 온도의 섭동에 작용하는 장파 되먹임의 강도를 감소시켜 식 (6.7)에 정의된 대로 기후 민감도를 증가시킨다. 수증기 되먹임이 기후의 민감도와 변동성에 미치는 영향은 알렉스 홀(Alex Hall)과 마나베의 1999년 연구[6]가 자세히 다루고 있다.

앞에서 지적했듯이 장파 복사의 흡수와 방출 외에도 수증기는 태양 복사 스펙트럼에서 0.8~4μm의 근적외선 대역을 흡수하고 반사한다. (그림 1.6d) 지표면-대류권 계의 온도가 높아지면 앞에서 설명했듯이 절대 습도가 높아져 태양 복사의 흡수가 커질

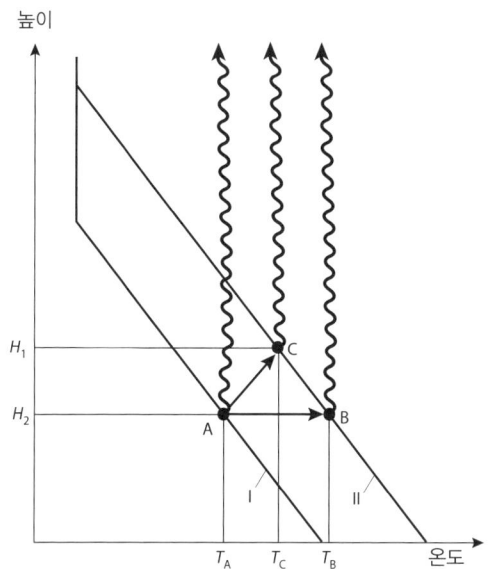

그림 6.1 수증기 되먹임이 장파 복사의 행성 방출 유효 중심을 위로 이동시켜 지구 온난화 규모를 증가시킨다는 것을 보여 주는 도표. 기울어진 선 I과 II는 각각 온난화 전후의 대류권 연직 온도 분포를 나타낸다. (수직선 부분은 거의 등온인 성층권 하부의 연직 온도 분포를 나타낸다.) 기울어진 선에 있는 검은 점은 대기권 최상단에서 빠져나가는 장파 복사의 행성 방출 유효 중심을 나타낸다. 자세한 내용은 본문을 참조하라.

것으로 예상된다. 이러한 이유로 반사된 태양 복사의 상향 TOA 플럭스는 표면 온도가 증가함에 따라 감소한다. 간단히 말해서 수증기 되먹임의 단파(短波) 성분은 표면 온도의 섭동에 작용하는 복사 되먹임의 전체적인 강도를 줄이는 데 기여해 결과적으로 기후 민감도를 증가시킨다. 예를 들어 웨더럴드와 마나베의 1988

년 연구[7]에 따르면, 이 증가의 규모는 장파 성분의 약 5분의 1로 비교적 작다.

알베도 되먹임

눈과 해빙은 지구 표면에 도달하는 태양 복사의 많은 부분을 반사한다. 지구 표면의 온도가 올라가면 눈과 해빙으로 덮인 넓이가 대개 줄어들어서 지구 표면 전체의 알베도가 줄어든다. 따라서 반사된 태양 복사의 TOA 플럭스는 표면 온도 증가에 따라 감소하며, 지구 평균 표면 온도의 섭동에 작용하는 복사 감쇠의 전체 강도가 약해진다. 간단히 말해서 눈과 해빙의 알베도 되먹임과 관련된 증폭 인자는 양수여서 기후 민감도를 높인다.

눈과 해빙의 알베도 되먹임은 비교적 짧은 시간 규모에서 작용한다. 쌓인 눈이 1년 안에 모두 녹지 않으면 장기간에 걸쳐 계속 쌓여서, 결국 대륙 빙상으로 발전할 수 있다. 눈, 해빙과 함께 대륙 빙상의 알베도 되먹임을 통합한 모형은 지난 수백만 년 동안 기후 기록을 지배해 온 빙기와 간빙기 사이의 변화를 연구하는 데 중요하다. 이러한 연구의 초기 시도로 여러 결과들이 나왔다.[8] 이 연구들은 비교적 단순한 기후의 EBM을 사용했지만, 빙기-간빙기 기후 변화에서 빙상 알베도 되먹임의 역할을 탐구하는 데 매우 성공적이었다. 컴퓨터 기술의 놀라운 발전으로, 대륙 빙상의 역학과 열역학을 명시적으로 통합한 대기-해양-빙설권 결합 계의 GCM을 사용한 빙기-간빙기 기후 변화의 연구가 가능

해지고 있다.[9]

구름 되먹임

구름은 다양한 크기의 미세한 물방울 또는 빙정이 엄청나게 많이 모여 있는 것이다. 빛이 공기를 지나 물로 들어가거나 물에서 다시 공기로 나올 때, 두 매질 사이의 경계를 통과하면서 빛의 방향이 바뀐다. 이 과정을 굴절이라고 한다. 빛이 물방울을 통과하면, 물방울 속으로 들어갈 때 한 번, 나올 때 한 번, 두 번 굴절된다. 이것은 빛이 구름 방울로 인해 산란되는 과정이다. 구름 방울을 반복해서 만나면 빛의 방향이 완전히 바뀔 수 있다. 따라서 구름은 들어오는 태양 복사의 상당한 부분을 반사함으로써 행성의 열 수지에 냉각 효과를 준다. 얼음 표면의 반사율도 크기 때문에 얼음 구름은 정성적으로 비슷한 효과가 있다.

물은 태양 복사에서 가시광선 영역에 대해서는 거의 투명하지만 장파 복사를 매우 강하게 흡수하며, 얼음 표면도 마찬가지이다. 이것이 대부분의 구름(얇은 구름은 예외이다.)이 키르히호프의 법칙에 따라 흑체처럼 장파 복사를 거의 완전히 흡수하고 방출하는 이유이다. 예를 들어 구름은 아래쪽에서 오는 장파 복사의 상향 플럭스를 거의 모두 흡수하는 반면에 흑체처럼 상향 플럭스를 방출한다. 구름 아래층의 온도와 지구 표면 온도는 대개 구름 상단의 온도보다 높기 때문에 구름 바닥의 장파 복사 상향 플럭스는 구름 상단의 상향 플럭스보다 크다. 이러한 이유로 지구 밖으로 빠져나가는 장파 복사의 TOA 플럭스는 대개 구름이 없을 때보다 있을 때 더 작다. 간단히 말해서 구름은 지구 표면에서 방출되는 장파 복사 상향 플럭스의 상당한 부분을 가두어서, 행성의 열 수지에 온실 효과를 준다.

지구 밖으로 나가는 장파 복사 TOA 플럭스, 하늘 전체와 맑은 하늘만의 태양 복사 반사에 대한 위성 측정을 이용해 1990년에 에드윈 해리슨(Edwin F. Harrison) 등[10]은 지구 복사 수지에 대한 구름의 효과를 추정했다. 그들의 추정에 따르면, 구름에 의한 태양 복사 반사로 생기는 열 손실은 약 $48Wm^{-2}$로, 대기 최상단에서 반사되는 총 태양 복사인 $102Wm^{-2}$의 47%쯤이다. 반면에 구름의 온실 효과로 인한 열이득은 약 $31Wm^{-2}$로, 대기의 총 온실 효과 $151Wm^{-2}$의 약 20%쯤이다. 서로 반대되는 두 가지 효과로 인한 알짜 열 손실은 $17Wm^{-2}$로, 대기 중 CO_2 농도가 2배로 증가할 때 발생하는 열 강제력인 약 $4Wm^{-2}$보다 4배 이상 크다. 이것은 구름의 다른 특성들이 변하지 않는다고 가정할 때, CO_2 2배 증가로 인한 온난화를 상쇄하기 위해서는 구름이 25%만 증가하면 충분하다 뜻이다. 구름이 25% 감소하면 온난화 규모가 2배쯤 증가할 수 있다는 뜻이기도 하다. (이 주제에 대한 자세한 논의는 라마나탄과 코클리[11]의 연구를 참조하라.)

대기권 최상단에서 지구 밖으로 나가는 복사는 구름의 분포뿐만 아니라 구름 방울의 크기와 단위 부피당 개수 같은 미시 물리적(microphysical) 성질에도 의존할 가능성이 높다. 1984년에 리처드 채핀 제임스 서머빌(Richard Chapin James Somerville)과 로레인 리머(Lorraine A. Remer)[12]는 지구 온난화로 대기 온도가 올라가면 구름의 미시 물리적 성질이 변할 수 있다고 추측했다. 그들은 (구)소련에서 수행된 2만여 차례의 측정 결과를 바탕으로 한 E. M. 페이글슨(E. M. Feigelson)의 1978년 연구[13]를 언급하며, 기온 상승에 따라 공기의 포화 증기압이 높아져 층운의 액체 상태의 물 함량이 커질 가능성이 크다는 가설을 제안했다. 액체 상태의 물 함량이 더 많은 구름은 같은 두께에서도 광학적으로 더 두꺼워지기 때문에 이런 구름은 태양 복사를 더 많이 반사할 것이다. 따라서 반사된 태양 복사의 TOA 플럭스는 온도 증가에 따라 증가할 가능성이 크며, 표면 온도 섭동의 복사 감쇄를 강화해 기후 민감도를 감소시킬 수 있다.

더 최근에 이루어진 관측 연구에 따르면, 열대 지방의 낮은 구름은 온도가 올라갈수록 태양 복사를 적게 반사하지만, 이것은 온도 역전 강도의 변화에 대한 구름의 반응으로 부분적으로 상쇄된다.[14] 따라서 실제의 기후 계에서는 구름 되먹임의 방향과 크기에 대한 불확실성이 더 크다. 그럼에도 불구하고 이러한 연구들은 지구 온난화로 인한 온도 상승에 따라 구름의 미시 물리적 특성이 체계적으로 변화할 수 있으며, 그 결과로 복사 되먹임의 강도와 더 나아가 기후 민감도도 영향을 받을 수 있음을 강조한다.

3차원 모형에서의 되먹임

이 절에서는 이제까지 만들어진 몇 가지 3차원 기후 모형에서 작동하는 복사 되먹임 과정에 대한 정량적 분석을 다룬다. GISS에서 만든 대기/해양 혼합층 모형을 사용해 1984년에 한센 등[15]이 발표한 복사 되먹임의 선구적인 연구로 시작한다. 그들은 우리가 이 장의 앞에서 살펴본 무차원 증폭 인자를 처음으로 도입했고, 이 인자를 이용해 다양한 복사 되먹임 과정이 기후 민감도에 미치는 상대적 영향을 정량적으로 평가했다.

그들이 사용한 모형은 대기 GCM과 해양 혼합층과 대륙 표면의 열 균형 모형이 결합된 것이었다. 이 모형은 5장에서 설명한 CO_2 4배 실험을 위해 마나베와 스토퍼[16]가 GFDL에서 개발한 모형과 전반적으로 유사하다. 그러나 두 모형은 몇 가지 중요한 측면에서 서로 다르다. GFDL 모형의 초기 버전에서는 구름 분포를 고정시켰지만, GISS 모형에서는 구름 분포를 예측했는데, 이것은 구름 되먹임이 작동하도록 했다는 뜻이다. 또 다른 매우 중요한 차이점은 한센 등[17]이 채택한 이른바 'Q-플럭스(Q-flux)' 기법이다. GFDL 모형에서는 혼합층과 해양 표면 아래의 심층 사이에서 열 교환이 일어나지 않는다고 가정한다. 반면에 GISS 모형에서는 혼합층에 시간에 따라 변하지 않는 열 플럭스를 적용해서 해수면 온도의 지리적 분포가 기준 실험에서 현실적인 값을 유지하도록 했다. CO_2 2배 실험에서도 동일한 열 플럭스를 적용해서, CO_2가 2배로 증가해도 해양 열 수송과 모형의 다른 체계적 편향들이 변하지 않는다고 암묵적으로 가정했다. 눈과 해빙의 알베도 되먹임 강도는 지구 표면의 온도 분포에 따라 결정되기 때문에 GISS 모형은 기후 민감도 연구에 매우 잘 어울린다.

이 GISS 모형에서 두 가지 CO_2 농도(315ppmv와 630ppmv)에 대해 준평형이 이루어질 만큼 충분히 오랜 시간에 걸쳐 수치 적분을 수행했다. 한센 등[18]은 이렇게 얻어진 두 상태의 차이에서 대기 중 CO_2 농도 2배 증가에 대한 온도의 평형 반응을 추정했다. 그들은 지구의 표면 평균 온도가 CO_2 2배 증가에 반응해서 4.2℃ 증가했음을 발견했다. 지표면-대류권 계의 열 강제력(Q_{2x})이 $4Wm^{-2}$쯤이고 기본 되먹임의 강도(λ_0)가 $3.21Wm^{-2}$라고 가정할 때, 식 (6.11)을 사용해 이 모형의 증폭 인자가 0.70이라고 추정할 수 있다. 이것은 제2종 되먹임 효과가 모두 결합되어 기본 플랑크 되먹임을 상쇄해 전체 복사 감쇠의 강도를 70%까지 줄여서 30%를 남겼다는 뜻이다. 즉 GISS 모형의 민감도는 기본 플랑크 되먹임만 작동하는 모형의 감도보다 3.3(= 1/0.3)배 크다.

전체적인 증폭 인자는 식 (6.13)으로 표현되는 제2종 되먹임의 증폭 인자의 합으로 나타낼 수 있다. 그들은 CO_2 2배 실험의 결과를 이용해서 절대 습도, 구름, 대류권 온도의 연직 감률, 지구 표면 알베도의 지구 평균 변화를 추출했다. 그들은 이러한 변화를 하나씩 또는 조합으로 복사 대류 평형의 1차원 모형에 넣어서 전 지구 평균 온도의 변화를 얻었다. 이렇게 얻은 변화로부터 대략적이기는 하지만 표 6.1의 두 번째 열에 나열된 다양한 제2종 되먹임의 증폭 인자를 추정했다.

수증기 되먹임과 감률 되먹임의 증폭 인자는 개별적으로, 그리고 조합으로도 나타냈다. (g_w + g_Γ.) 결합된 되먹임을 표시한 이유는, 온도의 연직 기울기 변화는 대개 절대 습도의 기울기 변화를 일으키는데, 후자를 통해 부분적으로 상쇄되던 장파 복사의 TOA 플럭스에 변화가 일어나기 때문이다. 두 되먹임이 부분적으로 상쇄되기 때문에 수증기 되먹임과 감률 되먹임을 결합한 증폭 인자는 수증기 되먹임만의 증폭 인자보다 상당히 작다. 한센 등은 그들의 모형에서 두 되먹임 사이의 밀접한 상호 작용을 고려해, 이것들을 '수증기-감률 결합 되먹임(combined water vapor-lapse rate feedback)'이라는 단일 범주로 다루었다.

GISS 모형의 수증기-감률 결합 되먹임의 증폭 인자는 0.40이며, 구름 되먹임과 알베도 되먹임의 증폭 인자에 비해 크다. 그러나 이 값은 3장에서 살펴본 다른 제2종 되먹임이 없는 복사-대류 모형의 수증기 되먹임 증폭 인자 0.44에 비해 작지만, 비교할 만한 크기이다. 구름 되먹임의 증폭 인자는 0.22이다. 이 값은 수증기-감률 결합 되먹임보다 작지만, 알베도 되먹임의 증폭 인자인 0.09보다 2배 이상 크다. 이러한 증폭 인자를 더해서 제2종 되먹임 전체는 0.71이 된다. 이 값을 식 (6.15)에 대입하면 GISS의 민감도 추정치는 4.3℃가 되어서, 실제의 민감도에 매우 가깝다. 이것은 1차원 모형을 사용해서 제2종 되먹임을 추정하는 것

표 6.1 제2종 되먹임의 평균 총 증폭 인자와 개별적인 증폭 인자.

	한센 등(1984년)	콜먼(2003년)	소덴과 헬드(2006년)
g_w	0.57	0.53 ± 0.12	0.56 ± 0.06
g_Γ	-0.17	-0.10 ± 0.12	-0.26 ± 0.08
$g_w + g_\Gamma$	0.40	0.43 ± 0.06	0.30 ± 0.03
g_c	0.22	0.17 ± 0.10	0.21 ± 0.11
g_a	0.09	0.09 ± 0.04	0.08 ± 0.02
g	0.71	0.69 ± 0.08	0.59 ± 0.12

기후 모형들 사이의 차이를 나타내기 위해 평균 증폭 인자에 표준 편차(± 기호 뒤의 값)를 함께 표시했다. g는 총 되먹임의 증폭 인자, 즉 제2종 되먹임의 증폭 인자의 합계, g_w는 수증기 되먹임의 증폭 인자, g_Γ는 감률 되먹임의 증폭 인자, $g_w + g_\Gamma$는 수증기-감률 결합 되먹임의 증폭 인자, g_c는 구름 되먹임의 증폭 인자, g_a는 알베도 되먹임의 증폭 인자이다. 여기에 나열된 각 증폭 인자는 식 (6.14)을 사용해 계산한다. 계산에 사용된 λ_0 값은 3.21Wm^{-2}이며, 이것은 AR4 모형들(「IPCC 제4차 평가 보고서」와 여기에서 분석한 19개 모형)의 평균값이다.

이 합리적인 접근 방식임을 시사한다.

그림 6.2는 식 (6.15)에 따라 각각의 제2종 되먹임의 증폭 인자가 하나씩 더해짐에 따라 기후 민감도가 가속적으로 증가하는 것을 보여 준다. 예컨대 기본 플랑크 되먹임만 작동하는 경우에 민감도는 1.25℃이다. 여기에 수증기-감률 결합 되먹임을 더하면 증폭 인자가 0에서 0.40으로 증가함에 따라 민감도는 1.25℃에서 2.1℃로 증가한다. 알베도 되먹임을 더하면 전체적인 증폭 인자가 0.4에서 0.49로 증가해서 민감도가 2.1℃에서 2.45℃로 증가한다. 마지막으로 구름 되먹임을 더하면 증폭 인자가 0.49에

서 0.71로 증가해서 민감도는 2.45℃에서 4.3℃로 증가한다.

여기에서 주의해야 할 점은, 식 (6.11)의 분모에서 증폭 인자가 1에 가까워질수록 기후 민감도가 비선형적으로 증가해 전체 복사 감쇠의 강도를 감소시킨다는 것이다. 그러므로 각각의 2종 되먹임의 민감도에 대한 기여는 증폭 인자의 부호와 크기뿐만 아니라 더하는 순서에 따라 달라진다. 그럼에도 불구하고 여기에 제시된 결과는 GISS 모형의 민감도가 구름 되먹임이 있을 때(4.3℃)가 없을 때(2.45℃)보다 훨씬 크다는 것을 보여 준다.

CO_2 2배 실험 결과를 분석한 한센 등은 양의 구름 되먹임 효과가 지구 온난화에 대한 반응의 두 가지 측면에 기인한다는 것을 발견했다. 첫 번째 측면은 구름 총량의 감소이다. 앞에서 설명했듯이, 구름은 두 가지 반대되는 효과를 가지고 있다. 한편으로 구름은 들어오는 태양 복사를 반사해 지구를 빠져나가는 반사된 태양 복사 TOA 플럭스를 증가시킨다. 다른 한편으로 구름은 온실 효과를 발휘해 지구를 빠져나가는 장파 복사의 TOA 플럭스를 감소시킨다. 대개 전자의 영향이 후자보다 크기 때문에 전체 구름 양의 감소는 일반적으로 지구 밖으로 배출되는 총 복사 TOA 플럭스의 감소를 일으킨다.

구름의 반응에서 양의 되먹임 효과에 기여하는 두 번째 측면은 구름 상단 높이 증가이다. 대류권에서는 높이 증가에 따라 온도가 내려가기 때문에 구름 상단 높이가 증가하면 장파 복사가 낮은 온도에서 방출된다. 따라서 지구 밖으로 배출되는 복사의

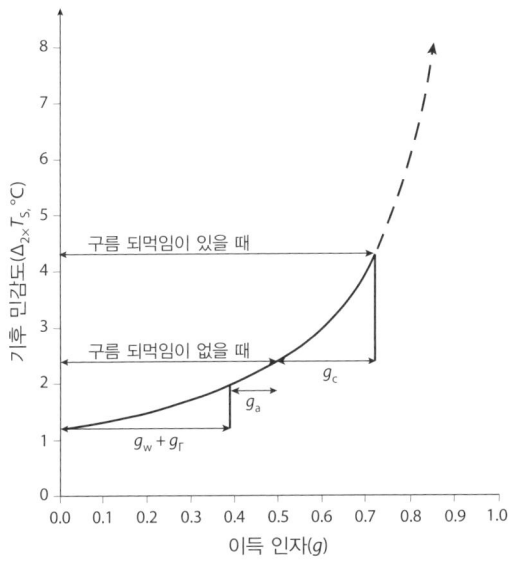

그림 6.2 식 (6.15)로 표현된 증폭 인자(g)와 기후 민감도($\Delta_{2x}T_s$) 사이의 관계. 기후 민감도는 각 증폭 인자를 더할 때마다 가속적으로 증가한다. 자세한 내용은 본문 참조.

TOA 플럭스도 감소한다. 요약하면, 지구 밖으로 빠져나가는 복사의 TOA 플럭스는 전체 구름 양의 감소뿐만 아니라 구름 상단 높이의 증가로 인해 감소한다. 이것은 GISS 모형에서 구름 되먹임이 양의 값이 되어서 기후 민감도를 크게 하는 이유를 설명한다.

앞에서 설명한 GISS 연구와 거의 같은 시기에 웨더럴드와 마나베[19]는 GFDL에서 개발한 두 가지 다른 모형을 사용해 구름 되먹임의 모형 연구를 수행했다. 기후 모형 연구의 두 중심에서 개발한 모형에서 구름 반응의 유사성과 차이를 이해하기 위해 GFDL 모형 중의 하나[20]의 구름 되먹임을 분석하고, 이것을 GISS 모형과 비교했다.

이 연구에 사용한 GFDL 모형은 5장에서 설명한 마나베와 스토퍼[21]의 대기/해양 혼합층 모형을 수정해 구성했다. 시간 적분 과정에서 구름 분포를 미리 정한 값으로 고정했던 원래 버전과 달리, 수정한 버전에서는 구름 덮개를 예측하도록 했다. 상대 습도가 미리 정해 둔 임계 백분율 값을 초과하는 격자점마다 구름이 덮이도록 했다. 이 모형을 사용해, 웨더럴드와 마나베는 CO_2 농도가 표준인 경우와 2배인 경우에 대해 두 가지 준평형 상태를 얻었다. 그들은 두 상태 사이의 차이로부터 구름 분포가 두 가지 CO_2 농도에 반응해 어떻게 변화하는지 결정했고, 따라서 대기권 최상단에서 지구 밖으로 나가는 장파 복사 상향 플럭스와 반사된 태양 복사의 변화를 결정했다.

그림 6.3a는 대기 중 CO_2의 표준 농도로 수행한 기준 실험에서 얻은 연평균 동서 평균 구름 비율의 분포를 보여 준다. 시뮬레이션된 구름 비율은 대류권 계면 위의 성층권에서 매우 작으며, 두꺼운 점선으로 표시되어 있다. 반면에 대류권 상층에서는 구름 비율이 비교적 높으며, 실제의 대기에서도 이 높이에서 상층 구름이 흔하게 관측된다. 지구 표면에서 수백 미터 위의 얇은 층에서도 구름 비율이 비교적 크며, 이 높이에서는 층운이 자주 나타난다. 대류권 상층과 대류권 하층의 비교적 구름 비율이 높은 층

사이에 있는 700hPa 정도의 대류권 중하층부의 두꺼운 층에서는 구름 비율이 작다.

자세히 살펴보면, 대류권 상층부의 상층 구름의 비율은 ITCZ 부근의 열대와 중위도의 폭풍 경로가 위치하는 위도 40도와 70도 사이의 지역대에서 최대임을 알 수 있다. 이 지역에서는 습한 공기가 상승해 대류권 상층에 도달하고, 수평으로 퍼져나가 상층 구름의 두꺼운 층을 유지한다. 반면에 구름 비율은 중간에서 상대적으로 낮으며, 연직 속도의 편차가 크고 가라앉는 공기의 단열 압축으로 인해 동서 평균 상대 습도가 감소한다. 상대 습도와 구름 비율은 지표면에 바로 인접한 행성 경계층에서 높다. 여기에서는 아래쪽 표면에서 증발로 수증기가 계속 공급되고, 경계층에서 모형의 대류권 중상층부로 습윤 대류 조정(4장 참조)을 통해 공기가 자주 냉각된다.

이 모형에 사용된 모수화가 매우 단순함에도 불구하고 여기에서 제시된 연간 구름 분율이 NASA 구름-에어로졸 라이다 및 적외선 패스파인더 위성 관측(Cloud-Aerosol Lidar and Infrared Pathfinder Satellite Observation, CALIPSO) 임무에서 얻은 구름 발생 확률의 위도-높이 분포와 일치한다는 것은 매우 고무적이다. GFDL 모형의 이 버전에서 상대 습도가 특정한 임곗값(즉 99%)을 초과하는 격자점에 구름이 있는 것으로 하며, 그렇지 않은 격자점에는 구름이 없다. 다시 말해 구름의 3차원 분포는 각 격자점의 상대 습도만을 바탕으로 한다. 이 구름 예측 체계가 매우 단

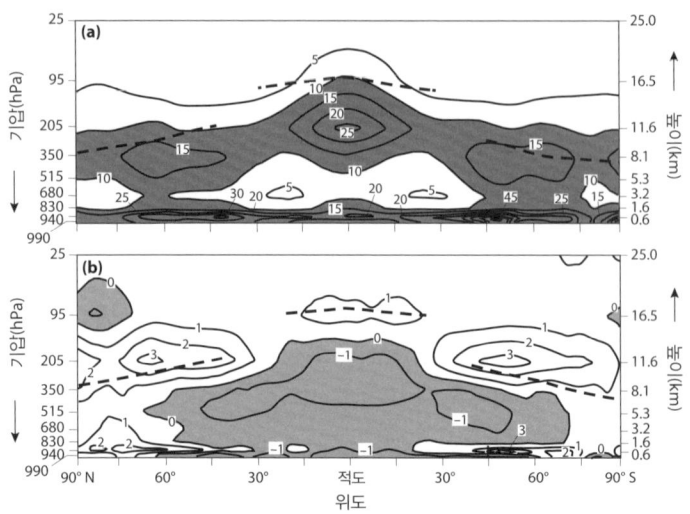

그림 6.3 (a) 기준 시뮬레이션으로 구한 연평균 동서 평균 구름 비율(%)의 위도-높이(기압) 분포. (b) 연평균 동서 평균 구름 비율(%)의 기준 실험(1×CO$_2$)에서 CO$_2$ 2배 실험(2×CO$_2$)을 통한 변화의 위도-높이(기압) 분포. 굵은 점선은 대류권의 대략적인 높이를 나타낸다. 오른쪽에는 모형의 유한 차분 격자층의 대략적인 높이(km)가 표시되어 있다.[22]

순함을 고려하면, 시뮬레이션된 높은 구름과 낮은 구름의 분포가 CALIPSO에서 얻은 분포(그림 6.4)와 유사하다는 것은 상당히 놀라운 일이다. 이러한 유사성은 구름의 분포가 대기의 대규모 순환을 통해 크게 제어되며 구름의 형성, 유지, 소멸에 관련된 미시 물리적 세부 사항에 의존하지 않음을 시사한다.

그림 6.3b는 대기 중 CO$_2$ 농도가 2배로 증가함에 따라 발생하는 지역 평균 구름 비율의 시뮬레이션된 변화를 보여 준다. 그

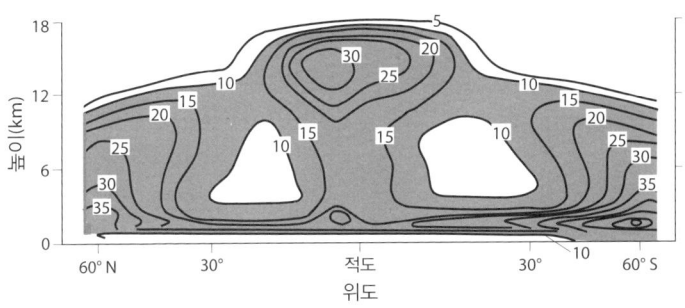

그림 6.4 최근의 NASA 위성 관측 임무 CALIPSO에서 얻은 연간 동서 평균 구름 발생 확률(%)의 위도-높이 분포.[23]

림 6.3a와 비교하면 기준 실험에서 구름 비율이 높은 구름 층의 상반부에서 증가하는 반면에 CO_2 2배일 때는 하반부에서 감소하므로, 저위도와 중위도에서 상층 구름이 위로 이동한다는 것을 의미한다. 이러한 상향 이동은 $1 \times CO_2$와 $2 \times CO_2$ 실험에서 얻은 북위 31도의 동서 평균 구름 비율의 연직 분포를 보여 주는 그림 6.5에서도 명백하다. 이 장의 앞에서 지적했듯이 상층 구름의 상향 이동은 장파 복사의 상향 TOA 플럭스를 감소시킨다. 따라서 이것은 전체적인 복사 감쇠의 약화를 돕고, 따라서 기후 민감도를 높인다.

그림 6.3b에 나타난 동서 평균 구름 비율의 변화는 또한 자유 대기의 많은 부분에서 저위도의 구름 비율 감소를 특징으로 하지만, 중위도와 고위도에서는 증가하는 경향이 있다. 반면에 행성 경계층에서는, 대부분의 위도에서 하층 구름이 증가하

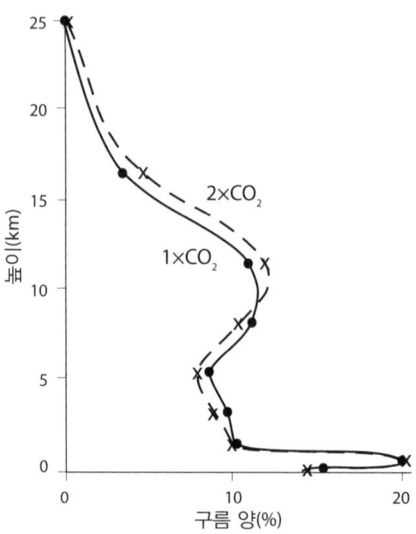

그림 6.5 기준($1\times CO_2$) 실험과 CO_2 2배($2\times CO_2$) 실험에서 얻은 북위 30도에서의 동서 평균 구름 비율의 연직 분포.

며, 특히 중간 위도와 높은 위도에서 증가한다. 이러한 변화에 대응해, 반사되어 지구 밖으로 나가는 태양 복사의 TOA 플럭스는 양쪽 반구의 위도 40도에서 적도 쪽으로 가면서 감소하는 반면에 극 쪽으로 가면서는 증가한다. 저위도 지역이 고위도 지역보다 훨씬 넓기 때문에 그림 6.3b에 나타난 동서 평균 구름 비율의 변화에 따라 반사되어 지구를 빠져나가는 태양 복사의 전 지구 평균 TOA 플럭스는 감소한다. 따라서 이것도 전체적인 복사 감쇠를 약화시켜 기후 민감도를 높인다.

앞에서 설명했듯이, 시뮬레이션된 구름 분포는 체계적으로 변화해, 지구 밖으로 빠져나가는 장파 복사의 전 지구 평균 TOA 플럭스뿐만 아니라 반사되는 태양 복사의 TOA 플럭스도 감소시킨다. 따라서 구름 되먹임은 양의 증폭 인자를 가져서 기후 민감도를 높일 것으로 기대된다. GFDL 모형에서 구름 되먹임의 증폭 인자는 구름의 양과 분포의 변화로 인한 장파 복사의 상향 TOA 플럭스 변화와 반사되는 단파 복사 상향 플럭스로부터 추정되었다. 이렇게 얻어진 구름 되먹임의 장파와 단파의 증폭 인자는 각각 0.04와 0.08로 작은 양수이다. 이 두 가지 증폭 인자를 더하면 GFDL 모형에서 구름 되먹임의 총 증폭 인자는 0.12가 된다. 이 증폭 인자는 양수이지만 GISS 모형과 정성적으로 일치하며, 크기는 GISS 모형에서 얻은 증폭 인자인 0.22의 절반 정도밖에 되지 않는다. GISS 모형이 GFDL 모형과 같은 구름 되먹임 증폭 인자를 가지고 있다면, 총 되먹임 증폭 인자는 0.60이고 민감도는 3.1°C일 것이다. 이 값은 이 모형의 민감도인 4.2°C보다 상당히 작다. 따라서 두 모형 사이에 구름 되먹임의 강도가 왜 그렇게 다른지 물어볼 가치가 있다.

GISS와 GFDL 모형에서 얻은 동서 평균 구름 양의 변화를 비교하면 여러 가지 공통의 특징을 찾아낼 수 있다. 예를 들어, 두 모형 모두에서 구름 상단의 높이가 올라간다. 자유 대기에서 구름 양은 두 모형 모두 저위도와 중위도에서 감소하고 고위도에서 증가한다. 그러나 구름의 감소는 GISS 모형이 GFDL 모형보다 더 크다. 특히 흥미로운 점은 GFDL 모형의 중·고위도 지역에서 낮은 구름의 양이 증가하고 있다는 점이며, 특히 남반구에서 더 증가한다. GISS 모형에서는 비슷한 변화가 뚜렷하지 않지만, 두 반구의 고위도 지역의 대류권 하층에서는 전체적으로 구름의 양이 증가한다. 지구 전체를 평균했을 때, 구름의 양은 GISS 모형에서 감소하지만 GFDL 모형에서는 거의 변하지 않는다. 이것은 GISS 모형에서 구름 되먹임의 증폭 인자가 GFDL 모형보다 훨씬 큰 중요한 이유가 될 수 있다.

여기에 설명한 GISS와 GFDL 모형에서 구름 되먹임은 구름 분포가 상대 습도 분포에 따라서만 변한다고 가정한다. 두 모형에서는 모수화를 단순하게 했고, 구름 되먹임은 구름의 광학적 성질 변화를 고려하지 않는다. 구름을 다루는 방식이 비슷함에도 불구하고, GISS 모형에서 구름 되먹임의 증폭 인자는 GFDL 모형보다 거의 2배 크다. 이것은 현재의 기후 모형에서 구름 되먹임 강도가 모형들 사이에 큰 차이를 보이는 이유가 지구 온난화에 따른 구름 분포의 변화에 적지 않게 기인함을 암시한다. 예를 들어 브라이언 소덴(Brian J. Soden)과 가브리엘 베치(Gabriel A. Vecchi)[24]는 모형들 사이의 구름 되먹임 강도 변화가 주로 낮은 구름의 양이 변하기 때문이고, 낮은 구름의 광학적 성질 때문이 아님을 발견했다.

각각 2003년과 2006년에 로버트 콜먼(Robert A. Colman)[25]과 소덴과 헬드[26]는 더 최근의 기후 모형의 복사 되먹임 강도를 포괄적으로 분석했다. 그들의 분석은 이 되먹임들의 강도와 기후 민감도의 불확실성을 평가하는 데 매우 유용했다. 콜먼은 20세기 말 이전에 구축된 10가지 모형에 대한 평균 되먹임 모수를 추정했다. 이 모형(앞으로 '초기 모형'이라고 부르겠다.)에는 앞에서 설명한 GISS와 GFDL 모형뿐만 아니라 구름의 광학적 성질이 구름의 미시 물리적 변수에 따라 결정되는 다른 모형들도 있다. 식 (6.14)를 사용하면 콜먼이 얻은 되먹임 모수를 증폭 인자로 변환할 수 있다. 이렇게 얻은 평균 증폭 인자가 한센 등[27]의 증폭 인자와 함께 표 6.1에 표시되어 있다. 소덴과 헬드[28]도 「IPCC 제4차 평가 보고서(Fourth Assessment Report)」에 사용된 19개 모형의 되먹임 모수를 추정했다. (앞으로 이 모형을 'AR4 모형'이라고 부르겠다.) 이 되먹임 파라미터도 증폭 인자로 변환되어 표 6.1에 나와 있다. 이 표를 참조해 지난 수십 년 동안 구축된 여러 기후 모형의 증폭 인자를 검토해 보겠다.

초기 모형들의 수증기-감률 결합 되먹임의 평균 증폭 인자는 0.43이고, AR4 모형의 평균 증폭 인자는 0.30이다. 두 증폭 인자의 차이는 주로 감률 되먹임의 평균 증폭 인자의 차이 때문이다. 표 6.1에서 알 수 있듯이, 초기 모형들에서 수증기 되먹임의 평균 증폭 인자는 0.53으로, AR4 모형들에서 대응되는 증폭 인자 0.56과 비슷하다. 그러나 초기 모형들에서 감률 되먹임의 평균 증폭 인자는 −0.10이며, AR4 모형들의 증폭 인자인 −0.26과 2배 이상 차이가 난다. 두 모형 세트 사이의 평균 감률 되먹임이 이렇게 큰 차이가 난다는 것은 지구 평균 표면 온도가 1도 오를 때의 연직 온도 기울기 감소가 초기 모형에서 대부분의 AR4 모형들보다 작다는 뜻이다.

2011년과 2012년에 푸창(傅强)[29]과 스티븐 포채들리(Stephen Po-Chedley)[30]는 대류권에서의 연직 감률의 최근 추세에 대해 관측 연구를 수행했다. 그들은 일련의 인공 위성 마이크로파 탐지 장치로 얻은 대기 온도로 열대의 연직 온도 기울기 추세를 추정했다. 그 분석에 따르면 AR4 모형은 대부분 지난 수십 년간 저위도에서 발생한 대류권 상층의 정적 안정성 증가를 상당히 과대평가했다. 이것은 다수의 AR4 모형에서 감률 되먹임의 증폭 인자가 상당한 곱으로 더 클 수 있음을 암시한다. 물론 감률 되먹임의 증폭 인자는 앞에서 지적했듯이 수증기 되먹임의 증폭 인자를 부분적으로 보상하지만, 수증기-감률 결합 되먹임의 평균 증폭 인자는 AR4 모형들의 평균값인 0.3보다 상당히 클 수 있다.

연직 온도 기울기를 조절하는 가장 중요한 요소 중 하나는 심층 습윤 대류이다. 두 모형 세트 사이에서 감률 되먹임의 평균 증폭 인자들의 차이가 크다는 것은, 심층 습윤 대류의 모수화가 서로 상당히 다르다는 것을 의미한다. 습윤 대류는 온도의 연직 분포뿐만 아니라 상대 습도와 구름의 연직 분포에도 영향을 미친다. 따라서 습윤 대류는 감률 되먹임 외에 수증기 되먹임과 구름 되먹임의 강도에도 상당히 영향을 미친다. 기후를 신뢰성 있게 결정하려면, 습윤 대류의 모수화를 개선하고 타당성을 확인하기

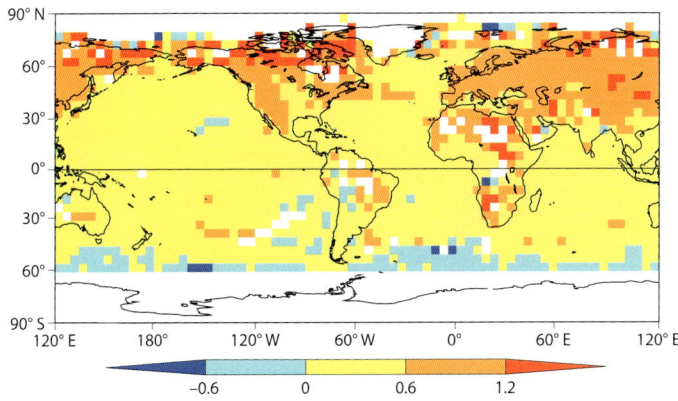

화보 1 25년간(1991~2015년) 관측된 평균 표면 온도 이상(℃)의 지리적 분포를 기준 기간 30년(1961~1990년)부터의 편차로 나타냈다. 이 지도는 이스트 앵글리아 대학교 기후 연구부와 영국 기상청 해들리 센터가 수집한 역사적 표면 온도 데이터를 사용해 구성되었다.[1] 남위 60도 이상 남극권의 남극해에는 겨울에 이용할 수 있는 데이터가 거의 없기 때문에 편차를 나타내지 못했다.[2]

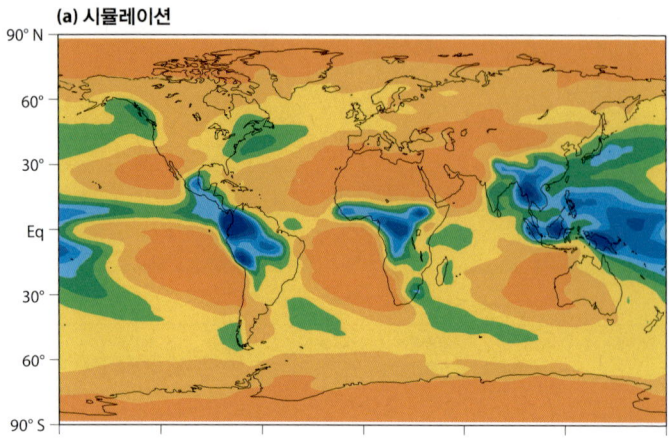

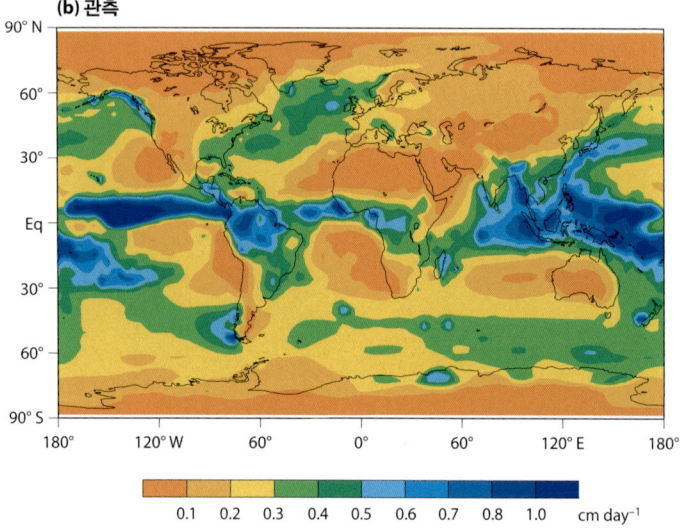

화보 2 연평균 강수율(cm day⁻¹)의 지리적 분포. (a) 시뮬레이션, (b) 관측.[3, 4]

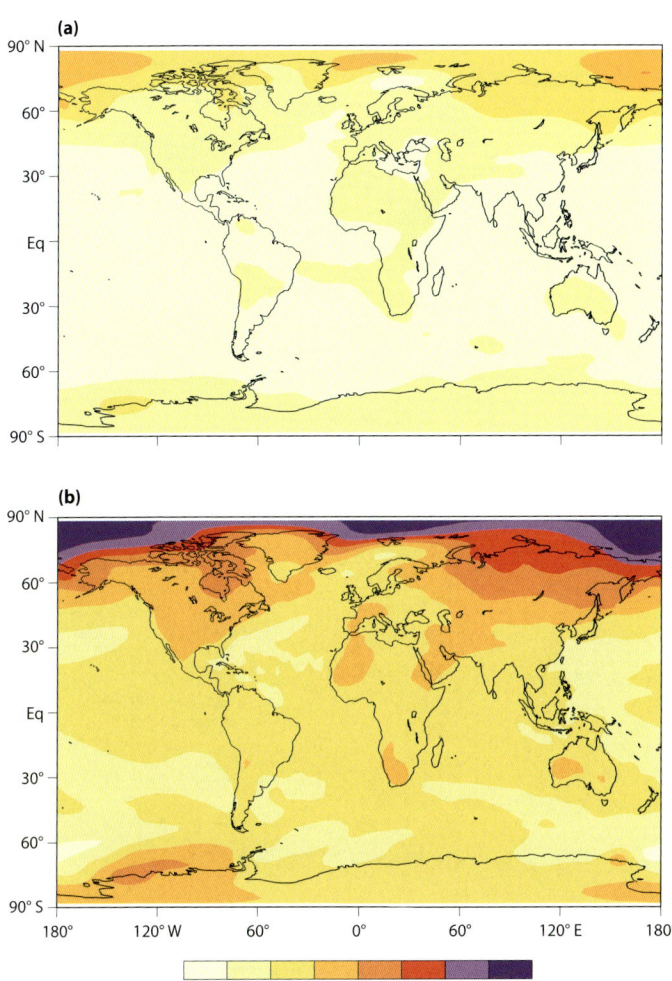

화보 3 시뮬레이션된 표면 기온 변화의 지리적 분포. (a) 산업화 이전 시기부터 21세기 중반까지 CO_2 농도가 2배 증가하는 시기의 변화이고, (b) 대기 중 CO_2가 4배 증가할 때의 반응이다.[5]

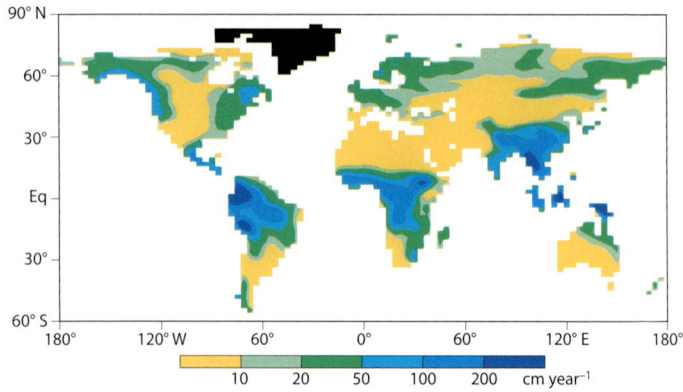

화보 4 기준 실험(1×C)에서 얻은 연평균 유출률의 지리적 분포. 검은 부분은 얼음으로 덮인 지역이다.

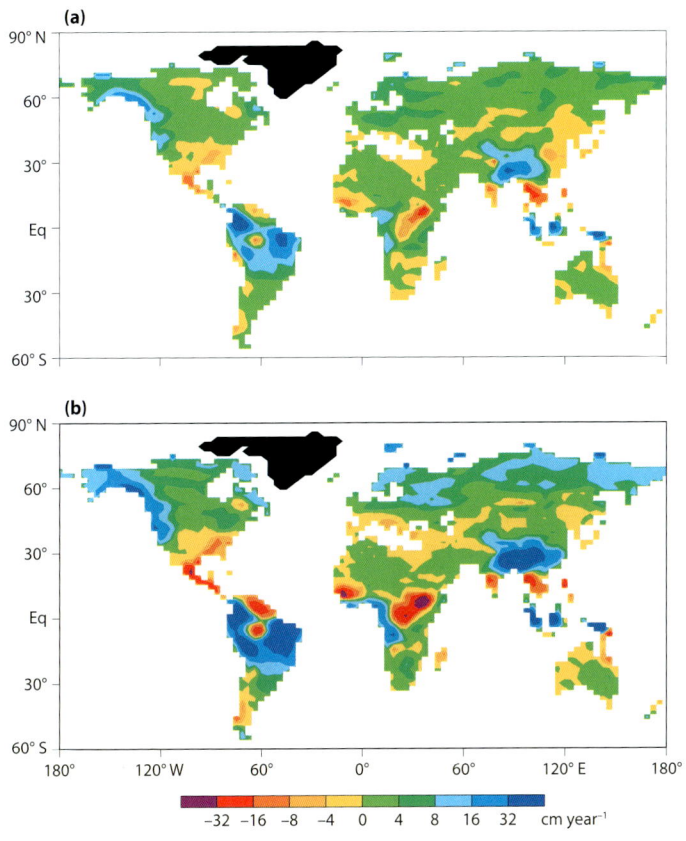

화보 5 대기 중 CO_2 농도 (a) 2배와 (b) 4배 증가에 대한 연평균 유출률($cm\ year^{-1}$) 변화의 지리적 분포 시뮬레이션. 검은 부분은 얼음으로 덮인 지역이다.[6]

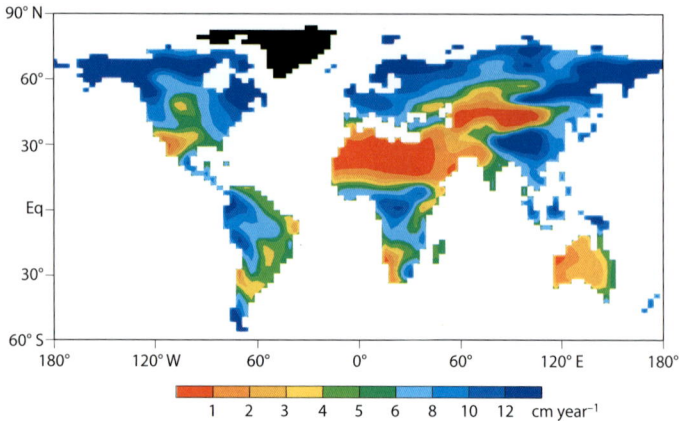

화보 6 기준 실험(1×C)에서 얻은 연평균 토양 수분(cm)의 지리적 분포. 토양 수분은 토양의 뿌리 영역에서 물의 총량과 시듦점(wilting point, 위조점(萎凋點)이라고도 한다. — 옮긴이) 사이의 차이로 정의된다. 검은 부분은 얼음으로 덮인 지역이다.[7]

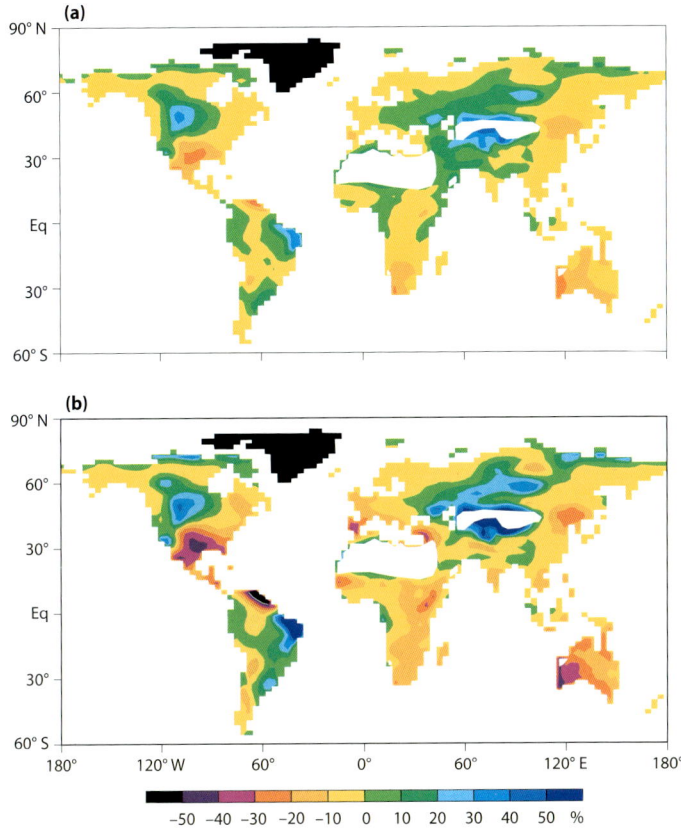

화보 7 대기 중 CO_2 농도의 (a) 2배와 (b) 4배에 따른 연평균 토양 수분 백분율 변화의 지리적 분포. 백분율 변화는 기준 실험에서 얻은 시간 평균 토양 수분의 백분율로 정의된다. 사하라와 중앙아시아와 같이 토양 수분이 1cm 미만인 극단적으로 건조한 지역에 대해서는 표시하지 않았다. 이런 지역에서는 토양 수분이 너무 작아서 백분율 변화는 물리적 의미가 없다. 검은 부분은 얼음으로 덮인 지역이다.[8]

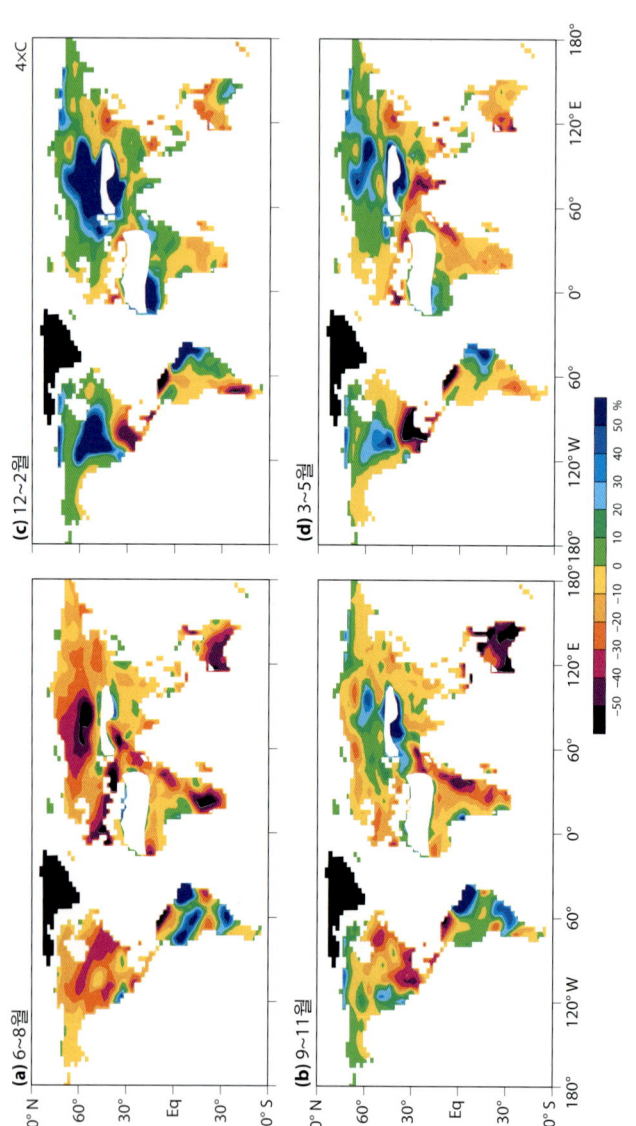

화보 8 대기 중 CO_2의 4배 증가에 따른 모형의 3개월 평균 토양 수분 변화 백분율의 지리적 분포. (a) 6~8월, (b) 9~11월, (c) 12~2월, (d) 3~5월. 백분율 변화는 기준 실험에서 얻은 시간 평균 토양 수분의 백분율로 정의된다. 사하라 사막과 중앙아시아처럼 화보 6의 토양 수분이 1cm 미만인 극도로 건조한 지역에 대해서는 표시하지 않았다. 이 지역에서는 토양 수분이 너무 작아서 백분율 변화는 물리적 의미가 없다. 검은 부분은 얼음으로 덮인 표면을 나타낸다.[9]

위해 많은 노력을 기울여야 한다.

초기 모형들에서 구름 되먹임의 평균 증폭 인자는 0.17± 0.10이며, AR4 모형들의 해당 증폭 인자(0.21±0.11)와 유사하다. 증폭 인자의 표준 편차는 GISS(0.22)와 GFDL(0.11) 모형에서 얻은 값을 포함할 정도로 충분히 크다. 구름 되먹임의 증폭 인자에 비교적 큰 표준 편차가 붙어 있다는 것은 모형들 사이에 편차가 크다는 뜻이다. 수십 년 전에 수행된 모형 연구의 되먹임을 상호 비교한 결과, 1990년에 로버트 도널드 세스(Robert Donald Cess) 등[31]도 비슷한 결론에 도달했다. 구름 되먹임의 증폭 인자가 가진 큰 불확실성을 줄이기 위해, 대기권 최상단에서 지구 밖으로 나가는 복사를 위성으로 관측해 모형 연구에서 얻은 구름 되먹임을 검증할 수 있다.

알베도 되먹임의 평균 증폭 인자는 상대적으로 작고, 조사된 모형들 전체에서 더 일관적이다. 콜먼이 얻은 초기 모형들의 평균 증폭 인자는 0.09±0.04로 1984년에 한센 등[32]이 얻은 0.09와 잘 일치한다. 2006년에 소덴과 헬드[33]와 마이클 윈튼(Michael Winton)[34]이 AR4 모형에 속한 다른 모형들에서 얻은 알베도 되먹임의 평균 증폭 인자도 각각 0.08±0.02와 0.09±0.03으로 비슷한 값이다.

개별 되먹임의 평균 증폭 인자를 합하면, 전체 복사 되먹임의 평균 증폭 인자를 얻을 수 있다. 초기 모형들의 평균 증폭 인자는 0.69±0.08이고 AR4 모형들의 평균 증폭 인자는 0.59±

0.12이다. 이 값에서 식 (6.11)을 사용해 두 모형 세트의 민감도를 추정할 수 있다. 평균값에서 구한 민감도는 초기 모형에 대해 3.8℃, AR4 모형에 대해 3.0℃이다. 전체 증폭 인자의 표준 편차가 크다는 점이 암시하듯이, 민감도는 두 모형 세트 모두에서 변이가 크다. 증폭 인자들이 정규 분포를 이룬다면, 초기 모형들과 AR4 모형들의 3분의 2가 각각 3.2~5.4℃와 2.4~4.3℃의 민감도를 가지고 나머지는 이 범위 밖에 있다는 뜻이다.

기후 모형들의 민감도가 서로 크게 다르다는 점을 고려하면, 수치 실험 결과만으로는 기후 민감도를 추정하기 어렵다. 이러한 이유로, 다른 독립적인 정보를 사용해 민감도를 추정하는 것이 바람직하다. 예를 들어 2005년에 톰 마이클 램프 위글리(Tom Michael Lampe Wigley) 등[35]은 대규모 화산 분출 직후에 관측된 전 지구 평균 표면 온도의 시간적 변화로부터 기후 민감도를 추정했다. 주지하다시피 화산 분출은 많은 양의 이산화황을 방출해서 황산염 에어로졸을 생성하며, 지구 표면에서 일시적인 전 지구 평균 냉각 효과를 일으킨다. 광범위한 민감도를 가진 단순한 EBM을 사용해, 그들은 일련의 수치 실험을 수행했고, 화산으로 인한 일시적인 냉각을 가장 잘 재현하는 모형의 감도가 ~3℃임을 알아냈다. 기후 민감도를 추정하는 또 다른 유망한 접근법은 지질학적 과거의 데이터를 사용하는 것이다. 민감도가 알려진 기후 모형으로 해수면 온도의 빙기-간빙기 차이를 시뮬레이션하는 여러 가지 시도가 있었다. 시뮬레이션된 차이를 과거의 자료에서 재구성한 실제 차이와 비교하면 기후 민감도를 추정할 수 있다. 다음 장에서 이러한 연구의 예들을 살펴볼 것이다.

앞으로는 지구 밖으로 빠져나가는 장파 복사와 반사된 태양 복사의 TOA 플럭스의 위성 관측[36]을 전체 하늘과 맑은 하늘에서, 그리고 수십 년에 걸쳐 계속하는 것이 매우 바람직하다. 전 지구 평균 TOA 플럭스와 전 지구 평균 표면 온도의 장기 관측을 사용해, 전체 하늘과 맑은 하늘 조건에 대한 복사 되먹임의 증폭 인자와 구름의 복사 강제력 증폭 인자를 추정할 수 있다.[37] 이렇게 얻어진 증폭 인자와 기후 모형에서 얻은 증폭 인자를 비교하면, 관찰에 대해 모형 연구에서 일어나는 복사 되먹임의 체계적 편향을 찾아낼 수 있다. 이러한 비교를 통해 얻은 정보는 전 지구적 변화의 예측에 사용된 모형을 검증하고 개선하는 데 매우 유용할 것이다.

2006년에 피어스 포스터(Piers M. F. Forster)와 조너선 그레고리(Jonathan M. Gregory)[38]는 대기권 최상단의 장파 복사와 태양 복사의 지구 평균 플럭스를 분석했다. 이 플럭스에 대한 위성 관측은 단기간에 대해서만 사용할 수 있기에, 1998년에 아난드 이남다르(Anand K. Inamdar)와 라마나탄[39]이, 2001년과 2013년에 쓰시마 요코(Tsushima Yoko, 對馬洋子)와 마나베[40]가 플럭스의 장기적 변화가 아니라 연간 변화를 조사했다. 그런데도 이 연구들은 기후 민감도 연구를 위한 TOA 플럭스의 장기간 위성 관측의 장점을 잘 드러낸다.

7장
빙기-간빙기 기후 변화

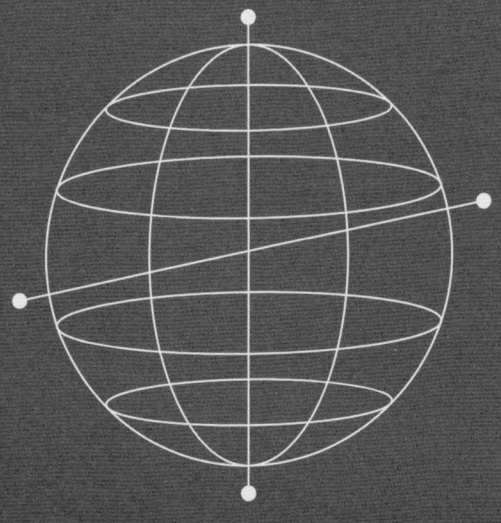

1970년대 초 GFDL에서 기후 모형 연구자들과 고기후학자들 사이의 협력을 모색하기 위한 회의가 열렸다. 이 시기는 지구 과학자들이 협력해 약 2만 1000년 전에 있었던 최종 빙기 극대기(Last Glacial Maximum, LGM)의 지구 표면을 재구성하기 위한 야심 찬 프로젝트에 착수했던 때였다. 이 회의에서 프로젝트의 리더 중 하나였던 브라운 대학교의 고해양학자 존 임브리(John Imbrie, 1925~2016년)는 지질학적 과거의 기후에 대한 지식이 기후 모형 연구자들에게 가장 유망한 연구 영역 중 하나가 될 것이라고 마나베를 설득했다. 이 대화를 계기로 마나베는 자기 연구 경력의 대부분을 차지하는 장기간의 연구 프로젝트를 시작했다. 1980년대 초 브로콜리는 럿거스 대학교 대학원을 졸업한 뒤에 마나베의 그룹에 합류했고, 이 장에서 설명할 빙기 기후에 대한 모형 연구를 시작했다.

고기후학자들과 고생물학자들은 바다와 호수의 퇴적물, 얼음 속의 기포, 다른 지질학적 특징들을 분석해 LGM의 해양, 육지 표면, 대기의 상태를 재구성하는 데 많은 노력을 기울였다. 주어진 지표면 온도, 대류 빙상, 온실 기체 농도의 빙기-간빙기 차이에 대해 기후 모형을 사용해 기후 민감도를 추정하려는 시도도 있었다. 이 장에서는 가장 그럴듯한 기후 민감도 값을 찾기 위한 시도 중 몇 가지를 설명할 것이다.

지질학적 특징

1970년대 초에 임브리와 닐바 킵(Nilva G. Kipp)[1]이 발표한 연구는 LGM 기후를 정량적으로 분석하는 길을 열었다. 그들은 다중 회귀 분석을 통해 심해 퇴적물에 들어 있는 플랑크톤 생물군의 분류학적 구성과 해수면 온도(SST) 사이에 밀접한 관계가 있음을 알아냈다. 이렇게 알아낸 관계를 적용해 심해 퇴적물에 보존된 다양한 플랑크톤 생물군의 존재 비율에서 과거의 SST를 추정할 수 있었다. 임브리와 그의 동료들은 이 방법으로 얻은 유망한 결과에 용기를 얻어서, LGM의 지구 표면 상태를 재구성하기 위한 프로젝트인 '기후: 장기 탐사, 지도 작성 및 예측 프로젝트(Climate: Long-range Investigation, Mapping, and Prediction Project, CLIMAP)'[2]를 출범시켰다.

LGM 시기 지구의 가장 극적인 특징은 북반구 대륙의 많은 부분을 덮고 있던 거대한 빙상이었다. (그림 7.1) 많은 지역에서 빙하가 증가했지만, 북아메리카 북동부(로렌타이드 빙상)와 유럽 북서부(페노스칸디아 빙상)에서 빙하가 가장 많이 축적되었으며, 북아메리카 서부(코딜레라 빙상), 러시아의 유럽 지역, 알프스, 안데스 남부, 서남극에서 더 작게 증가했다.

CLIMAP의 중요한 산물 중 하나는 조지 덴턴(George H.

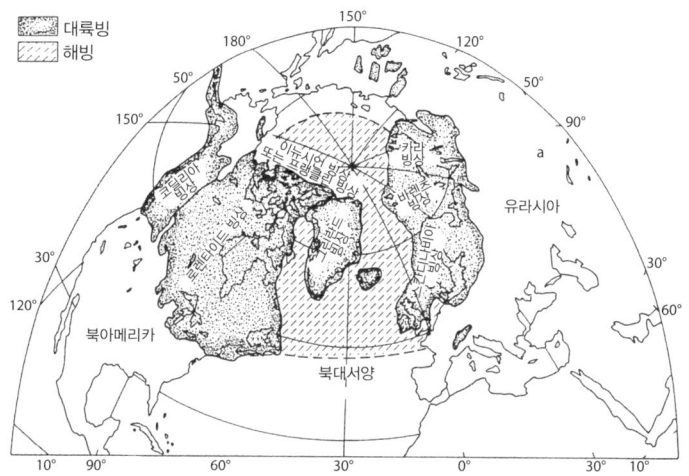

그림 7.1 최종 빙기 극대기의 대륙 빙상 분포.[3]

Denton)과 테런스 휴스(Terence J. Hughes)[4]가 수행한 거대한 LGM 빙상의 재구성이다. 그들은 빙퇴석과 같은 지질학적 특징에 따라 빙상의 외곽 경계를 고려함으로써 동적 평형 상태에 있었을 빙상의 형태를 산출했다. 얼음에 덮이지 않은 대륙 표면에서 CLIMAP은 다중 회귀 분석을 사용해 꽃가루의 분류학적 구성으로부터 LGM의 식생 분포를 재구성했다.[5] 대륙 빙상과 식생의 재구성은 기후 모형 연구자들이 LGM 시기 대륙 표면 알베도의 분포를 결정하는 데 유용했다.

LGM의 기후에 영향을 미치는 중요한 요인은 이산화탄소, 메테인, 아산화질소와 같은 대기 중의 온실 기체 농도이다. 얼음 코어에 들어 있는 기포를 분석한 결과에 따르면 LGM 시기 이러한 온실 기체의 CO_2 등가 농도는 산업화 이전 수준의 3분의 2 정도여서[6] LGM 시기 대기의 온실 효과가 현재보다 상당히 작았음을 알 수 있다. 거대한 대륙 빙상과 적설, 해빙이 함께 태양 복사의 많은 부분을 반사했고, 온실 기체 농도의 감소도 LGM의 기후를 현재보다 훨씬 더 춥게 만드는 원인이 되었다. 온실 기체의 감소는 알베도의 변화가 그렇게 광범위하지 않았던 남반구에서 특히 중요하다. 여기에서는 기후 모형을 사용해 LGM 기후를 시뮬레이션하는 초기 시도 중 일부를 설명하고, 기후의 민감도에 대한 영향을 평가한다.

빙기-간빙기 대비의 시뮬레이션

대기 GCM을 사용해 LGM 기후를 시뮬레이션하려는 첫 번째 시도는 1974년 질 윌리엄스(Jill Williams) 등[7]과 1976년 로런스 게이츠(W. Lawrence Gates)[8]에 의해 수행되었다. 이 연구는 미리 결정된 표면 경계 조건을 사용했는데, 여기에는 LGM의 지질학적 재구성을 바탕으로 한 SST도 포함되었다. 게이츠[9]가 처음으로 CLIMAP을 통해 재구성된 LGM의 SST, 해빙, 눈이 쌓이지 않은 지표면 알베도 분포를 사용했다. 이 연구의 실험 결과로 대륙 표면의 온도 분포가 나왔다. 그는 시뮬레이션으로 얻은 대륙의 여러 지점의 온도가 호수 퇴적물에서 나온 꽃가루의 분류학적 구성[10]과 같은 다양한 지질학적 증거를 사용해 CLIMAP이 추정한 온도와 대체로 일치함을 발견했다. 그러나 이것이 일치한다고 해서 반드시 모형의 민감도가 현실적인 값이라고 하기는 어렵다. 대륙 표면의 온도가 CLIMAP으로 재구성해서 미리 정해 준 대륙 주변 바다 표면 온도에 영향을 받기 때문이다.

1984년에 한센 등[11]은 GISS 대기 GCM의 한 버전을 사용해 유사한 수치 실험을 수행했다. 기준 시뮬레이션에서 계절에 따라 변화하는 SST의 분포는 현재의 관측에 맞춰 미리 정해 주었다. 그들은 또한 게이츠가 했던 것처럼 CLIMAP으로 재구성한 SST의 LGM 분포를 사용해 LGM 시뮬레이션을 수행했다. 그들은 두 실험 사이에서 지구 밖으로 빠져나가는 복사의 알짜 TOA 플럭스 차이를 계산했고, 알짜 TOA 플럭스의 열 손실은 LGM 시기에 현재의 시뮬레이션보다 약 $1.6 Wm^{-2}$ 더 크다는 것을 알아냈다. 초과 열 손실은 모형의 지표면-대기권 계가 LGM 시기에 미리 정해 둔 SST가 허용하는 것보다 더 많은 냉각을 시도하고 있음을 나타낸다. 한센 등은 이러한 복사 불균형이 복사 되먹임이 너무 큰 탓으로 모형이 너무 민감하거나(CO_2가 2배일 때 약 4.2℃), 하한 경계 조건으로 사용한 LGM의 SST의 CLIMAP 추정치가 너무 따뜻함을 나타내는 것으로 해석했다.

한센 등의 연구는 LGM과 현재의 SST 분포를 CLIMAP 재구성과 현재의 관측으로 미리 정한 두 실험 사이의 TOA 복사 플럭스 차이에서 기후 민감도를 추론하려고 시도했다. 모형의 기후 민감도를 결정하는 더 직접적인 방법은 빙기-간빙기 간 SST 차이를 시뮬레이션하고 CLIMAP 재구성으로 결정한 차이와 비교하는 것이다. 마나베와 브로콜리[12]가 이 접근법을 처음으로 시도했다. 여기에서는 그들이 얻은 결과를 설명하고, 이 결과가 기후 민감도에 어떤 의미를 부여하는지 살펴보겠다.

그들이 이 연구에 사용한 모형은 5장에서 설명한, 1980년에 마나베와 스토퍼[13]가 개발한 대기/해양 혼합층 모형이었다. 이 모형의 두 가지 버전이 사용되었다. 구름 고정(fixed cloud, FC) 버전은 이 모형의 원래 버전인데, 구름 분포는 미리 정해져 있고 구름 되먹임은 없었다. 구름 변화(variable cloud, VC) 버전에서는 구름 분포가 변할 수 있었고 구름 되먹임도 있었다. 모형의 이 두 가지 버전은 원래 웨더럴드와 마나베[14]가 1988년에 발표한 구름 되먹임 연구를 위해 만들어졌는데, 이 연구에 대해서는 6장에서 설명했다. CO_2 2배에 대한 VC 버전의 민감도는 4℃였고, FC 모형의 민감도인 약 2℃보다 훨씬 컸다. 이러한 큰 차이는 FC 버전에 구름 되먹임이 없기 때문일 뿐만 아니라, FC 버전보다 VC 버전에서 표면 기온이 상당히 더 낮은 남반구에서 해빙 알베도 되먹임의 강도가 달라지기 때문이기도 했다. 민감도 차이의 특정한 원인과 무관하게 SST의 빙기-간빙기 차이와 더 잘 일치하는 기후 민감도를 확인하기 위해 모형의 이 두 가지 버전을 사용했다.

1985년에 마나베와 브로콜리[15]는 모형의 두 가지 버전을 사용해 두 세트의 수치 실험을 수행했다. 각각의 실험 세트에는 현재와 같은 조건의 기준 실험과 LGM 기후의 시뮬레이션이 포함되었다. 모든 시뮬레이션은 정지된 등온 대기를 초기 조건으로 시작했지만, LGM과 기준 시뮬레이션의 경계 조건은 다르게 했다. LGM 시뮬레이션에서는 얼음 코어와 CLIMAP 재구성에 따라 대기 중 온실 기체 농도, 표면 고도, 빙상, 육지-해양 분포를 미리 정해 주었다. (지구 공전 궤도의 변화가 빙기-간빙기 기후 변화를 일으킨다고 알려져 있지만 포함시키지 않았는데, LGM의 지구 공전 궤도가 하필 현재와 유사하기 때문이다.) 혼합층 아래의 심해가 가진 방대한 열 관성을 고려하지 않았다는 점이 적지 않게 작용해, 이 모형이 평형 상태에 근접하는 데는 수십 년밖에 걸리지 않았다. 시간 적분 과정 내내 지구로 들어오는 일사의 계절 주기, 눈이 없는 표면의 반사율, 온실 기체의 CO_2 등가 농도는 고정되었다. SST의 빙기-간빙기 대비를 LGM의 시뮬레이션 상태와 현재의 상태의 차이로 얻었다.

    모형의 FC와 VC 버전에서 얻은 동서 평균 SST의 빙기-간빙기 간 차이의 위도 분포(그림 7.2)를 CLIMAP에서 얻은 동서 평균 온도 차이와 비교할 수 있다. 이 비교에서 얼음으로 덮인 지역의 SST는 해빙 바닥 표면의 수온으로 정의된다. SST 차이는 대부분의 위도에서 FC보다 VC에서 더 크지만, 모형의 어떤 버전이 CLIMAP에 더 가까운지 말하기는 어렵다. 이것은 많은 위도에서 CLIMAP 재구성과 두 버전 중 어느 하나와의 차이가 두 버전 간의 차이보다 훨씬 크기 때문이다. 예를 들어 낮은 위도에

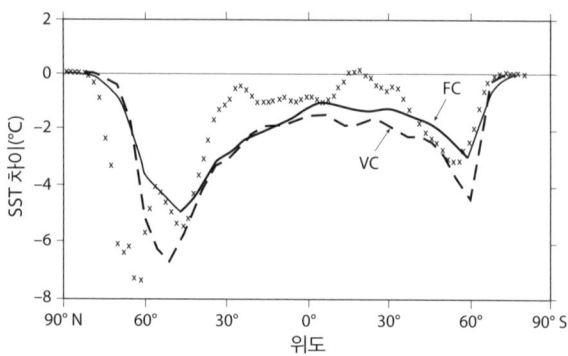

그림 7.2 대기/해양 혼합층 모형의 FC와 VC 버전에서 얻은 LGM과 현재 사이의 동서 평균 연평균 SST 차이의 위도 분포. x 표시는 CLIMAP으로 얻은 SST 차이(1월과 7월의 평균)를 나타낸다.[16]

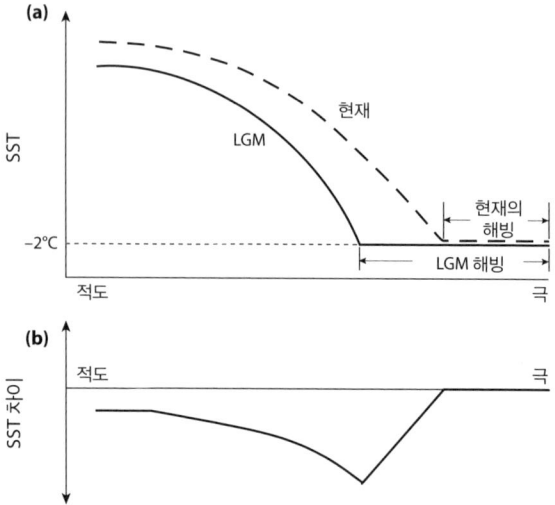

그림 7.3 (a) LGM과 현재의 해빙과 SST 위도 분포의 대응 관계. (b) 빙기-간빙기 간 SST 차이의 위도 분포. (LGM~현재)

서, 두 버전에서 얻은 SST의 빙기-간빙기 차이는 CLIMAP에서 얻은 차이보다 훨씬 크다. 두 반구의 중위도에서는 비교할 만한 크기이다. 북반구 고위도 지역인 북위 60도로부터 북극 쪽의 영역에서 이 차이는 CLIMAP으로 재구성된 차이보다 훨씬 작다. 그럼에도 불구하고 모형의 두 버전에서 얻은 빙기-간빙기 간 SST 차이의 위도 분포가 CLIMAP에서 얻은 분포와 대체로 유사하다는 것은 고무적이라고 생각된다.

그림 7.3은 CLIMAP SST의 위도 분포가 LGM과 현재 사이에서 어떻게 변화하는지 개략적으로 보여 준다. 그림 7.3a가 보여 주듯이 SST는 LGM과 현재에서 모두 저위도에서 상대적으로 높고, 위도가 해빙의 바깥쪽 가장자리까지 증가함에 따라 점차 감소하며, 해빙의 온도는 해수의 어는점(−2℃)과 같다. 그림 7.3b가 보여 주듯이 LGM과 현재 사이의 차이는 위도에 따라 점차 증가하며, LGM 해빙 경계에서 최대가 된다. LGM 해빙 경계에서 북극 쪽의 SST 차이는 급격히 줄어들어서 고위도 해양에서 0이 되며, LGM 시기에 고위도 해양은 해빙으로 덮여 있었고 지금도 마찬가지이다. 이 도식에서 설명된 빙기-간빙기 간 SST 차이의 위도 분포는 그림 7.2의 분포와 유사하며, 특히 남반구가 더 유사한데, 북반구보다 남반구에서 SST와 해빙 분포가 동일 위도대에서 더 균질하다.

여기에서 수행된 수치 실험에서 빙기-간빙기 간 SST의 차이는 표면 알베도가 높은 대륙 빙상의 확장, 온실 기체 CO_2 등가 농도의 감소, 눈이 덮이지 않은 표면의 알베도 증가의 세 요인에 의존한다. 이러한 개별적인 요인들이 SST의 빙기-간빙기 차이에 얼마나 기여하는지 알아보기 위해 1987년에 브로콜리와 마나베[17]는 수치 실험을 모형의 FC 버전으로 다시 수행했다. 각각의 실험에서, 그들은 한 번에 하나씩 요인을 변화시키면서 각각의 변화가 전체 빙기-간빙기 SST 차이에 미치는 영향을 평가했다.

그림 7.4는 이 일련의 실험에서 얻은 개별적인 기여의 위도 분포를 나타낸다. 빙상의 확장은 북반구 SST에 큰 영향을 주지만 빙기에도 빙상 확장이 크지 않은 남반구에서는 영향이 작다. 1985년에 마나베와 브로콜리[18]가 지적했듯이 두 반구 사이의 열 교환을 통한 SST 섭동의 감쇠는 각 반구에서 직접 일어나는 복사 감쇠보다 훨씬 약하며, 중위도와 고위도에서의 섭동 크기에 거의 영향을 미치지 않는다. 온실 기체 농도 감소의 영향은 두 반구가 비교할 만한 크기이지만, 남반구가 상당히 크다. 육지 알베도의 기여는 두 반구 모두에서 상대적으로 작다. 다른 방식으로 표현하면, 북반구에서는 빙상의 확장이 가장 큰 영향을 미치고, 그 다음이 온실 기체 농도 감소이다. 반면에 남반구에서는 온실 기체 농도 감소가 SST 차이의 주요 원인이다. 세계 전체를 평균했을 때, 대륙 빙상 확장과 온실 기체 감소가 모두 지구 평균 SST에 상당한 영향을 미치는 반면에 얼음이 없는 지역의 육지 알베도 변화는 지구 전체로 봤을 때 영향이 그리 크지 않다.

모형의 VC 버전에서 얻은 빙기-간빙기 SST 차이의 지리적

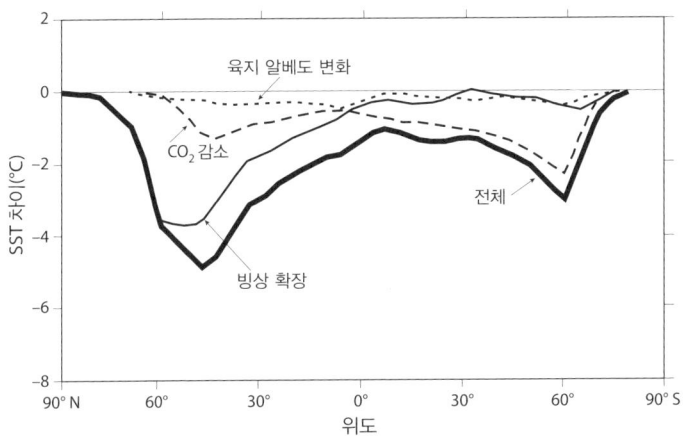

그림 7.4 대륙 빙상 확장, 대기 중 CO_2 감소, 얼음이 덮이지 않은 지표면의 알베도 변화의 전체 빙기-간빙기 SST 차이(℃)에 대한 개별적 기여의 분포. SST 차이는 대기/해양 혼합층 모형의 FC 버전에서 얻었다.[19]

분포를 한 예로 그림 7.5의 CLIMAP 재구성과 비교해 보았다. 일반적으로 이 모형은 SST 차이의 광범위한 패턴을 상당히 잘 재현한다. 예를 들어 남극해와 북대서양 북부의 높은 위도에 걸쳐 길게 펼쳐진 띠 모양으로 SST 차이기 비교적 큰 지역이 나타나는데, 이 지역은 LGM 해빙 경계가 있었던 곳이다. 그림 7.3의 도식은 이러한 일치를 잘 보여 준다

그러나 자세히 살펴보면, 모형 시뮬레이션과 CLIMAP 재구성 사이에서 많은 차이를 확인할 수 있다. 예를 들어 남반구의 경우에 모형 시뮬레이션에서 SST의 빙기-간빙기 차이는 남위 60

도 부근에서 큰 반면에 CLIMAP 재구성에서는 남위 50도 부근에서 크다. 북대서양 북부에서는, 모형 시뮬레이션과 CLIMAP 재구성 모두에서 SST 차이가 크다. 그러나 차이가 큰 지역은 CLIMAP 재구성에서 스칸디나비아 해안을 따라 북쪽으로 더 멀리 뻗어 있다. 그림 7.3의 도식에 나타나 있듯이 빙기-간빙기 SST 차이는 LGM 시기에 해빙의 적도 쪽 경계에서 최대에 도달한다. 따라서 이 두 가지 차이는 적어도 부분적으로, 대기/해양 혼합층 모형이 LGM 해빙 경계의 실제 위치를 잘 결정하지 못했기 때문이다.

그림 7.5b에 표시된 CLIMAP 재구성에서 SST의 빙기-간빙기 차이는 태평양의 적도 지방 전역에 걸쳐 작은 양(+)의 값이며, 이것은 이 지역의 해수면이 현재보다 LGM 시기에 더 따뜻했음을 시사한다. 이 재구성된 온난화는 직관적인 추측과 잘 맞지 않아서 면밀한 조사가 필요하다. CLIMAP에 사용된 데이터의 출처를 조사한 결과, 1996년에 브로콜리와 E. P. 마르시니아크(E. P. Marciniak)[20]는 양의 SST 차이가 나타나는 지역의 퇴적물 코어 데이터가 거의 없으며, 이런 지역의 SST는 주변 지역으로부터 주관적인 수작업을 이용한 경계 보간법(interpolation)을 통해 결정되었음을 알아냈다. 이러한 지역에서는 CLIMAP으로 얻은 SST 차이를 신뢰하기 어렵다는 것을 깨닫고, 그들은 퇴적물 코어 데이터를 이용할 수 있는 위치의 데이터만을 사용해 지역 평균 SST 차이를 다시 계산했다. 열대 위도대(북위 30도~남

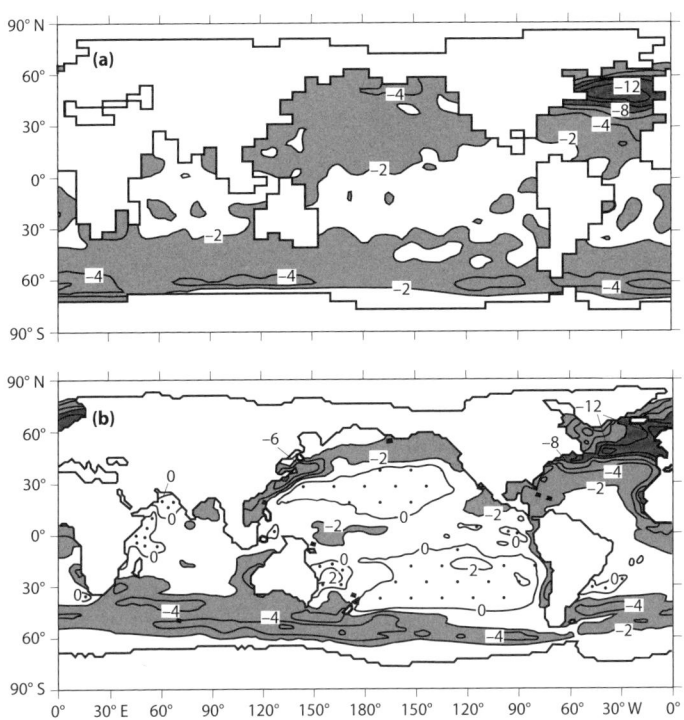

그림 7.5 LGM과 현재(LGM~현재)의 연평균 SST 차이(℃)의 지리적 분포. (a) 모형의 VC 버전에서 얻은 SST 차이, (b) CLIMAP 추정값. (2월과 8월 평균)[21]

위 30도)에서, 이렇게 얻은 동서 평균 빙기-간빙기 SST 차이는 −1.8℃로, 처음에 CLIMAP으로 재구성한 동서 평균 SST 차이인 −0.6℃보다 훨씬 크다. 그러나 이 값은 모형의 FC와 VC 버전에서 얻은 −1.6℃와 −2.0℃의 동서 평균 온도 차이와 비슷하다.

CLIMAP 연구 발표 이후 LGM의 열대 SST가 CLIMAP 재

구성에서 얻은 값보다 훨씬 낮다는 연구가 많이 발표되었다. 예를 들어 1994년에 토머스 길더슨(Thomas P. Guilderson) 등[22]은 바베이도스 앞바다 산호의 동위 원소 분석을 바탕으로 열대의 SST가 현재보다 5℃쯤 더 낮았다는 가설을 제안했다. 1992년에 J. 워런 벡(J. Warren Beck) 등[23]은 살아 있는 산호의 스트론튬/칼슘 비율과 SST 사이의 높은 양의 상관 관계를 바탕으로 열대의 SST를 추정했다. 그들도 LGM의 열대 SST가 현재보다 5℃쯤 더 낮았다는 결론을 얻었다. 이것은 길더슨 등이 얻은 결과와 일치한다. 열대 SST에 대한 이러한 추정값은 브로콜리와 마르시니아크가 수정한 추정값인 1.8℃보다 훨씬 낮다.

한편, 토머스 크롤리(Thomas J. Crowley)[24]는 LGM 시기에 열대의 SST가 그렇게 추웠다고 믿기 힘들었고, 열대 해양의 온도가 그렇게 낮았다면 산호가 대량으로 서식할 수 있었을까 하는 의문을 품었다. 그는 만약 열대 SST가 현재보다 5℃ 더 낮았다면, 산호는 주로 현재 거주 가능 지역의 가장자리 또는 밖에 서식했을 것이며, 플랑크톤의 분류학적 조성은 CLIMAP에서 수행된 분석과 상당히 달랐을 것이라고 추측했다. 따라서 그는 LGM과 현재 사이의 SST 차이가 길더슨 등[25]과 벡 등[26]이 얻은 큰 값보다 상당히 작아야 한다고 결론지었다. 크롤리는 이것을 2000년에 발표했다.

SST 재구성의 대안적인 접근법은 플랑크톤에 의해 생성되고 해저 퇴적물에 보존되는 알케논(alkenone) 분자를 사용한다.

예를 들어 사이먼 브래셀(Simon Brassell) 등[27]은 알케논 분자의 두 가지 유형(불포화와 삼불포화) 사이의 비율이 온도와 강한 상관 관계가 있음을 발견했다. 지난 수십 년 동안 이 비율과 SST 사이의 관계를 이용해 빙기의 SST를 추정하기 위한 시도가 많이 있었다. 알케논 추정이 이루어진 대서양과 인도양의 해안 지역에서, 이 기술로 재구성된 SST는 조금 감소했지만 CLIMAP으로 얻은 것과 실질적으로 다르지 않은 것으로 보인다.

브로콜리[28]는 앞에서 설명한 모형의 VC 버전을 개선해 LGM 시기 SST 분포를 시뮬레이션하는 새로운 시도를 했다. 2000년에 발표된 이 모형의 계산 해상도는 앞에서 설명한 연구에 사용된 모형의 FC 또는 VC 버전보다 2배 높다. 또한 그는 GISS의 한센과 협력 연구자들이 개발한, 6장에서 설명한 Q-플럭스 기법을 사용했다. 이 기법의 적용으로 기준 실험에서 얻은 SST와 해빙의 지리적 분포가 모형의 초기 FC 또는 VC 버전에서 얻은 것보다 현실에 더 가깝게 개선되었다. 모형의 새로운 버전의 민감도는 3.2°C로, 이것은 「IPCC 제5차 평가 보고서」에서 평가한 모형들의 중간값이다.[29]

그림 7.6은 동서 평균 빙기-간빙기 SST 차이의 시뮬레이션과 재구성한 분포를 비교한다. 두 분포가 모두 CLIMAP 퇴적물 코어 데이터가 있는 위치의 SST만을 사용해 결정되었다. 이 그림에서 알 수 있듯이, 시뮬레이션을 통한 분포와 재구성한 분포는 열대뿐만 아니라 북반구의 중·고위도에서도 매우 잘 일치한

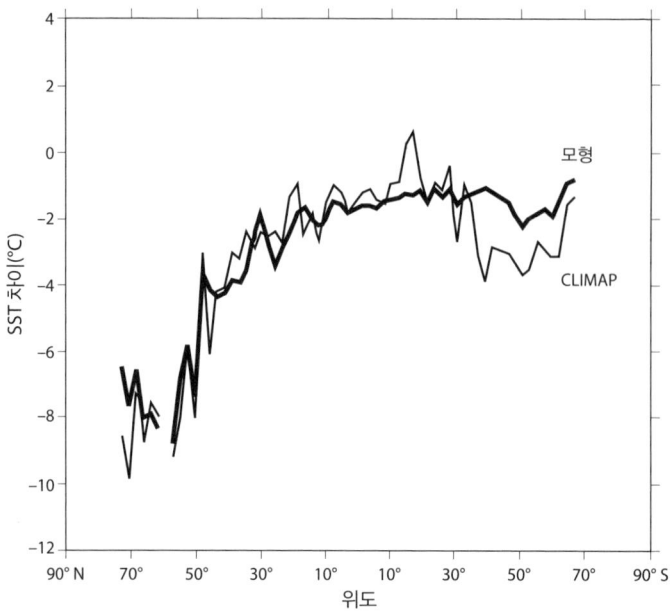

그림 7.6 CLIMAP과 브로콜리 모형[30]에서 LGM과 현재(LGM~현재)의 동서 평균 연간 SST 차이(℃)에 대한 위도 분포. 지역 평균은 퇴적물 코어 데이터를 CLIMAP의 데이터가 있는 위치에서 얻은 SST의 산술 평균으로 계산되었다.[31]

다. 또한 남반구에서 남위 35도까지도 매우 잘 일치한다. 그러나 남위 40도와 남극 사이에서는 모형으로 시뮬레이션한 SST 차이가 CLIMAP 퇴적물 코어 데이터에서 얻은 차이보다 상당히 작다. 이 불일치에 대해서는 9장에서 자세히 살펴볼 것이며, 대기-해양 결합 모형의 대기 중 CO_2 농도 감소에 대한 평형 반응도 함께 평가할 것이다. 이것은 불일치가 브로콜리가 연구에 사용한 대기/해양 혼합층 모형에서 남극해의 상부층과 심층 사이의 상호 작용이 없기 때문임을 시사한다.

모형의 민감도가 3.2℃임을 감안할 때, CLIMAP 재구성과의 유사성은 실제의 기후 민감도가 3℃와 실질적으로 다르지 않을 가능성을 뒷받침한다. 이 결과는 한센 등[32]의 결과(이 장의 앞에서 설명했다.)와 일치하는 것으로 보이며, 이 연구는 실제의 민감도가 그의 모형의 민감도인 4.2℃보다 작을 수 있다는 결론을 제시한다. 여기서 얻은 결과를 앞 장의 결과와 종합하면, 실제의 기후 민감도는 약 3℃일 것으로 추측할 수 있다.

밀레니엄이 바뀔 무렵에 브로콜리의 연구가 완료된 뒤에 이루어진 고해양학의 발전으로 LGM의 SST를 추정하기 위한 추가 연구가 수행되었다. 예를 들어 해양 미생물 껍질에서 나온 마그네슘/칼슘(Mg/Ca) 비율을 이용해서 LGM의 열대 온도를 추정했다. 데이비드 리(David W. Lea)[33]는 SST를 재구성하기 위해 알케논뿐만 아니라 Mg/Ca를 사용한 여러 연구의 결과를 요약했으며, LGM 시기에 열대 바다가 2.8℃±0.7℃만큼 냉각되었다는 결론을 얻었다. 이러한 냉각은 CLIMAP 추정값보다 조금 크지만 앞에서 설명한 산호를 이용한 초기 추정값보다 크지 않다. 다중 증거 접근을 이용한 빙하 해양 표면 재구성 프로젝트(Multiproxy Approach for the Reconstruction of the Glacial Ocean Surface Project)[34]는 LGM의 열대 평균 SST 감소를 1.7℃로 추정했는데, 이것은 브로콜리와 마르시니아크[35]가 해석한 CLIMAP 재구성과 비슷하다. 2013년에 제임스 아난(James D. Annan)과 줄리아 캐서린 하그리브스(Julia Catherine Hargreaves)[36]는 열대 SST 냉각을 $1.6℃ \pm 0.7℃$로 추정했다.

이러한 열대 SST에 대한 최근의 재구성은 CO_2 2배에 대한 전 지구적 기후 민감도인 3℃와 대체로 일치한다. 지구의 지질학적 역사 전반에 걸친 과거 온도와 복사 강제력의 재구성에 대한 포괄적인 분석[37]은 실제 기후 민감도를 2.2~4.8℃의 범위로 추정했다. 이 추정값과 관련된 불확실성은 아직도 바람직하다고 할 만큼 작지 않지만, 브로콜리[38]가 채택한 2000년 모형의 민감도는 이 범위의 중간에 가깝다.

8장
기후 변화에서 해양의 역할

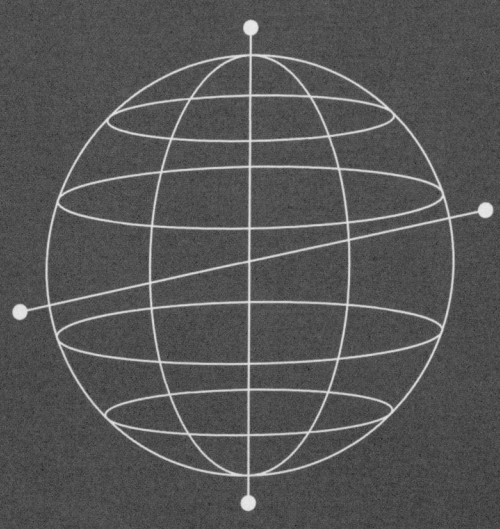

해양의 열 관성

이제까지는 이른바 평형 반응, 즉 열 강제력에 대해 충분히 긴 시간이 지난 다음에 나타나는 기후 계의 전체 반응을 알아보았다. 여기서는 대기-해양-육지 결합 계의 GCM을 사용해 열 강제력이 주어지고 시간에 따라 기후가 어떻게 반응하는지 알아보겠다. 우선 1981년에 스티븐 슈나이더(Stephen H. Schneider)와 스탈리 톰프슨(Starley L. Thompson)[1]이 도입한 대기-해양-육지 결합 계의 단순한 0차원 에너지 균형 모형을 사용해 열 강제력이 주어졌을 때 시간에 따른 기후의 반응을 조절하는 요인들을 찾아보자.

6장에서 논의했듯이 대기-해양-육지 계의 열 균형은 대기권 최상단에서 들어오는 알짜 태양 복사와 지구 밖으로 빠져나가는 장파 복사 사이에서 유지된다. 열 평형 상태에 있는 지표면-대기권 계를 생각해 보자. 이 계가 가열되면, 지구 표면과 그 위에 있는 대기의 온도는 시간이 지남에 따라 증가할 것으로 예상된다. 지구 평균 표면 온도의 예단 방정식(prognostic equation)은 다음과 같이 나타낼 수 있다.

$$C\partial T'/\partial t = Q - \lambda T'. \qquad (8.1)$$

여기에서 T'는 전 지구 평균 온도와 열 평형일 때 초깃값과의 편차, C는 계의 유효 열용량, Q는 계에 가해지는 열 강제력, t는 시간이다. λ는 6장의 식 (6.5)에서 정의된, 이른바 되먹임 모수이다. λ는 대기권 최상단 영역에서 빠져나가는 알짜 복사를 통해 지구 평균 표면 온도의 섭동에 작용하는 복사 감쇠의 강도를 나타낸다.

열 강제력 Q가 원래 열평형 상태에 있던 계에 갑자기 가해진다고 하자. (즉 '스위치가 켜진다.'라고 하자.) 다시 말해 그림 8.1b와 같이 $t < 0$일 때 $Q = 0$이고, $t \geq 0$일 때 $Q = Q_0$가 된다. 이 경우에 식 (8.1)의 일반적인 해는 다음과 같이 단위를 없앤 형태(무차원적인 형태)로 나타낼 수 있다.

$$(T'/T'_\infty) = 0 \quad t < 0 \text{일 때,}$$
$$(T'/T'_\infty) = [1 - \exp(-t/\tau)] \quad t \geq 0 \text{일 때.} \quad (8.2)$$

여기에서 T'_∞는 $t = \infty$일 때 T'의 값이고, Q_0는 가해진 열 강제력이다. τ는 반응의 시간 상수이며 다음과 같이 표현된다.

$$\tau = C/\lambda. \quad (8.3)$$

시간 상수는 값이 $1/e$ 값만큼 감소하는 시간(e-folding time)이다. 이것은 전체 평형 반응이 $(1 - 1/e)$, 또는 약 63%가 되는 시간을 $t = \tau$, 또는 $t/\tau = 1$로 나타내며, 이때부터 평형에 도달하기까지의 시간은 1/e, 또는 약 37%이다. 이 반응은 그림 8.1a에 나와 있으며, 이 그림은 초깃값을 바탕으로 정규화한 표면 온도 변화를 보여 준다. 다시 말해 시간 상수 τ는 전체 반응의 약 3분의 2를 달성하는 데 필요한 시간이며, 반응이 얼마나 오래 걸리는지 나타내는 지표로 자주 사용된다. 식 (8.3)에서 알 수 있듯이, 시간 상수 τ는 계의 유효 열용량 C에 비례한다. 기후 계에서는 거의 모든 유효 열용량이 해양에 있다. 또한 시간 상수는 전 지구 규모 표면 온도 섭동에 작용하는 복사 감쇠의 강도에 반비례한다. 이 단순한 모형을 이용해 해양이 열 강제력으로 인한 표면 온도의 반응을 얼마나 지연시키는지 알아봄으로써, 기후 변화에서 해양의 역할을 평가하기 시작할 것이다.

갑자기 가해지기 시작한 열 강제력에 대한 모형의 반응 시간 상수를 추정하기 위해 식 (8.3)을 사용하려면, 계의 유효 열용량 C뿐만 아니라 되먹임 모수 λ의 규모도 추정해야 한다. 6장과 7장에서 살펴보았듯이 가장 그럴듯한 기후 민감도는 CO_2 2배 증가에 대한 전 지구 평균 표면 온도의 평형 반응으로 정의되며 약 3℃이다. 기후 민감도가 3℃이고 CO_2 2배 증가 시의 열 강제력이 약 $4Wm^{-2}$라고 가정하면, 6장의 식 (6.7)을 사용해 되먹임 모수의 근삿값을 추정할 수 있다. 이렇게 해서 얻은 되먹임 모수는 약 $1.3Wm^{-2}K^{-1}$이다. 지구라는 계 전체의 평균 열용량 C를 추정하기 위해 육지 표면은 본질적으로 열용량이 0이라고 가정한다. 또

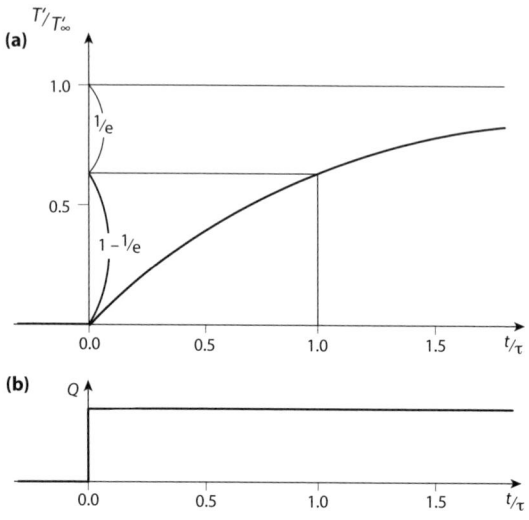

그림 8.1 (a) 정규화한 전체 평균 표면 온도 이상의 시간에 따른 변화 (b) 갑자기 시작된 열 강제력의 시간에 따른 변화. Q는 갑자기 시작된 열 강제력, t는 시간, T'는 초기 조건으로부터의 전 지구 평균 표면 온도 이상, T'_∞는 전체 평형 반응, τ는 반응의 시간 상수이다.

한 해양 혼합층의 두께는 약 70m이고 심해층과 열 교환을 하지 않는다고 가정함으로써 계의 전체 평균 열용량은 $2 \times 10^8 \mathrm{Jm}^{-2}$ 정도라고 추정할 수 있다. 이 값들을 λ와 C로 사용하고 식 (8.3)을 이용하면 시간 상수 τ가 5년쯤이 되어서 해양의 반응 시간 규모가 매우 짧다는 것을 알 수 있다.

앞의 계산에 사용한 해양 혼합층의 단순한 모형은 혼합층과 심해층 사이의 열 교환을 무시한다. 시드니 레비투스(Sydney Levitus) 등[2]은 해양의 열용량이 1950년대 중반과 1990년대 중반 사이에 잘 혼합된 표면층뿐만 아니라 수심 300m에서 1,000m까지 상당히 변했음을 알아냈다. 그들은 또한 대서양에서 열이 1,000m 아래로 침투했음도 발견했다. 그들의 결과는 해양의 표면층뿐만 아니라 표면 아래의 심해층에서도 온도가 증가했음을 분명히 보여 준다. 따라서 해양 전체의 시간 규모는 실제로 5년 이상일 가능성이 크다.

표면층과 심해층 사이의 열 교환의 중요성은 톰프슨과 슈나이더[3]와 마틴 호퍼트(Martin I. Hoffert) 등[4]과 한센 등[5]에 의해 예측되었다. 표면층과 심해층 사이의 열 교환을 명시적으로 다루는 대기-해양-육지 결합 계를 사용해, 그들은 CO_2 농도 증가 경향에 따라 서서히 증가하는 열 강제력에 대한 대기-해양-육지 결합 계의 시간에 따른 반응을 알아보는 시뮬레이션을 처음으로 시도했다. 그들은 실험의 처음 몇십 년 동안 온난화의 지연이 크지 않다는 것을 발견했다. 그러나 열이 표면층으로부터 해양의 심해층으로 아래쪽으로 섞이면서 계의 유효 열 관성이 커짐에 따라 온난화의 지연이 더 커진다.

시간에 따른 기후의 반응에 깊은 바다가 주는 영향을 탐구하기 위한 초기 연구의 한 예로 한센 등[6]의 연구를 자세히 살펴보겠다. 그들은 전 지구 평균의 1차원 연직 기둥 모형 한 세트를 구축했고, 여기에 대기의 복사-대류 모형과 해양 모형을 결합했다.

이 모형의 첫 번째 버전에서 해양은 잘 혼합된 표면층과 열이 수직으로 확산되는 심해층으로 취급된다. 여기에 사용되는 수직 확산 계수는 $10^{-4} m^{-2} s^{-1}$이며, 이 값은 월터 하인리히 뭉크(Walter Heinrich Munk)[7]가 해양의 온도와 염도의 연직 분포로부터 추론한 값과 유사하다. 두 번째 버전은 바다에 깊은 층이 없고 표면층만 있으며, 세 번째 버전에서는 바다의 열용량이 0이다.

이런 식으로 모형의 세 가지 버전을 모두 사용해서 한센 등은 1880년부터 2000년까지 120년 동안 대기 중 CO_2 농도의 점진적인 증가에 대한 지구 평균 표면 온도의 시간에 따른 반응을 계산했다. 그림 8.2는 모형의 세 가지 버전에서 지구 전체의 평균 표면 온도가 초깃값에서 어떻게 변하는지 보여 준다. 바다의 열용량이 0인 버전에서는 지구 평균 표면 온도가 0.5℃ 증가하는 데 약 100년이 걸린다. 해양을 잘 혼합된 표면층으로만 취급하는 버전에서는 동일한 0.5℃의 온난화가 일어나기까지 5년쯤(즉 식 (8.1)로 표현된 단순한 0차원 모형에서 얻은 시간 상수)이 더 걸린다. 해양에 표면층과 심층이 모두 있는 가장 완전한 형태의 버전에서는 동일한 0.5℃의 온난화가 일어나기까지 10년쯤 더 걸린다. 간단히 말해서 심해층과의 열 교환을 고려하면 온난화가 약 15년쯤 더 걸리는 것이다. 다시 말해 잘 혼합된 표면층만 있을 때보다 약 3배쯤 온난화가 지연된다. 여기에 나온 결과는 열이 해양의 더 깊은 층으로 침투함에 따라 표면 온도 반응의 지연이 어떻게 증가하는지를 명확하게 보여 준다.

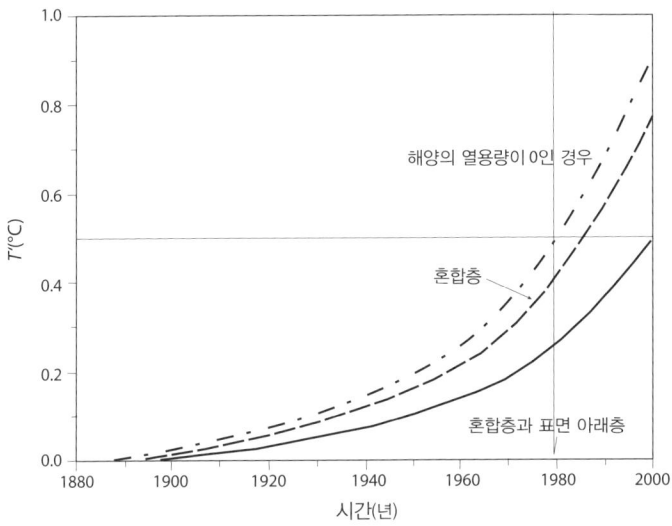

그림 8.2 지구 전체 평균 표면 온도 이상의 시간적 변화.

앞에서 설명한 수치 실험 외에도 한센 등은 표면층뿐만 아니라 그 아래에 심해층이 있는 버전을 사용해 추가 실험을 수행했다. 이 실험에서는 모형에 1880년부터 1980년까지 100년 동안 CO_2, 태양 복사를 반사하는 화산 에어로졸, 태양 복사 조도의 변화를 적용했다. 적용된 세 가지 유형의 복사 강제력 중에서 CO_2 강제력의 추정값이 가장 신뢰할 수 있었으며, 그 다음이 화산 에어로졸이었다. 저자들에 따르면 태양 변동성의 추정값은 추측에 크게 의존했고 가장 신뢰성이 낮았다. 세 가지 유형의 복사 강제력 사이의 신뢰성이 크게 다르다는 점을 고려해 이 모형에서는

CO_2만 있을 때, CO_2와 화산, CO_2와 화산과 태양으로 세 가지 복사 강제력을 적용했다. 그림 8.3은 이 세 가지 모형 시뮬레이션에서 얻은 전 지구 평균 표면 온도의 시계열을 관측된 온도와 비교

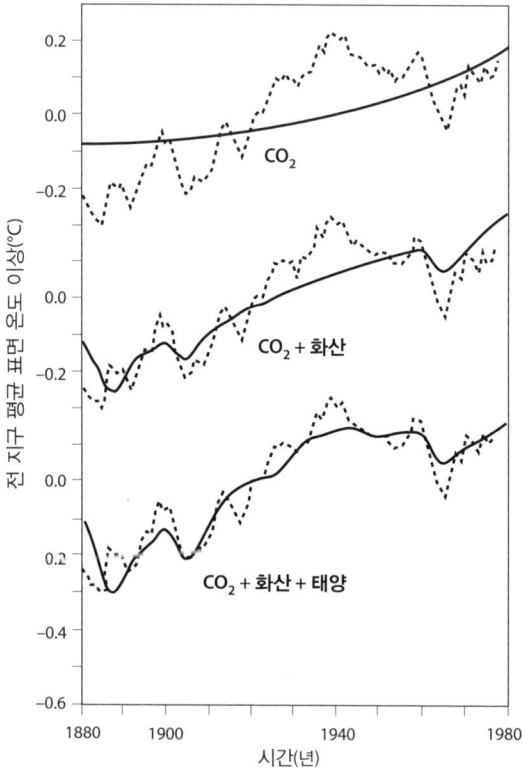

그림 8.3 CO_2, CO_2 + 화산, CO_2 + 화산 + 태양의 열 강제력이 적용된 1차원 연직 기둥 모형에서 구한 전 지구 평균 표면 온도 이상 시계열.[8]

한다. 시뮬레이션된 시계열과 관측된 시계열 간의 일치가 열 강제력을 추가할 때마다 좋아진다는 사실은 매우 고무적이다. 그러나 태양 변동성은 매우 불확실하므로, 이것을 고려했을 때 조금 좋아진 것을 너무 진지하게 받아들여서는 안 된다.

앞에서 설명한 연구의 자연스러운 확장으로, 한센 등[9]은 대기-해양-육지 결합 계의 3차원 모형을 사용해 지구 온난화에 대한 획기적인 연구를 수행했다. 이 모형은 지구 전체에 대해 현실적인 해양과 대륙의 분포를 적용했다. 이것은 대기 GCM, 비교적 단순한 육지 표면 모형, 표면층과 그 아래에 수직으로 확산되는 심해층으로 구성된 해양 모형을 결합해 만들었다. 심해층의 수직 확산 계수는 지역에 따라 다르고, 일시적으로 안정된 추적 물질의 침투와 국소적인 물 기둥 안정성 사이의 관계로 실험적으로 결정되었다.

그들은 이 모형을 사용해 이산화탄소뿐만 아니라 메테인, 아산화질소, CFC, 화산에서 분출되는 황산염 에어로졸과 같은 대기의 다른 미량 성분들의 변화로 인한 복사 강제력에 반응하는 기후 변화에 대해 최선의 추정값을 계산했다. 20세기 후반의 지구 평균 표면 온도 변화 시뮬레이션의 성공에 용기를 얻어, 그들은 이 계산을 21세기까지 확장했다. 그들은 온난화 규모가 지리적으로 전혀 균일하지 않고, 해양보다 대륙에서 더 큰 경향이 있음을 발견했다. 온난화는 두 반구에서 위도 증가에 따라 증가해서, 앞에서 얻은 대기/해양 혼합층 모형의 평형 반응[10]과 정성적으로 일치했다. 그들은 이 실험을 통해 대기-해양-육지 결합 계의 3차원 모형이 지구 온난화를 예측하는 매우 강력한 도구임을 설득력 있게 증명했다. 한센은 1988년에 열린 미국 의회 청문회에서 이 연구 결과의 핵심을 발표했다. 그의 증언은 광범위한 관심을 받았고, 지구 온난화에 대한 대중의 인식에 심대한 영향을 미쳤다.

앞에서 설명한 전 지구적 GISS 모형의 해양 부분에서 해양 표면 아래의 심해층에서 열의 수직 전달은 수직 소용돌이 확산으로 다룬다. 그러나 실제의 바다에서 열은 난류(亂流)와 대류뿐만 아니라 대규모 순환을 통해 수직으로 전달된다. 이 과정들은 서로 밀접하게 상호 작용한다. 따라서 지구라는 계의 전 지구 규모의 변화를 예측하기 위해서는 대기 대순환과 해양의 난류, 대류, 대규모 순환이 명시적으로 통합된 해양 모형을 결합한 모형을 구성하는 것이 바람직하다. 이러한 모형을 구축하려는 최초의 시도는 1969년에 GFDL에서 마나베와 브라이언[11]이 대기 모형을 브라이언과 마이클 콕스(Michael D. Cox)[12]가 1967년에 구축한 해양 GCM과 결합하면서 이루어졌다. 그들의 모형은 육지와 바다의 이상적인 분포를 가진 제한된 계산 영역으로 이루어져 있었지만, 관측된 온도·강수 분포의 핵심적인 특징을 결합 계에서 성공적으로 시뮬레이션했다. 그들은 이 성공에 용기를 얻어서 지구 온난화를 시뮬레이션하고 연구하기 위해 이러한 모형들을 사용하기 시작했다.[13]

예를 들어 1988년의 연구에서 브라이언 등은 북반구와 남반구에 걸쳐 있는 3개의 동일한 구역으로 구성된 결합 모형을 사용했다. 각 구역은 120도 간격의 두 자오선으로 경계를 이룬다. 각 위도대에서 해양의 비율은 실제의 비율과 비슷하게 지정했다. 예를 들어 남위 55도와 남위 60도 사이의 지역대에서는 모형 해양이 동서 방향으로 연결되어 있어서, 남극을 둘러싸고 있는 실제의 남극해와 비슷하게 만들어졌다. 이렇게 구성된 모형을 사용해, 그들은 실험을 시작할 때 대기 중 CO_2 농도가 스위치를 켜듯이 갑자기 2배가 된 다음에 변하지 않을 때의 열 강제력에 대한 결합 계의 반응을 구했다. 그들은 SST가 북반구에서 위도 증가에 따라 증가하는 반면에 남반구의 고위도에서는 거의 변하지 않음을 발견했다. 이 장의 뒷부분에서 설명할 것처럼, 실제와 같은 지리를 가진 전 지구 결합 모형에서 얻은 표면 온도 변화의 분포에서도 두 반구 사이의 비대칭성이 확연히 드러났다. 이러한 비대칭성은 극에 의한 온난화의 증폭이 양쪽 반구 모두에서 나타난 한센 등[14]의 결과와 대조적이었다. 두 결과 사이의 차이는 해류를 통한 열수송의 효과를 결합 모형에 명시적으로 통합하는 것이 바람직할 수 있음을 시사한다.

GFDL과 미국의 국립 대기 연구 센터, 즉 NCAR에서 현실적인 지리를 온전하게 결합한 전 지구적 GCM을 구축하려는 초기 시도는 1970년대 이루어졌다.[15] 1980년대 후반까지 이 두 기관의 연구진은 대기 중 CO_2 농도가 천천히 증가하는 더 현실적인 지구 온난화 실험 결과를 발표했다.[16] 이 장의 나머지 부분에서는 마나베 등[17]이 수행한 실험의 분석을 바탕으로 표면 온도 변화의 분포를 조절하는 바다의 역할에 대해 논의할 것이다. GFDL에서 개발한 전 지구적 대기-해양 GCM의 구조를 간략하게 설명하는 것으로 시작하겠다.

대기-해양 결합 모형

그림 8.4는 1989년에 스토퍼 등[18]이 지구 온난화 연구에 사용한 전 지구 대기-해양 결합 GCM의 구조를 보여 준다. 알기 쉽게 나타내기 위해 앞으로 이 GCM을 '결합 모형'이라고 부르겠다. 이 모형은 대기 GCM, 해양 GCM, 대륙 표면의 단순한 열 수지와 물 수지 모형으로 이루어진다. 이 모형은 매우 이상화된 지리를 적용한 구역을 채용한 1969년의 초기 결합 모형 버전[19]과 달리 현실적인 지리를 적용했다.

 대기 GCM의 기본 구조는 4장에서 설명했다. 대기 GCM은 바람, 온도, 비습(specific humidity)의 변화율을 수증기의 운동 방정식, 열역학 방정식, 연속 방정식으로 각각 계산한다. 4장에서 설명했듯이 대기 GCM은 대륙들 전체에 걸쳐 열 수지와 물 수지의 단순 모형과 결합된다. 해양 GCM[20]은 해류, 온도, 염도, 해빙 두께의 변화율을 운동 방정식, 열역학 방정식, 염분 예단 방정식, 해빙에 대한 단순 모형으로 각각 계산한다. 해빙 모형은 5장에서

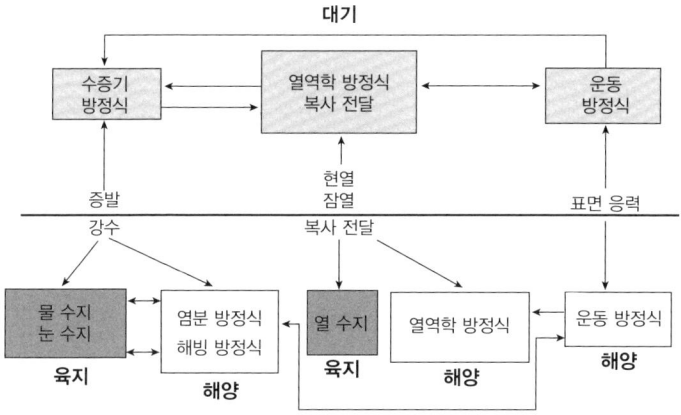

그림 8.4 대기-해양 결합 모형의 구조를 나타내는 도표.[21]

설명한 이른바 열역학 모형과 유사하지만, 이 버전에서는 해빙이 표면 해류에 따라 움직인다. 이러한 대기와 해양의 GCM은 열, 수증기, 운동량을 교환하면서 서로 상호 작용한다.

이 실험을 수행한 1980년대 말에는 컴퓨터의 성능이 좋지 않았기 때문에 모형의 계산 해상도는 요즘의 결합 모형보다 훨씬 낮았다. 예를 들어 대기 GCM은 연직 유한 차분 격자층이 9개뿐이었다. 이 모형은 이른바 스펙트럼 방법을 채택했는데, 이 방법에서는 예측 변수의 수평 분포가 구면 조화 함수(각각의 푸리에 성분에 대한 연관 르장드르 함수 15개)와 격자점 값 둘 다를 통해 표현된다. 해양 GCM은 4.5도×3.75도(위도×경도)로 일정한 간격의 격자 체계로 구성되었고, 연직 방향의 유한 차분 격자 12개 층은 일정하지 않은 높이로 배치되었다. 최상단에 있는 유한 차분 층의 두께는 50m로 수직 등온 해양 혼합층을 나타낸다.

대기-해양 결합 모형의 시간 적분을 현실적인 초기 조건으로 출발시켜도, 모형이 실제 기후 계를 완전하게 표현하지 못하기 때문에 모형 기후는 현실적인 상태에서 벗어나 표류하는 일이 자주 일어난다. 따라서 이렇게 표류하는 동안에는 열 강제력에 대한 시간에 따른 기후의 반응이 왜곡될 수 있다. 이러한 표류를 줄이기 위해 이 연구에서는 '플럭스 조정(flux adjustment)'이라고 부르는 방법을 사용했다. 다음 절에서는 이 방법을 간략하게 설명하고, 이것이 기후 변화를 예측하고 평가하는 효과적인 방법인 이유를 설명할 것이다. 이 방법에 대한 자세한 내용은 마나베 등[22]의 논문에서 찾아볼 수 있다.

초기화와 플럭스 조정

앞에서 설명한 기후의 표류를 막기 위해, 대기와 해양 부문에 대해 별도로 시간 적분을 해서 결합 모형의 초기 조건을 얻었다. 정지된 등온 건조 대기를 대기 부분의 초기 조건으로 삼았고, 해수면에 계절에 따라 달라지는 SST의 현실적인 분포를 미리 적용했다. 이 대기 모형의 시간 적분을 12년에 걸쳐 수행했다. 모형 대기는 몇 년 뒤에 준평형에 도달했고, 대기 상태의 계절적 변화가 한 해에서 다음 해까지 꽤 잘 반복되었다. 이렇게 얻은 모형 대기의 상태를 결합 모형의 시간 적분에서 대기의 초기 조건으로 사용했다.

이 모형에서 해양 부분의 초기 조건은 심해층에서는 온도와 염도가 일정하고, 표면 혼합층은 수직 방향으로 매우 균일하고, 온도, 염도, 해빙 두께의 수평 분포는 현실적인 값을 주었다. 이 시작점부터 해양 부분의 예비 시간 적분을 약 2,400년에 걸쳐 계속했다. 적분 과정 내내 앞의 변수들을 표면층에서 관측한 값의 계절적, 지리적 변화에 맞춰 서서히 조정했고 조정기는 50일이었다. 표면층 아래의 온도, 염분, 속도는 적분 과정 안에서 계산했다. 시간 적분이 끝날 무렵에는 심해층에서도 매우 깊은 곳의 온도가 천천히 변하는 점 말고는 체계적인 변화가 없었다. 이 준평형 해양 상태를 결합 모형의 시간 적분에서 초기 조건으로 사용했다. 이렇게 얻은 동서 평균 해양 온도의 위도-깊이 분포를 그림 8.5의 관측 분포와 비교했다. 심해층의 온도가 1~2℃쯤 더 높지만, 모형으로 재현한 동서 평균 온도의 위도-높이 분포는 관측 분포와 유사하다.

이 모형의 대기와 해양 부분에 대한 별도의 예비 적분으로 얻은 대기와 해양의 상태를 결합해서, 결합 모형의 시간 적분에서 초기 조건으로 사용했다. 부분으로 사용된 모형들이 불완전하기 때문에 대기 부분에서 얻은 해양 표면에서의 열 플럭스와 물 플럭스의 계절에 따른 수평 분포는 해양 부분에서 얻은 것과 다르다. 이러한 차이로 인해 대기 부분에서 얻은 계면 플럭스를 해

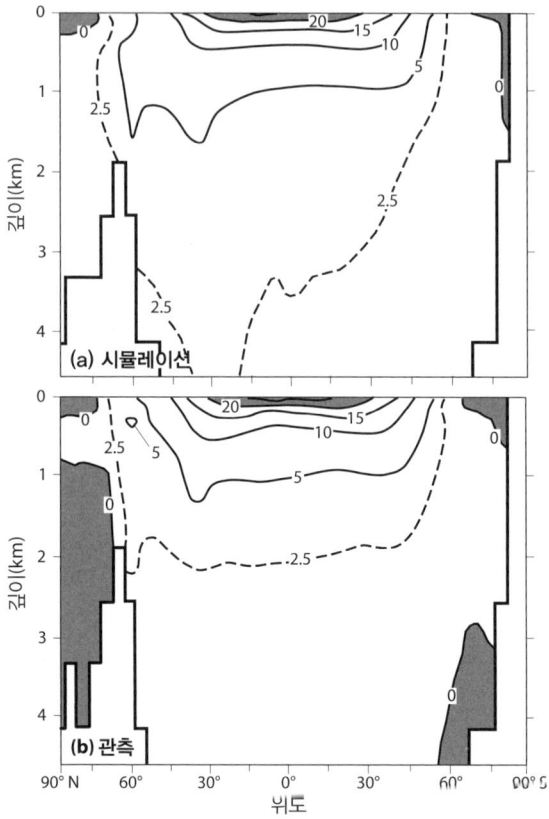

그림 8.5 동서 평균 연평균 해양 온도의 위도-깊이 단면 (a) 대기-해양 결합 모형에서 해양 성분의 2,500년에 걸친 적분이 끝났을 때의 시뮬레이션 온도. (b) 관측된 온도.[23]

양 부분에 그대로 적용하면 결합 모형의 해양 상태가 표류할 가능성이 크다. 이러한 표류를 막기 위해 모형의 대기 부분에서 얻은 계면의 열 플럭스와 물 플럭스를 해양과 대기 부분에서 얻은 플럭스의 차이와 동일한 양만큼 변경했다. 이러한 방식으로 변경한 플럭스를 해양 부분에 적용한 뒤에 전체 결합 모형을 적분했다. 플럭스 조정 값은 계절과 지리적 위치에 따라 달라졌지만 해마다 변하지는 않았고, 따라서 해양 표면의 시뮬레이션된 상태와는 무관했다. 앞에서 설명한 플럭스 조정을 적용함으로써 결합 모형의 해양 표면 온도, 염도, 해빙 두께는 현실적인 값을 중심으로 변동하고 시간에 따라 체계적으로 표류하는 일은 거의 없었다. 이 모형에 복사 강제력을 적용해 섭동 실험을 수행하면서, 섭동 시뮬레이션과 기준 시뮬레이션에 공간적, 계절적으로 변하는 조정을 동일하게 적용했고, 따라서 섭동 시뮬레이션과 기준 시뮬레이션 사이에서 대기-해양 플럭스 차이가 인위적으로 왜곡되지 않도록 했다.

기후 민감도를 추정하기 위해서는 온도와 해빙 두께의 현실적인 분포를 유지하는 것이 중요하다. 4장과 6장에서 논의했듯이 주어진 열 강제력에 대한 기후 민감도는 주로 지구 표면 온도에 따라 결정적으로 달라지는데, 이것은 눈과 해빙의 알베도 되먹임 강도가 표면 온도 감소에 따라 증가하기 때문이다. 플럭스 조정을 적용해서 온도와 해빙 두께의 분포가 현실적이었기 때문에, 이 모형은 기후 민감도 추정에 매우 적합했다.

플럭스 조정은 결합 모형에서 발생할 수 있는 인위적인 표류를 현저하게 줄이는 데 효과적이다. 기후 표류의 감소는 마나베 등[24]이 지구 온난화 실험에 이 방법을 채택한 주된 이유이다. 우리의 의견으로는 플럭스 조정은 기후 민감도 추정뿐만 아니라 기후 변화 예측에도 귀중한 도구가 될 것 같다. 플럭스 조정이 기후 변화를 예측하는 데 효과적이거나 효과적일 가능성이 있는 실험의 다른 예들이 있다. 이러한 실험 몇 가지에 대해 간략히 논의하겠다.

4장에서 지적했듯이 열대 저기압의 활동은 저위도에서의 SST 분포에 결정적으로 의존한다. 플럭스 조정을 갖춘 해양-대기 결합 모형은 대개 열 강제력이 없을 때 SST의 현실적인 분포를 유지하기 때문에 열대성 저기압 활동의 단기 예측에 매우 적합하다. 따라서 베치 등[25]이 플럭스 조정 접근법이 대서양에서 계절성 허리케인 빈도의 예측을 개선하는 데 효과적임을 발견한 것은 놀라운 일이 아니다. 비슷한 맥락에서 줄리아 망가넬로(Julia V. Manganello)와 보화 황(Bohua Huang)[26]은 시간에 따라 변하지 않는 비교적 단순한 열 플럭스 조정 체계를 사용해 과거의 남방진동(Southern Oscillation) 추정을 상당히 개선할 수 있었다.

예를 들어 마나베와 스투퍼[27]가 보여 주듯이, 대서양 사오면 전도 순환(Atlantic Meridional Overturning Circulation, AMOC)의 강도는 해양 상층부의 염분과 온도의 수평 분포에 결정적으로 의존한다. 플럭스 조정을 사용하는 결합 모형은 이러한 변수들의 현실적인 분포를 유지하기 때문에, 이것은 AMOC[28]와 수십 년에 걸친 진동[29]을 시뮬레이션하는 데 매우 유용했다. 이러한 이유로, 플럭스 조정은 심층 전도 순환의 10년 규모 추이와 기후 변화에 대해 수십 년에 걸쳐 어떻게 반응하는지 파악하는 데도 도움이 된다.

구름의 미시 물리학과 해빙의 동역학처럼 아격자 규모에서 일어나는 다양한 과정을 모형에서 더 정밀하게 모수화하는 노력이 강화되고 있다. 이러한 과정들은 매우 세밀하게 모수화되어서 여러 가지 모수들이 추가로 도입되었다. 따라서 해양 표면에서 핵심 모수(예를 들어 온도, 염도, 해빙 두께)의 지리적 분포가 현실에 맞도록 이러한 모수들을 조정하기는 매우 어려워졌다. 우리는 앞에서 설명한 플럭스 조정 방법이 미래에 모수화가 점점 더 복잡해져도 모형의 조율을 보완할 수 있기를 바란다.

지구 온난화 실험

마나베 등[30]의 지구 온난화 실험은 앞에서 설명한 초기 조건에서 시작된 결합 모형의 두 가지 시간 적분을 활용했다. 기준 실험에서는 대기 중 CO_2 농도를 300ppmv로 고정했고, 전 지구 평균 SST는 현실적인 값을 중심으로 일어난 변동에 체계적인 경향이 거의 없었으므로 플럭스 조정이 온도의 체계적 표류를 잘 막을 수 있음을 보여 준다. 반면에 지구 온난화 실험에서는 CO_2 농도가 매년 전년 대비 1%의 비율로 증가했는데, 이것은 실험을 수행하던 1990년대 초의 CO_2 등가 농도 증가율과 비슷했다. 그림 8.6의 실선은 대기 중 CO_2 농도의 점진적인 증가로 인해 결합 모형의 전체 평균 표면 온도가 이 실험에서 얼마나 천천히 증가했는지를 나타낸다. CO_2 농도가 2배가 되고 난 70년 뒤에 온도가 2.5℃쯤 올라갔다.

이 장의 시작 부분에서 보았듯이 해양 표면에서의 온난화는 표면 혼합층 아래에 있는 심해의 열 관성 때문에 감소되고 지연된다. 반응 감소의 크기와 지연의 길이를 추정하기 위해 그림 8.6처럼 결합 모형의 전체 평균 표면 온도의 시간에 따른 반응과 대기/해양 혼합층 모형의 반응을 비교했다. 두 모형의 대기 부분이 같지만, 대기/해양 혼합층 모형의 해양 부분에는 심해층이 없었다. 대신에 7장에서 설명한 Q-플럭스 방법을 사용했는데, 이 방법에서는 혼합층과 심해 사이의 열 교환이 SST와 해빙 두께의 지리적 분포가 현실적인 것이 되도록 미리 적용했다. 혼합층과 심해 사이의 열 교환이 변하지 않는다고 암묵적으로 가정하고, CO_2 2배 실험에서 동일한 열 플럭스를 적용했다. 앞에서 설명한 대기-해양 결합 모형을 사용해 평형 반응을 추정하는 것이 더 좋겠지만, 결합 모형을 준평형 상태까지 계산하는 비용을 피하기 위해서 대기/해양 혼합층 모형을 사용했다. 기준 실험에서는 SST와 해빙 두께의 분포가 Q-플럭스 방법으로 현실적인 값으로 유지되었고, 결합 모형에서는 플럭스 조정이 같은 역할을 했다.

CO_2 2배 증가에 대해 대기/해양 혼합층 모형으로 얻은 전지구 평균 표면 기온의 평형 반응은 약 3.9℃로, 결합 모형으로

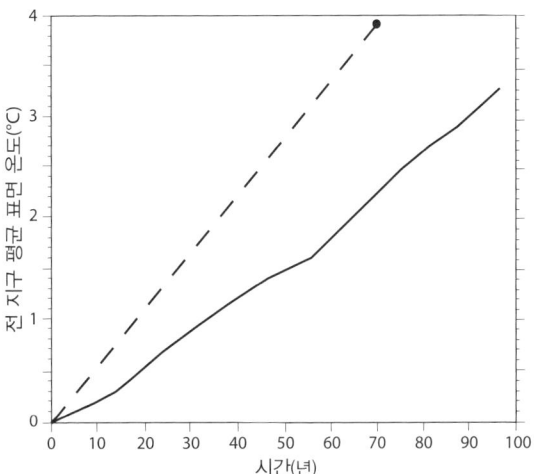

그림 8.6 실선은 대기 중 CO_2 농도가 매년 전년 대비 1%로 천천히 증가할 때 대기-해양 결합 모형의 전 지구 평균 표면 온도(℃)의 시간에 따른 반응을 나타낸다. 검은 점은 대기/해양 혼합층 모형의 전체 평균 표면 온도의 평형 반응을 나타낸다. 그래프의 원점과 검은 점을 연결하는 점선은 전 지구 평균 표면 온도의 평형 반응이 시간에 따라 거의 선형적으로 변하는 것을 근사적으로 재현한다.[31]

얻은 CO_2 2배 증가 시의 반응인 2.5℃보다 확실히 크다. 평형 반응은 CO_2 농도가 2배로 증가한 70년째가 되는 해에 검은 점으로 그림 8.6에 표시된다. 그래프의 원점과 검은 점 사이에 점선으로 이루어진 직선을 그렸는데, 이것은 CO_2 농도가 연간 1%의 비율로 지수 함수적으로 증가할 때의 평형 반응이 선형적으로 증가한다고 암묵적으로 가정한 것이다. 1장에서 보았듯이 대기의 온실 효과는 대기 중 CO_2 양의 로그 값에 비례하기 때문에 이 가정이 올바르다고 할 수 있다. 점선과 실선 사이의 수평 거리는 평형 반응에 비해 시간에 따른 반응의 지연을 나타낸다. 이 그림에서 알 수 있듯이, 처음에는 지연이 0이지만 시간이 지남에 따라 점차 증가한다. 70년이 지나서 CO_2 농도가 2배로 되면, 지연은 30년쯤이 된다. 이 결과는 열이 해양의 표면층을 뚫고 깊이 내려감에 따라 해양의 유효 열 관성이 점차 증가해 지구 표면의 온난화를 지연시킨다는 것을 의미한다.

지금까지 우리는 지구 평균 표면 기온의 시간에 따른 반응을 살펴보았다. 이번에는 CO_2 농도가 2배로 증가했을 때의 표면 온도 반응의 지리적 분포를 살펴보겠다. 그림 8.7a는 웨들 해 북쪽의 아주 작은 지역을 제외하고는 거의 모든 곳에서 지표면의 기온이 상승한다는 것을 보여 준다. 예를 들어 한센 등[32]이 얻은 결과와 일치하는데, 온난화는 해양보다 대륙에서 크고, 특히 남반구보다 대륙이 더 많은 북반구에서 더 크다.

여기에서 가장 주목할 만한 특징 중 하나는 지구 표면의 온난화 규모가 두 반구에서 비대칭적이라는 것이다. 북반구에서는 위도 증가에 따라 온난화가 증가해 북극해에서 최대가 된다. 이것에 비해 남반구의 고위도에서는 온난화가 비교적 작다. 5장에서 논의했듯이, 북반구 고위도에서 온난화가 큰 것은 지구로 들어오는 일사의 많은 부분을 반사하는 해빙과 적설이 북극에 몰려 있기 때문이다. 반면에 남반구의 고위도에서 온난화가 작은 것은 주로 남극해 연안 근처뿐만 아니라 남극해의 방대한 지역에서 일

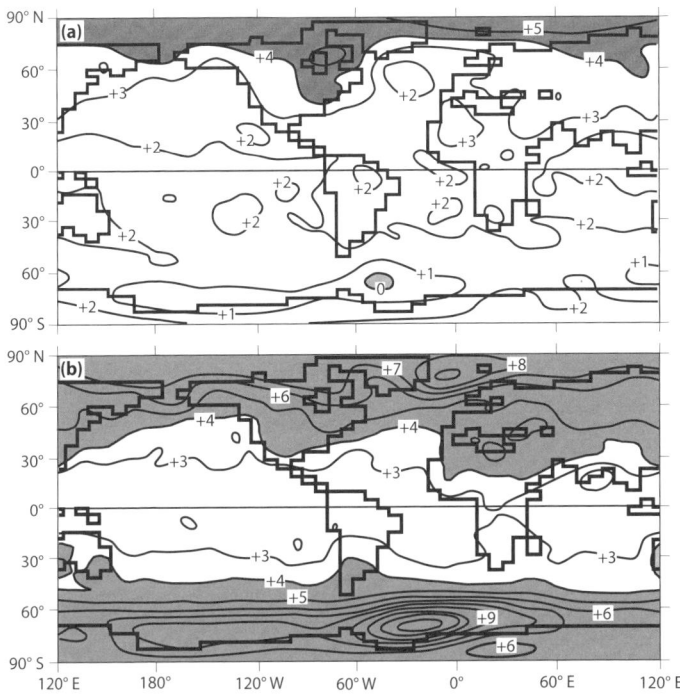

그림 8.7 (a) 대기 중 CO_2 농도가 2배로 증가하는 지구 온난화 실험의 대기-해양 결합 모형에서 70년이 지났을 때 나타난 표면 기온 변화의 지리적 분포. (b) 대기 중 CO_2 농도가 2배로 증가할 때 대기-해양 혼합층 모형의 표면 기온의 평형 반응. (a)의 변화는 지구 온난화 실험의 20년(1960~1980년) 평균 표면 기온과 기준 실험에서 얻은 100년 평균 온도 사이의 차이이며, 기준 실험에서는 대기 중 CO_2 농도가 표준값(300ppmv)으로 고정된다. 표면 기온은 가장 낮은 유한 차분 층인 약 70m 높이에서의 온도이며, 단위는 ℃이다.[33]

어나는 심층 대류 때문이며, 여기에 대해서는 이 장의 뒷부분에서 다시 알아보겠다. 앞에서 나타낸 지표면 기온 변화의 지리적 패턴은 「IPCC 제5차 평가 보고서」에 사용된 대부분의 모형을 종합한 지표면 온도 변화의 다중 모형 패턴과 대체로 유사하다.[34]

앞에서 설명한 결합 모형에서 얻은 표면 기온의 시간에 따른 반응의 지리적 분포는 그림 8.7b에 표시된 대기/해양 혼합층 모형의 평형 반응과 비교할 수 있다. 기대했던 대로 시간에 따른 반응은 평형 반응보다 작아서, 지구 전체에 걸쳐 시간에 따른 반응이 평형 반응보다 약하다는 것을 가리킨다. 그러나 두 반구 모두에서 위도가 높아질수록 표면 기온의 평형 반응이 커진다는 것은 꽤 주목할 만하다. 이러한 특징은 시간에 따른 반응에서 나타나는 두 반구 사이의 비대칭성과 뚜렷한 대조를 이룬다.

그림 8.7을 살펴보면, 북반구의 중·고위도 온난화 규모에서 나타나는 육지와 바다의 차이가 시간에 따른 반응뿐 아니라 평형 반응에서도 확연히 드러난다. 이것은 온난화의 지연이 해양의 열 관성 때문만이 아니라 다른 요인들 때문이기도 하다는 것을 암시한다. 마나베 등[35]이 지적했듯이, 평형 반응의 육지-해양 차이는 계절 순환의 많은 부분에서 나타난다. 적설이 중위도까지 확장되기도 하는 겨울에는 알베도 되먹임이 해양보다 대륙에서 훨씬 더 강해서, 온난화 규모의 육지-해양 차이를 일으키는 주요 원인이 된다. 겨울철이 아닐 때에도 육지와 해양의 온난화 규모는 비슷한 차이를 보인다. 바다에서는 물이 증발하면서 열이 쉽게 빠져나가지만, 육지는 건조해서 증발을 통한 열 배출이 거의 없기 때문이다. 결합 모형의 시간에 따른 반응에서는 해양의 열 관성으

로 인해 특히 특정한 해양 지역에서 온난화가 지연되어, 뒤에서 설명할 것처럼 육지-해양 온난화 차이가 커진다.

그림 8.8은 앞에서 설명한 평형 반응에 대한 시간에 따른 반응 대 평형 반응 비율의 지리적 분포를 보여 준다. 이 비율은 남극해의 넓은 띠 영역에서는 0.4 미만이고, 남극해 연안에서는 0.2 미만으로 내려간다. 이것은 반응 지연이 남극해에서는 40년 이상, 남극해 연안에서는 60년 이상임을 암시한다. 그린란드와 유럽 서해안 사이의 북대서양에서도 이 비율이 0.4 미만이어서 이 지역의 지연이 40년 이상임을 알 수 있다. 대륙과 해양 지역을 포함한 세계의 나머지 지역에서 이 비율은 약 0.7~0.8로 15~20년의 지연에 해당한다. 간단히 말해서, 남극해와 북대서양의 지연은 전 세계 평균 지연 시간인 약 30년보다 긴 반면에 나머지

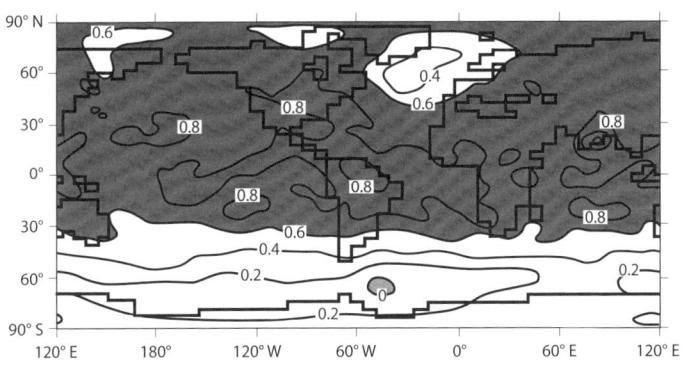

그림 8.8 대기/해양 혼합층 모형의 표면 기온 평형 반응(그림 8.7a) 대 대기-해양 결합 모형의 표면 기온의 시간에 따른 반응(그림 8.7b) 비율의 지리적 분포.[36]

지역의 지연 시간은 일반적으로 전 세계 평균보다 짧다.

결합 모형에서 나온 표면 기온의 시간에 따른 반응(그림 8.7a)은 과거 30년(1961~1990년) 기준 기간에 대해 최근 25년(1991~2015년)의 평균 표면 온도 이상으로부터 산출한 값인, 지난 수십 년 동안 관측된 표면 온도 변화 추세(화보 1 참조)와 비교할 수 있다. 시간 평균으로 단기 변동을 제거했기 때문에 이러한 온도 이상은 지구 전체 규모의 온난화가 가장 두드러졌던 지난 반세기 동안 지표면 온도가 보여 준 장기적인 추세를 나타내는 지표로 볼 수 있다. (그림 1.1 참조)

관측된 온도 이상은 부분적으로 관측망의 제한 때문에 집계되지 않은 지역도 있지만 전 지구적으로 많은 곳에서 양수이다. 이것은 지난 수십 년 동안 거의 모든 곳에서 표면 온도가 올랐다는 뜻이다. 북반구에서 온도 이상은 유라시아와 북아메리카 대륙에 걸쳐 상대적으로 크며 위도가 높아질수록 증가한다. 그러나 남극해에서는 남위 50도와 남극 사이에서 온도 이상의 값이 작으며, 양수와 음수가 모두 나타난다. 이것은 북반구 고위도 지역과는 뚜렷한 대조를 이루는데, 북반구에서 온도 이상은 대개 큰 양의 값이다. 앞에서 설명한 관측된 표면 온도 이상의 지리적 패턴이 그림 8.7a에 표시된 표면 기온의 시간에 따른 반응 패턴과 유사하다는 것은 매우 고무적이다. 두 패턴이 비슷하다는 것은 결합 모형이 지표면에서 일어나는 지구 온난화의 대규모 분포를 조절하는 기본적인 물리적 과정을 포함할 수 있다는 가능성을 강조한다. 이 주제에 대해서는 스토퍼와 마나베[37]가 자세하게 논평한 바 있다.

이 연구에서 사용한 열 강제력은 온실 기체의 CO_2 등가 농도의 증가를 사용했다는 것을 알아두어야 한다. 인간의 활동으로 생성된 에어로졸, 태양 복사 조도, 화산 에어로졸과 같은 강제력을 일으키는 다른 요인들의 변화는 무시했다. 시뮬레이션된 패턴과 관찰된 패턴 사이의 유사성은 표면 온도 변화의 지리적 분포가 열 강제력의 패턴에 결정적으로 의존하지는 않을 수 있음을 시사한다.

두 반구 사이에 나타나는 반응의 비대칭성은 CO_2가 2배로 증가할 때 SST뿐만 아니라 여름철 해빙 두께의 지리적 분포에서도 드러난다. (그림 8.9) 북극해와 주변 지역의 해빙 넓이와 두께가 모두 현저하게 감소한다. 여기에는 나타나지 않았지만, 겨울철에도 상당한 두께 감소가 일어난다. 반면에 남극해에서는 여름 해빙의 두께와 넓이가 웨들 해와 바로 근처에서 증가하지만 다른 지역에서는 체계적으로 변하지 않는다. 해빙이 저위도로 확장되는 겨울에도 정성적으로 비슷한 변화가 일어난다. (여기에서는 나타내지 않았다.) 북극해와 아한대의 해양에서는 해빙의 두께와 넓이가 현저하게 감소하지만, 남극해에서는 웨들 해와 로스 해를 제외하고는 거의 변화가 없다. 이 두 지역에서는 지구 온난화가 진행됨에 따라 해빙 두께가 증가한다. 이 모형으로 시뮬레이션한 해빙 변화에서 나타나는 두 반구 사이의 비대칭성은 이 장의 앞

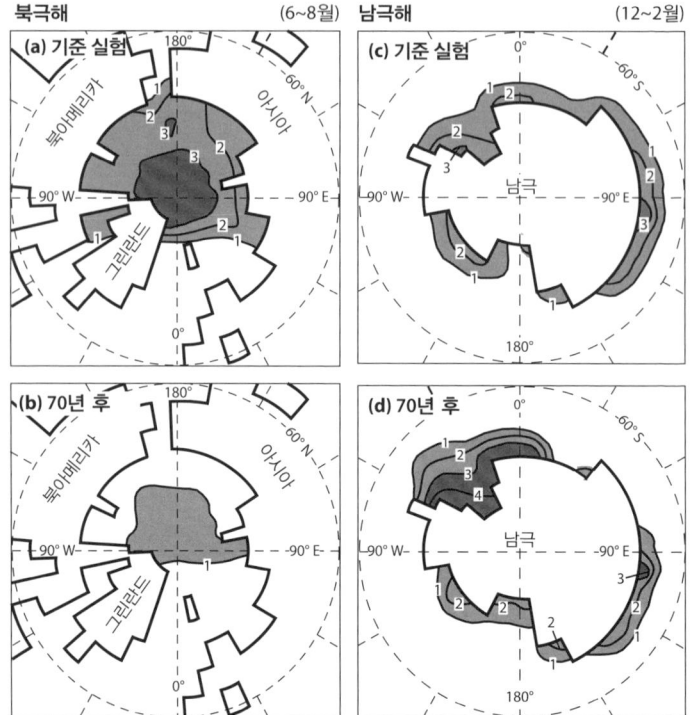

그림 8.9 지구 온난화 실험으로 재현한 여름 해빙 두께(m)의 지리적 분포 변화. (a) 실험 초기 북극 해빙의 두께 분포, (b) 70년 뒤 여름 해빙의 평균 두께 분포, (c) 실험 초기 남극 해빙의 두께 분포, (d) 70년 뒤 가을 남극 해빙의 평균 두께 분포. 초기 두께는 CO_2 농도가 고정된 기준 실험 100년 기간의 평균이다. 70년 뒤의 두께는 지구 온난화가 일어난 20년(1960~1980년)의 평균이며, CO_2 농도는 전년 대비 1%씩 천천히 증가한다.[38]

부분에서 설명한 표면 온도와 대체로 일치하는 것으로 보인다.

해빙의 연평균 범위 변화는 지난 수십 년 동안 두 반구 사이에서 상당한 차이를 보였으며, 이 기간 동안 위성 마이크로파 센서를 이용한 포괄적인 관측이 이루어졌다. 데이비드 본(David G. Vaughan) 등[39]은 「IPCC 제5차 평가 보고서」에서 북극과 남극 지역에 걸친 연간 평균 해빙 범위의 변화를 제시했다. 이 자료는 그림 8.10에 나와 있다. 북극에서 해빙의 연평균 범위는 10년에 3.8%의 비율로 감소했다. 반면에 남극에서는 해빙이 10년에 +1.5%의 비율로 증가하고 있다. 남극 반도 서쪽의 벨링스 하우젠 해와 아문센 해에서 얼음이 감소했지만 다른 지역에서는 증가했다.[40] 해빙 범위의 장기 추세 관측에서 나타나는 두 반구의 차이는 결합 모형에서 얻은 결과와 정성적으로 일치한다.

지금까지 지표면의 기온 상승이 북대서양과 남극해와 같은 특정한 해양 지역에서 현저하게 지연되고 있음을 보여 주었다. 이 장의 나머지 부분에서는 마나베 등[41]이 수행한 분석을 바탕으로 이러한 지역에서 온난화가 크게 지연되는 이유를 알아보겠다.

대서양

대서양 상층에서는 염분이 많고 따뜻한 물이 아이슬란드 부근으로 북상하며, 겨울에는 캐나다와 그린란드에서 동쪽으로 유입되는 차가운 공기로 인해 냉각된다. 물이 차가워지면서 밀도가 높아져 심층 대류를 유도한다. 결과적으로, 물은 그린란드 근처에서 아래로 내려가고, 깊은 곳에서 북아메리카와 남아메리카의 동쪽 해안을 따라 남쪽으로 이동한다. 1991년에 월리스 스미스 브

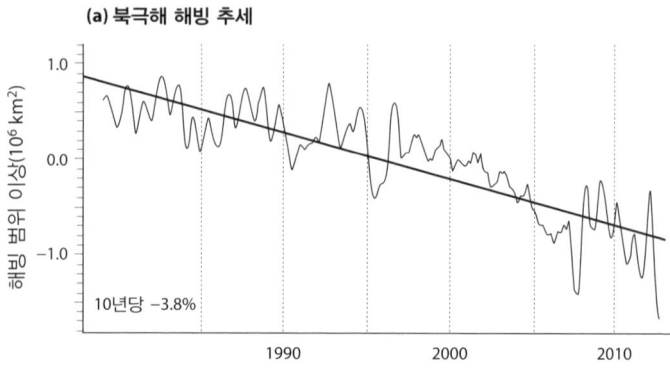

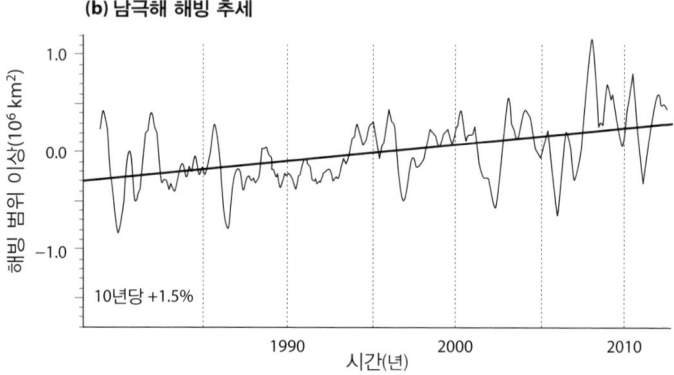

그림 8.10 패시브 마이크로파 위성 데이터를 바탕으로 전체 기간(1990~2005년) 평균에 대한 해빙 범위 이상의 관측값을 시계열로 나타냈다. (a)는 북반구이고 (b)는 남반구이다. 굵은 선은 각 반구의 선형 추세이다.[42]

로커(Wallace Smith Broecker)[43]는 지구 전체의 바다가 이러한 전도 순환으로 연결되어 있음을 강조하기 위해 "거대 해양 컨베이어(Great Ocean Conveyor)"가 있다고 말했다. 그림 8.11은 아널드 고든(Arnold L. Gordon)[44]의 연구에 따라 이 대순환을 도식적으로 설명한 것이다. 여기에 관련되는 물의 총 흐름은 해양학자들이 사용하는 단위로 약 2000만 $m^3\ s^{-1}$, 즉 20스베드럽(Sverdrup, Sv)이다. 이 흐름은 세계의 모든 강에서 나오는 총 배출의 약 20배이다. 따뜻한 해양 상층의 물을 북대서양과 북유럽 해(예를 들어 노르웨이 해와 그린란드 해)로 운송하는 이 대순환은 북대서양과 서유럽에서 상대적으로 따뜻한 기후를 유지하는 데에도 부분적으로 기여한다.

앞에서 설명한 대서양 자오면 전도 순환의 대규모 특징은 마나베와 스토퍼[45]가 지적했듯이 결합 모형을 통해 상당히 잘 재현

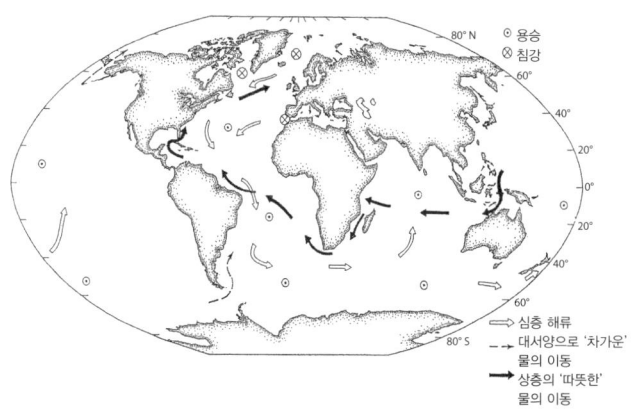

그림 8.11 전 지구의 전도 순환 분포. 검은 화살표는 상층 해류의 방향이고, 윤곽선 화살표는 심층 해류의 방향이다. 십자 표시를 둘러싼 원은 물이 아래로 내려가는 좁은 영역이며, 점을 둘러싼 원은 물이 솟아오르는 넓은 영역이다.[46]

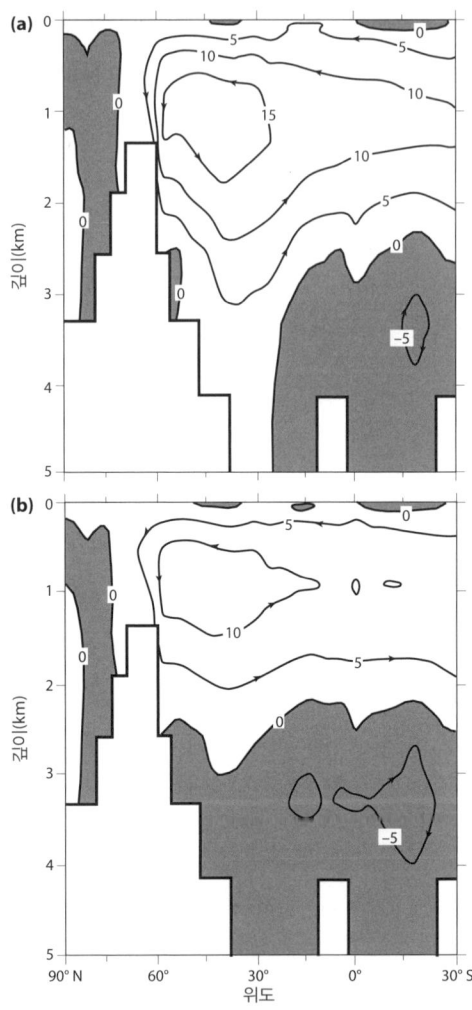

그림 8.12 대서양에 대한 동서 평균 시간 평균 자오면 전도 순환 유선 함수. (a)는 초기이고, (b)는 대기-해양 결합 모형을 사용한 지구 온난화 실험을 70년 진행한 후이다. 단위는 Sv(10^6 m^3 s^{-1})이다.[47]

되었다. 심층 대류로 인한 수직 열 혼합 때문에 그린란드 근처에서 물이 가라앉는 좁은 지역에서 바다의 유효 열 관성이 매우 커서 이 지역 해양 표면의 온난화를 크게 지연시킨다. 이것은 해양 대순환의 물이 가라앉는 지역이 있는 그린란드 남동쪽 해안에서 평형 반응 대 시간에 따른 반응의 비율(그림 8.8)이 0.4 미만인 주된 이유이다.

심층 수직 혼합 외에도 북대서양과 인근 지역의 온난화 지연에 기여하는 다른 요인들이 있다. 자오면 전도 순환의 구조와 강도는 대서양에 대한 동서 평균 유선 함수(streamfunction)를 표시함으로써 묘사할 수 있다. (그림 8.12) 지구 온난화 실험 초기 전도 순환의 유량은 약 17Sv(그림 8.12a)로 관측값보다 조금 작았다. CO_2 농도가 2배가 된 70년 뒤에는 12Sv로 감소했고, 따라서 그림 8.12b에서 유량 15Sv를 나타내는 곡선이 사라졌다. 전도 순환이 약해지면서, 염도가 높고 따뜻한 표면층의 물이 가라앉는 영역으로 이동하는 양이 감소했다. 따라서 평형 반응 대 과도 반응의 비율이 0.4 미만인 대순환의 가라앉는 좁은 영역뿐만 아니라 0.6 미만인 남동 그린란드, 래브라도, 북유럽과 서유럽을 포함하는 주변 영역에서도 온난화가 감소한다. (그림 8.8)

이렇게 대순환이 약해지는 원인을 찾기 위해 1991년 마나베 등[48]은 그들이 수행한 지구 온난화 실험을 세밀하게 분석했다. 그들은 대순환의 둔화가 주로 북대서양에서 표면 염도가 감소했기 때문임을 밝혀냈다. 지구 온난화로 인해 대류권의 온도가 상승하면 앞에서 보았듯이 공기의 절대 습도가 증가하고, 10장에서 볼 것처럼 온대 저기압에 의해 아열대에서 고위도로 북극을 향해 수증기의 수송이 늘어나는 경향이 있다. 북극을 향하는 수증기 수송이 늘어나면 결과적으로 고위도의 강수가 증가하며, 북극해뿐만 아니라 북대서양 북부와 같은 주변 해양의 표면 염도가 감소하는 원인이 된다. 이 과정을 통해 대순환의 가라앉는 영역을 덮는 비교적 신선한 표면수의 밀도가 낮아지며, 따라서 대서양의 전도 순환이 약화된다.

표면수의 밀도는 표면 염도의 감소뿐만 아니라 표면 온도의 증가 때문에 감소한다. 이 두 가지 변화가 모두 대순환을 약화시키지만, 지금 나오는 실험에서는 염도가 훨씬 더 큰 영향을 미치는 것으로 보인다. 그레고리 등[49]은 그들이 조사한 대부분의 기후 모형에서 표면 온도의 변화가 대순환의 20% 이상을 약화시킨다는 것을 발견했다. 그 외의 약화는 표층 염도 변화 때문으로 볼 수 있다. 그들은 새로운 물 공급의 변화와 그것에 따른 표면 염도의 변화가 모형에 따라 크게 다르며, 이 요인도 대순환 둔화의 규모가 모형들끼리 크게 다른 이유 중의 일부임을 밝혔다.

지금까지 대서양 전도 순환이 체계적으로 둔화된다는 결정적인 관측 증거는 없다. 토머스 델워스(Thomas L. Delworth) 등[50]이 지적했듯이, 결합 모형에서 전도 순환의 강도는 수십 년의 시간 규모로 요동친다. 이것은 여기에 나온 결합 모형으로 수행한 제임스 헤이우드(James Haywood) 등[51]의 지구 온난화 실험에서

2000년까지 전도 순환의 강도가 명확한 감소 추세를 보이지 않았던 중요한 이유이다. 레브케 체자르(Levke Caesar) 등[52]의 최근 연구는 관측된 SST에 적용된 '지문법(fingerprint method)'을 사용해 20세기 중반 이후 전도 순환 강도가 15% 감소했다고 추론했다. 전도 순환 강도의 장기 추세를 더 직접적으로 감지하기 위해서는 10~100년의 시간 규모에 걸쳐 전도 순환의 여러 가지 징후를 관찰하는 것이 바람직하다.

여기에서 설명한 지구 온난화 실험은 수백 년과 1,000년의 시간 규모로 확장되었다.[53] 그들은 지구 온난화가 진행됨에 따라 AMOC의 강도가 수세기 동안 변화했다는 것을 발견했다. 마나베와 스토퍼[54]와 스토퍼와 마나베[55]가 수행한 연구는 이 주제에 대한 추가 분석을 제공한다. 마나베와 스토퍼[56]는 기후 변화에서 전도 순환의 역할을 검토했다.

남극해

남극해는 세계에서 가장 남쪽에 있는 바다이고, 남극 대륙을 둘러싸고 있다. 드레이크 해협을 통해 위도원을 따라 동서 방향으로 바다가 연결된 남위 60도 부근에서 강한 서풍이 불어서 강한 해류가 동쪽으로 흐르고 남북 방향의 심층 전도 순환이 유지된다. 에이드리언 에드먼드 길(Adrian Edmund Gill)과 브라이언[57]은 해양에서 어떻게 심층 전도 세포(overturning cell)가 유지되면서 바다의 표면층과 심해가 비정상적으로 강하게 결합되는지 보여 주었다.

대략 설명하면 해류는 기압 경도력(pressure gradient force, 기압이 높은 쪽에서 낮은 쪽으로 작용하는 힘.—옮긴이)과 코리올리 힘 사이에서 이른바 지균 균형(geostrophic balance)을 이루면서 등압선을 따라 흐른다. 하지만 해양의 표면 혼합층은 이러한 균형이 깨지는 대표적인 영역이다. 이 층에서는 바람이 표면에 가하는 응력이 난류를 통해 재분배되며, 결과적으로 코리올리 힘, 기압 경도력, 표면풍 응력 사이에 삼자 균형이 형성된다. 헬드[58]가 구축한 그림 8.13의 도식에서 볼 수 있듯이, 해양 표면층 근처에서 일어나는 비지균 취송류(吹送流, drift current. 표층 근처에서 바람에 떠밀려 생기는 흐름.—옮긴이)는 동서 평균 바람 응력과 코리올리 힘이 균형을 이루면서 북쪽으로 흐른다. 반면에 심해에서는 남쪽으로 되돌아오는 지균 흐름이 발달하며, 이 흐름에서는 코리올리 힘과 해저 지형의 기복 때문에 생긴 압력 차가 균형을 유지한다.

남극 주변의 순환 해류가 남북 방향의 장벽으로 가로막힌다면, 남쪽으로 되돌아가는 흐름이 표층 근저에서 발달할 것이고, 이 흐름에 작용하는 코리올리 힘은 장벽 양쪽의 동서 압력 기울기와 균형을 이룰 것이다. 따라서 대륙에 막혀 있는 아열대 해양에서처럼 얕은 전도 세포가 유지될 것이다. 그러므로 심층 전도 세포가 유지되려면 남극해가 드레이크 해협을 통해 연결되어 있듯이 바다가 동서 방향으로 연결되어 있어야 한다.

그림 8.14는 결합 모형의 기준 실험에서 얻은 동서 평균 전

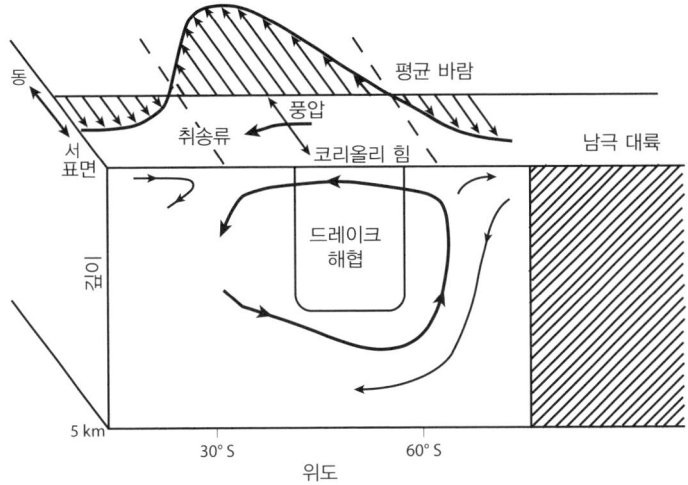

그림 8.13 남반구에서 주도적인 표면 바람과 드레이크 해협 위도에서의 동서 평균 전도 순환의 도식적 설명이다.[59]

도 순환을 나타낸다. 이 그림에서 남극 순환 해류의 남쪽 측면에서 남위 60도 부근에서 솟아오르고 북쪽 측면에서는 남위 40도 부근에서 가라앉는 심층 전도 세포를 확인할 수 있다. 이 해류의 북쪽 부분에서는 표층 편서풍이 북쪽으로 갈수록 약해지므로, 북쪽으로 흐르는 취송류를 통해 해수면에서 물이 모이면서 아래로 가라앉는다. 반면에 남쪽 부분에서는 편서풍이 북쪽으로 갈수록 강해지므로 취송류로 인해 해수면에서 물이 흩어져서 심층수가 솟아오른다. 따라서 표층 편서풍은 '디콘 세포(Deacon cell)'[60]라는 심층 전도 순환을 일으키며, 위도-수심 단면에서 보면 반시계 방향 순환으로 나타난다. 디콘 세포의 극지 쪽에는 탁월풍인 동풍 아래에서 시계 방향으로 도는 전도 세포가 있으며, 남극 연안 근처에서 물이 심층까지 가라앉는다. 심층 전도 순환은 뒤에 설명할 것처럼 심층 대류와 시너지 관계를 갖는다.

남극해에서 물이 솟아오르는 지역에서는 겨울에 차가운 공기 아래에서 얇은 해빙이 얼면서 확산되어 급격히 성장하고, 물이 얼 때 염분이 제거되는 염분 배출(brine rejection)을 통해 해양

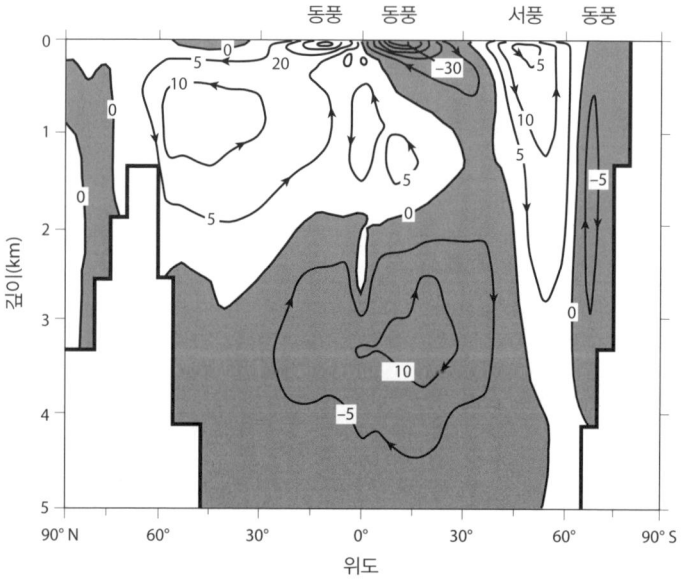

그림 8.14 모든 해양에 대한 동서 평균 연평균 전도 순환의 유선 함수. 지배적인 표면 바람의 방향은 그림 위쪽에 표시했다. 단위는 Sv(10^6 m^3 s^{-1})이다.[61]

표면에 염분이 많고 차가운 물 덩어리가 생겨난다. 이 물 덩어리는 밀도가 높기 때문에 해양이 약하게 층을 이루는데도 불구하고 깊이 가라앉아 심층 대류를 유도한다. 한편, 바람으로 인해 물이 솟아오르면서 해양 심층에 염분이 많고 밀도가 높은 물이 지속적으로 축적되는 것을 막아 심층 대류의 유지를 돕는다. 간단히 말해서 솟아오르는 물은 남극해의 심층 대류 유지에 결정적으로 중요한 역할을 한다.

남극해에서는 앞에서 설명했듯이 물이 솟아오르는 남위 60도 부근뿐만 아니라 얼음이 얼면서 염분이 배출되어 해양 표면에 밀도가 높은 물이 생성되는 남위 75도 부근의 웨들 해와 로스 해 연안에서도 심층 대류가 두드러진다. 밀도가 높은 이 물도 깊이 가라앉아 북쪽으로 이동한다. 앞에서 설명한 심층 대류로 인한 물의 침강 외에 해양 표면과 해저에서의 운동량 교환도 전도의 원인이 된다. 심층 대류 때문에 남극해의 많은 부분에서 물이 깊이 섞인다. 이것은 뒤에 설명할 것처럼 물이 솟아오르는 남위 60도 부근뿐만 아니라 물이 가라앉는 남위 75도 부근에서도 온난화가 깊이 침투하는 주된 이유이다.

그림 8.15는 지구 온난화 실험을 70년 동안 진행해 대기 중 CO_2 농도가 2배로 상승했을 때 결합 모형의 동서 평균 온도 변화를 보여 준다. 이 그림에서 알 수 있듯이, 양의 온도 이상은 북대서양 북부뿐만 아니라 남위 60도와 75도 부근의 남극해까지 깊숙이 침투한다. 심층 대류가 지배적인 이러한 해양 지역에서

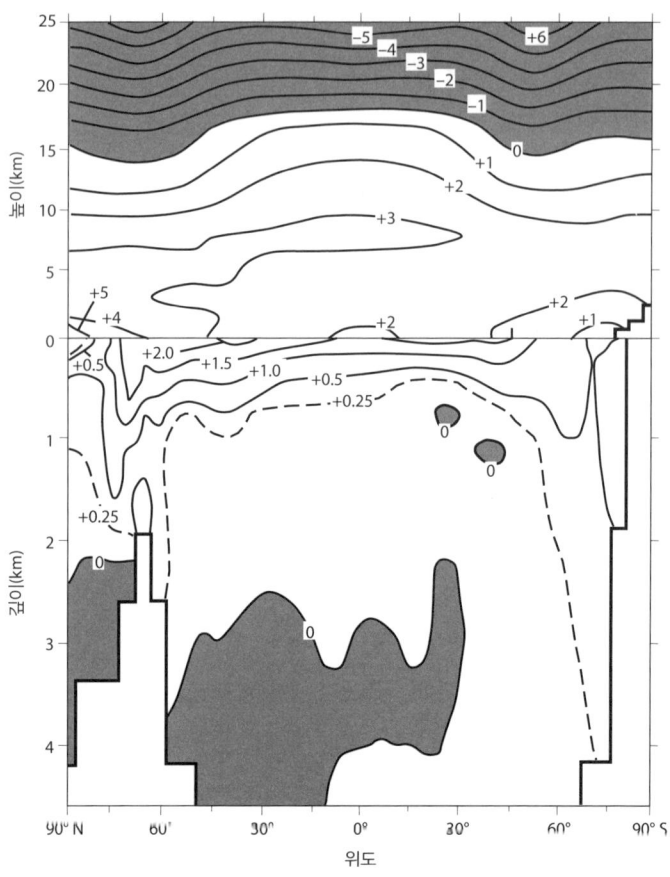

그림 8.15 CO_2 지구 온난화 실험을 70년 동안 진행해 농도가 2배로 증가한 해를 중심으로 21년 동안 평균한 대기-해양 결합 모형의 동서 평균 온도(℃) 변화.[62]

해양의 유효 열 관성은 매우 큰데, 여기에 열의 심층 수직 혼합이 적지 않은 역할을 한다. 따라서 그림 8.8에서와 같이 해양 표면에서의 온난화는 이러한 지역에서 크게 감소한다.

남극해에서 활발한 순환 방식 중 하나는 중규모 소용돌이이다. 이 소용돌이는 10~100km에 이르고, 너무 작아서 여기에 나오는 결합 모형에서 명시적으로 다룰 수 없다. 그러나 중규모 소용돌이는 드레이크 해협을 통과하는 남극 순환 해류에서 매우 활발하게 일어난다. 피터 겐트(Peter R. Gent) 등[63]이 개발한, 중규모 소용돌이의 모수화를 통합한 해양 GCM을 사용해, 고칸 다나바소글루(Gokhan Danabasoglu) 등[64]은 해양의 열적 구조와 동적 구조의 유지에서 이 소용돌이의 역할을 탐구했다. 그들은 중규모 소용돌이가 연직 방향으로 운동량을 재분배해 바람으로 인해 유도되는 디콘 세포와 반대 방향으로 흐르는 평균 자오면 전도 순환을 유도한다는 것을 알아냈다. 그들의 실험에서는 이 두 세포가 상쇄되어 잔류 순환을 생성하지 않았다. 그들의 연구는 남극해에서 심층 전도 순환이 실제로는 존재하지 않을 수 있다는 가설을 제안하며, 이것은 남위 60도 부근의 남극을 둘러싼 해양에서 심층 전도 순환의 존재에 대해 심각한 의문을 제기한다.

다나바소글루 등의 연구가 발표된 뒤에 두 세포 사이의 상쇄가 이 연구에서처럼 완전하지 않을 수 있음을 시사하는 여러 추가 연구들이 발표되었다. 카라 헤닝(Cara C. Henning)과 제프리 밸리스(Geoffrey K. Vallis)[65]는 격자 간격이 20km여서 소용돌이를 고려할 수 있는 고해상도 해양 모형의 결과를 분석해, 소용돌이로 인해 유도되는 세포가 바람으로 인해 유도되는 디콘 세포보다 상당히 약하다는 것을 발견했다. 또한 리처드 카스텐(Richard H. Karsten)과 존 마셜(John Marshall)[66]은 소용돌이로 유도되는 전도 순환과 디콘 세포가 관측에서 서로 반대되기는 하지만, 평균 잔류 흐름은 바람으로 인한 순환 규모의 1/3에서 1/2로 유지될 수 있다는 것을 알아냈다. 그들은 이 분석을 바탕으로 평균 잔류 흐름이 0이 되는 조건이 실제의 해양에서 완전히 적합하지는 않을 수 있다는 가설을 제안했다. 그들의 결과는 아델 모리슨(Adele K. Morrison)과 앤드루 맥 호그(Andrew McC. Hogg)[67]가 수행한 모형 연구와 일치하는 것으로 보인다. 모리슨과 호그는 격자 크기 (1/4도, 1/8도, 1/12도, 1/16도)가 서로 다른 해양 모형을 사용해 소용돌이로 인한 순환의 강도가 모형의 해상도와 바람 응력에 따라 어떻게 달라지는지 평가했다. 그들은 격자 간격을 1/12도보다 더 줄여도 소용돌이가 일으키는 순환의 강도에는 큰 차이가 없음을 발견했다. 이것은 남극해에서 중규모 소용돌이를 구별하는 데 1/12도로도 충분할 수 있음을 시사한다. 남극해에서 관찰된 전형적인 바람 응력에 대해 1/12도 모형을 조사해 보면, 소용돌이로 유도되는 순환의 강도는 디콘 세포의 40%쯤이며, 나머지 60%가 잔류 흐름이 됨을 알 수 있다. 이 연구들은 바람이 일으키는 세포와 소용돌이로 유도되는 순환이 상쇄됨에도 불구하고 남극해에서 심층 전도 순환이 유지되고 있음을 시사하는 것으로 보인다.

키스 딕슨(Keith W. Dixon) 등[68]은 심층 대류 혼합 시뮬레이션에서 결합 모형의 성능을 평가하기 위해, 결합 모형을 사용해

20세기 후반 동안 남극해에서 CFC-11(삼염화플루오린화탄소 또는 CCl_3F)의 하향 침투 시뮬레이션을 시도했다. 한 예로, 그림 8.16은 경도 0도 부근의 대서양 순항로를 따라 이루어진 탐사로 관측

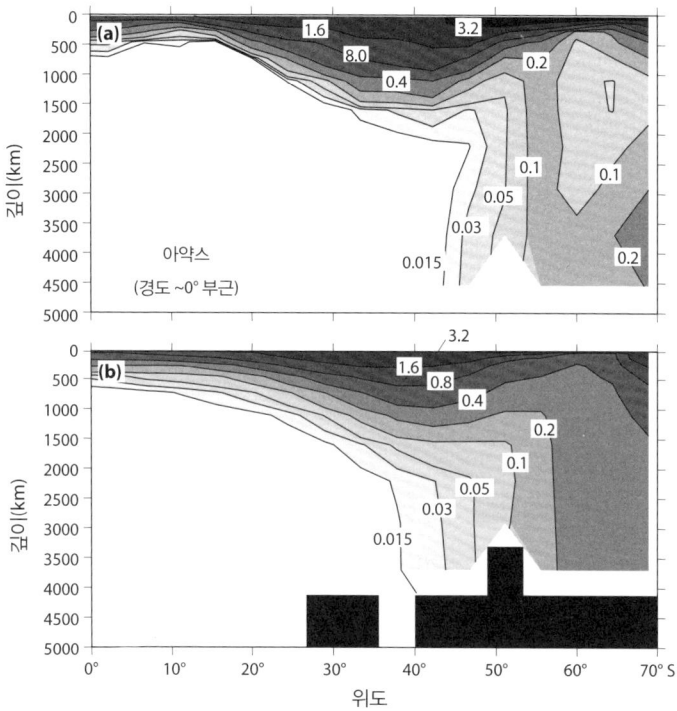

그림 8.16 아약스 프라임(Ajax Prime, NASA의 고고도 항공 플랫폼인 AJAX(Alpha Jet Atmospheric eXperiment)의 장비 중 하나. ─옮긴이)이 자오선 방향으로 이동하며 관측한 CFC-11의 농도(pmol kg⁻¹)를 나타냈다. (a) 1983년 10월과 1984년 1월와 측정값[69]과 (b) 대기-해양 결합 모형을 통한 시뮬레이션[70]이다.

한 CFC-11의 변화와 시뮬레이션으로 얻은 변화를 비교한다. 이 그림은 결합 모형이 20세기 동안 남위 50도에서 남극 방향으로 CFC-11이 깊이 침투했다는 실제 관측 결과를 상당히 잘 시뮬레이션한다는 것을 보여 준다. 이 모형이 0도뿐만 아니라 다른 경도에서도 CFC-11의 깊은 침투를 성공적으로 시뮬레이션한 것은 고무적이다.

겐트 등[71]이 개발한 것과 같은 중규모 소용돌이의 모수화는 최근의 기후 변화에 관한 「IPCC 제5차 평가 보고서」에 사용된 대기-해양-육지 결합 모형의 다수에 통합되었다. 그러나 모수화의 구체적인 세부 사항은 모형에 따라 크게 다르다. 그럼에도 불구하고 예측된 다중 모형 평균 표면 온도 변화[72]가 남극해에서 비교적 작아서, 여기에 나온 지구 온난화 실험의 결과와 일치하는 것은 고무적이다.

요약하면, 여기에 나온 지구 온난화 실험에서 남극해의 지표면 기온의 변화율은 매우 작다. 이것은 주로 해양의 열 관성이 커서 서서히 증가하는 대기 중 CO_2 농도에 대한 표면 온도의 반응이 크게 지연되기 때문이다. 이 장에서 논의했듯이 심층 대류는 남극해 연안 바로 근처뿐만 아니라, 남위 60도 부근에서 위도원을 따라 동서 방향으로 연결된 남극해에서도 두드러져서 열 관성을 크게 증가시킨다. 이러한 이유로 극에 의한 온난화의 증폭이 북반구에서는 지배적이지만 남극해에서는 사실상 존재하지 않으며, 이것은 관측과 일치한다.

9장
추운 기후와 심층수의 형성

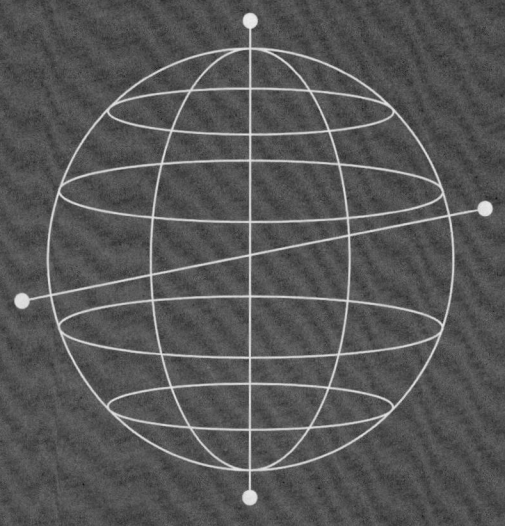

앞 장에서는 대기 중 CO_2 농도의 점진적인 증가에 대한 기후의 과도 반응을 조사했다. 이 장에서는 스토퍼와 마나베[1]의 연구를 바탕으로, 대기 중 CO_2 농도의 큰 변화에 대해 기후가 조정되기에 충분한 시간이 지났을 때의 기후의 총 평형 반응에 대해 논의한다. 앞 장에서 CO_2 2배 증가에 대한 평형 반응에 대해 논의했지만, 이 논의는 표면층과 심해 사이의 열 교환이 고정되고 시간에 따라 변하지 않는 대기/해양 혼합층 모형의 결과에 대한 것이었다. 여기에서는 표면층과 심해 사이의 열 교환이 명시적으로 통합된 결합 모형을 사용해 기후의 평형 반응에서 심해의 역할을 탐구한다. 결합 모형의 매우 긴 시간에 걸친 네 번의 적분을 아래와 같이 수행했다.

앞 장에서 논의한 현실적인 초기 조건으로부터 시작해 결합 모형의 시간 적분을 수천 년에 걸쳐 수행했는데, 이 시간은 심층수의 온도가 안정될 수 있을 만큼 충분히 긴 시간이다. 기준 실험의 적분은 대기 중 CO_2 농도를 표준값 300ppmv로 고정시킨 채로 수행했다. 2×C와 4×C 적분에서는, CO_2 농도가 처음에는 매년 전년 대비 1% 비율로 증가하다가 표준값의 각각 2배와 4배에 도달한 뒤에 고정되었다. 1/2×C 적분에서는 CO_2 농도가 처음에 매년 −1%의 비율로 변했고, 표준값의 1/2에 도달한 다음에 고

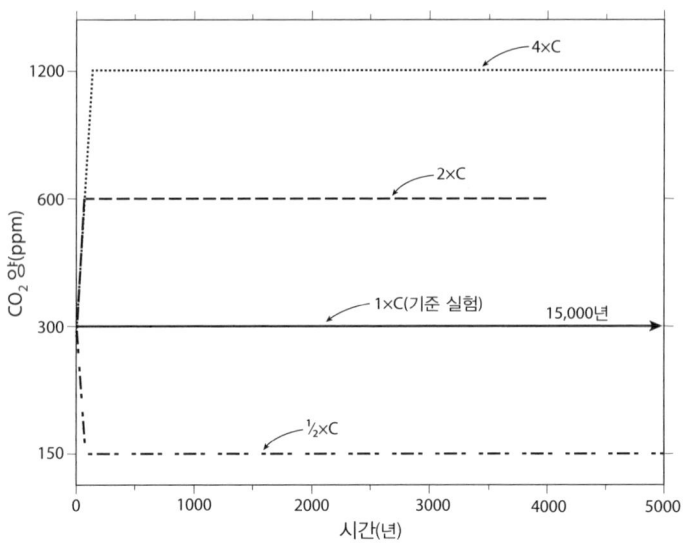

그림 9.1 대기-해양 결합 모형 시뮬레이션으로 미리 결정한 대기 중 CO_2 농도(ppmv, 로그 척도)의 시간에 따른 변화.

정되었다. 그림 9.1은 이 네 적분에 가해진 시간에 따른 강제력을 나타낸다. 시간 적분 기간은 기준 실험이 15,000년 이상, 2×C가 4,000년 이상, 4×C와 1/2×C는 각각 5,000년 이상이었다.

네 가지 적분 모두가 끝날 무렵에 3km 깊이의 전 지구 평균 해양 온도는 거의 변화하지 않았으며, 이것은 모형의 심해가 열평형 상태에 가깝다는 것을 나타낸다. (그림 9.2) 네 가지 적분이 끝날 무렵의 심층수 온도는 4×C에서 6.5℃, 2×C에서 4.5℃, 1×C에서 1℃, 1/2×C에서 −2℃(즉 해양 표면에서 바닷물의 어는점)

였다. 1/2×C 적분에서 주목할 만한 측면은, 밀도가 높고, 차갑고, 염분이 많은 물이 깊은 바다를 차지하기 때문에 다른 적분보다 심층수의 온도가 더 빨리 안정화된다는 것이다. 여기에 제시된 분석은 각 적분에서 마지막 100년 동안 평균한 결합 모형의 평균 상태를 바탕으로 한다.

1장에서 논의했듯이 대기의 온실 효과는 공기 중 CO_2 농도의 로그에 비례해 증가한다. 이것은 CO_2 농도가 150ppmv에서 300ppmv로 2배 증가할 때와 300ppmv에서 600ppmv로 또는 600ppmv에서 1,200ppmv로 2배 증가할 때, 각각의 경우에 CO_2

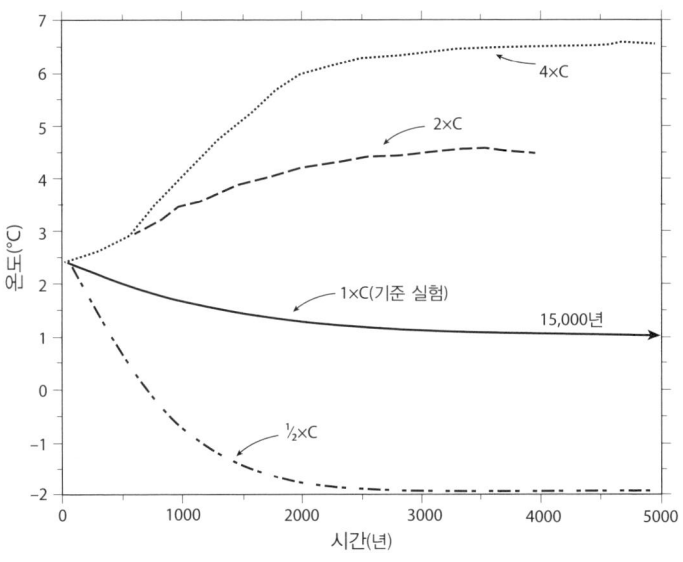

그림 9.2 3km 깊이에서 전 지구 평균 심층수 온도(℃)의 시간에 따른 변화.

9장 추운 기후와 심층수의 형성

표 9.1 결합 모형의 평형에서의 지구 평균 표면 기온.

	모형 시간 적분			
	1/2×C	1×C	2×C	4×C
전체 평균 표면 온도(K)	276.4	284.2	288.6	292.1

온도는 네 가지 적분에서 마지막 100년 동안의 평균이다.

농도의 변화 규모가 서로 크게 다른데도 거의 동일한 열 강제력을 가한다는 것을 의미한다. 그러나 표 9.1에 따르면, 1/2×C와 1×C의 표면 온도 차이가 7.8℃이고, 1×C와 2×C의 4.4℃ 차이보다 훨씬 크며, 이것은 다시 2×C와 4×C의 3.5℃ 차이보다 크다. 간단히 말해서, CO_2 2배 증가에 대한 표면 온도의 평형 반응은 표면 온도 증가에 따라 감소하는데, 그것은 5장에서 보았듯이 주로 기후가 따뜻해짐에 따라 눈과 해빙의 알베도 되먹임 강도가 감소하기 때문이다.

그림 9.3a는 네 번의 적분으로 얻은 동서 평균 표면 기온의 위도 분포이다. 기준 실험과 다른 적분 간의 차이를 자세히 비교할 수 있도록, 그림 9.3b에 확대된 척도로 표시했다. 일반적으로, 저위도에서 고위도로 가면서 온도 차이가 증가하며, 고위도에서 눈과 해빙의 알베도 되먹임이 우세하다. 특히 흥미로운 점은 기준 실험과 1/2×C 사이에서 남극해의 남위 60도 부근에서 표면 기온이 크게 다르다는 것이다. 이러한 예외적으로 큰 냉각의 이유에는 1/2×C의 남극해에서 넓은 해빙이 여러 해 동안 녹지 않

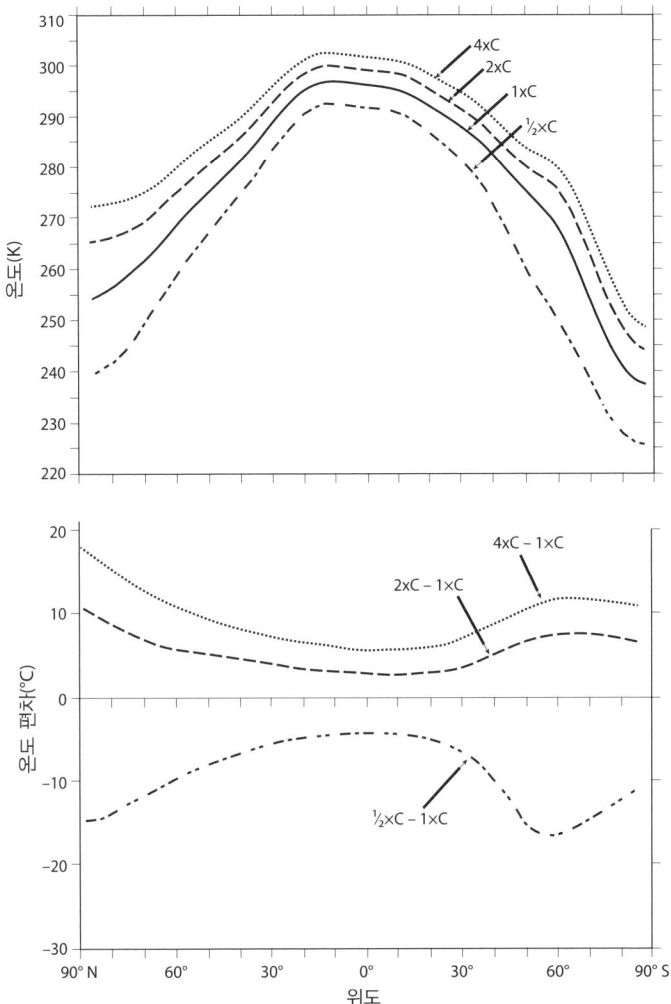

그림 9.3 (a) 동서 평균 표면 기온의 위도 분포. (b) 동서 평균 표면 기온의 기준 실험과(1×C)의 편차의 위도 분포.

9장 추운 기후와 심층수의 형성

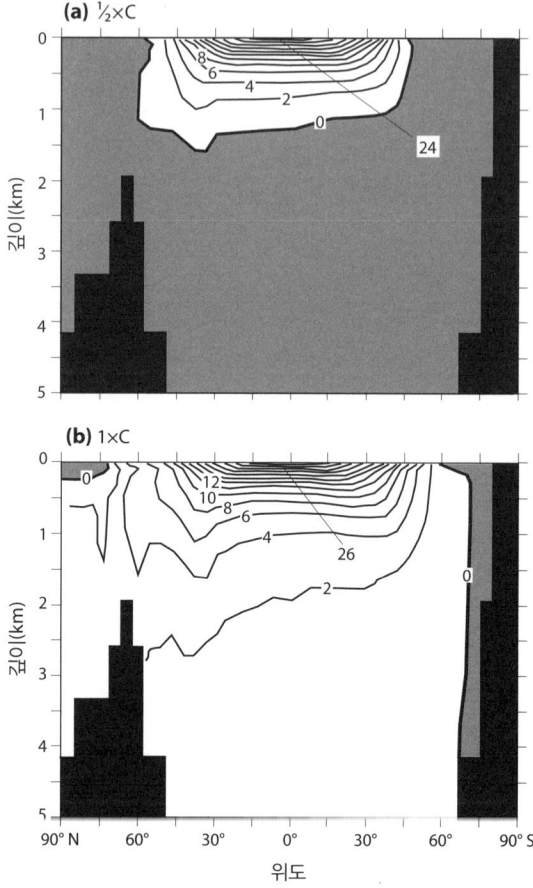

그림 9.4 동서 평균 온도(℃)의 위도-깊이 분포.

고 유지된다는 점이 적지 않게 기여한다. 다음으로 1/2×C 시뮬레이션에서 해양의 구조가 CO_2 농도가 더 높은 시뮬레이션과 매우 다르다는 점을 설명하겠다.

그림 9.4a는 1/2×C 시뮬레이션에서 얻은 동서 평균 온도의 위도-깊이 분포이다. 차갑고 밀도가 높은 물이 해양의 매우 두꺼운 심층을 채우며, 두 반구의 고위도에서 해양 표면으로 솟아오른다. 이 층의 온도는 거의 등온이며 해수면에서 바닷물의 어는점인 −2℃에 가깝고, 1×C 시뮬레이션에서는 수심 3km 이하의 심층수 온도인 약 +1.5℃보다 상당히 낮다. 그림 9.4a와 1×C 시뮬레이션의 분포를 보여 주는 그림 9.4b를 비교하면, 차가운 심층수의 두께가 1/2×C 시뮬레이션보다 훨씬 더 두껍다는 것을 알 수 있다. 1/2×C 바다의 온도 분포는 그림 9.4b에 표시된 1×C 바다의 온도 분포와 상당히 다르다. 예를 들어, 수온약층이 더 얕고 차가운 심층수가 1/2×C 바다에서 더 두껍다. 여기에 나타나지는 않지만 심층수의 염도가 높으며, 특히 남반구의 고위도에서 더 심하다. 앞에서 설명한 차갑고 염도가 높은 심층수 층이 두껍게 형성되는 것은 주로 남극해에서 활발하게 일어나는 심층 대류 때문이다. 이 지역에서는 겨울에 해수면에서 해빙이 급격하게 얼면서 밀려나온 염분으로 인해 염도가 높고 차가운 물 덩어리가 만들어진다. 8장에서 설명했듯이 1×C 실험에서도 유사한 과정이 작동하지만, 심층수의 형성은 상당히 느리다.

1/2×C 바다는 염도가 높고 차가운 심층수의 두꺼운 층뿐만 아니라 남극해의 남위 50도까지 확장되는 매우 광범위하고 여러 해에 걸쳐 유지되는 두꺼운 해빙(그림 9.5)으로 특징지어진다. 이

것은 여름철에 해빙이 거의 녹아 없어져서 해빙 범위가 계절적으로 큰 변동을 겪는 기준 실험(그림 8.9 참조)과는 대조적이다. 알베도 되먹임도 이 광범위한 해빙 덮개를 유지하는 데 중요한 역할을 하지만, 또 하나의 중요한 요소는 $1 \times C$ 적분에서보다 훨씬 더 강한 서풍에 의해 차가운 심해에서 솟아오르는 물이다. 이 차가운 심층수가 솟아올라 표면에 도달하고, 그 위를 덮은 차가운 공기의 영향으로 빠르게 얼어붙는다. 염수 배출로 염분이 높고 차가운 물이 생겨나서 심층 대류를 유도한다. 솟아오르는 차가운 심층수와 심층 대류의 혼합이 함께 작용해 봄에 해빙이 극으로 후퇴하는 것을 방지하고, 두껍고 넓은 해빙 덮개를 발달시키는 역할을 한다. 간단히 말해 $1/2 \times C$ 시뮬레이션에서 남극해는 '거대한 해빙 생산 기계'로 특징지을 수 있고, 이것은 또한 세계의 해양에서 온도가 어는점에 가까워 차갑고 염분이 많은 심층수를 만든다.

$1/2 \times C$ 시뮬레이션에서 대기 중 CO_2 농도는 $1 \times C$ 시뮬레이션의 절반이다. 이러한 CO_2 감소는 남극 빙상에 갇힌 기포 분석에서 알 수 있듯이 산업화 이전의 값에 비해 LGM 시기에 CO_2 등가 온실 기체 농도 감소보다 상당히 크다.[2] $1/2 \times C$ 시뮬레이션에서 온실 기체의 강제력이 더 컸음에도 불구하고, 대니얼 폴 슈래그(Daniel Paul Schrag) 등[3]과 제스 애드킨스(Jess F. Adkins) 등[4]이 수행한 기공에 든 물의 동위 원소 분석과 화학적 분석에서 알 수 있듯이, LGM의 깊은 바다도 어는점에 가까운 온도의 차갑고

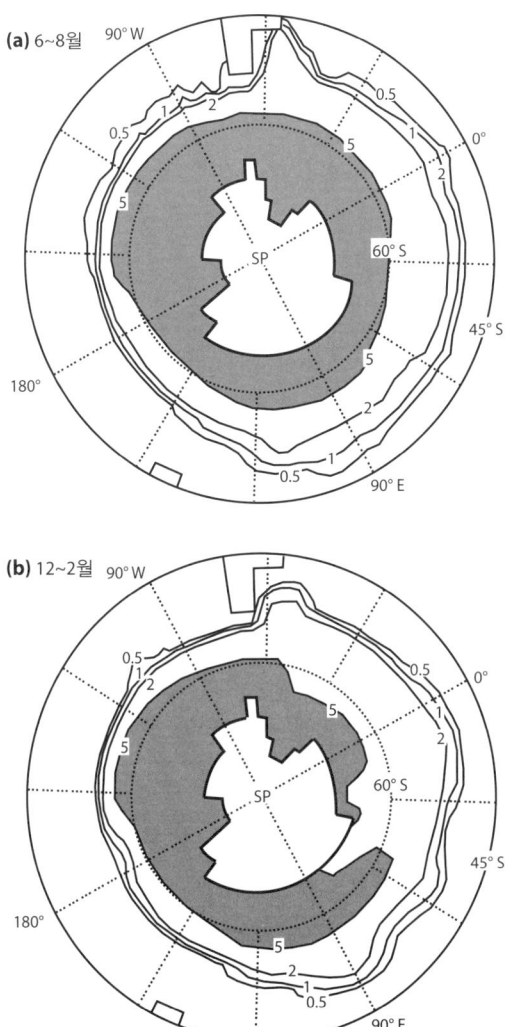

그림 9.5 6월 1/2×C에서 얻은 해빙의 계절 평균 두께(m)의 지리적 분포. (a)는 6~8월을 나타내고, (b)는 12~2월을 나타낸다.

염도가 높은 심층수가 차지했을 가능성이 있다. 이것은 1/2×C 시뮬레이션과 유사한 심층수 형성 메커니즘이 LGM 시기에 작동했을 수 있음을 시사한다. D. W. 쿡(D. W. Cooke)과 제임스 헤이스(James D. Hays)[5]가 수행한 심해 퇴적물 분석에 따르면, 1년 중 대부분 해빙이 LGM의 남극해를 뒤덮고, 여름철만 예외일 수 있다.[6] 그러므로 매우 넓고 두꺼운 해빙이 LGM의 남극해를 뒤덮어서, 브리튼 스티븐스(Britton B. Stephens)와 랠프 킬링(Ralph F. Keeling)[7]이 제안했듯이 심층수 방출이 주로 일어나는 영역에서 해양에서 공기로의 CO_2 흐름을 심각하게 제한한다고 추측할 수 있다. 해양 표면을 해빙이 뒤덮고 어는점에 가까운 온도의 두꺼운 층의 CO_2 용해도가 높아져서, 심층수에 엄청난 양의 탄소가 녹아서 격리되어 대기 중에 저장되는 양이 줄어들 수 있다. 한편, 니콜라스 존 섀클턴(Nicholas John Shackleton) 등[8]이 제안했듯이, 심층수가 많이 솟아오르면서 남극해 상층에 영양분 공급이 증가해 생물의 활동이 늘어나면서 대기 중 CO_2의 흡수가 커질 수 있다.

1/2×C 시뮬레이션에서 얻은 남극해의 상태는 신상익(Shin Sang-Ik) 등[9]이 미국 국립 대기 연구 센터(NCAR)가 개발한 대기-해양 결합 모형을 사용해 수행한 LGM에 대한 시뮬레이션과 비슷하다. 두 시뮬레이션의 공통적인 특징은 강한 서풍, 넓은 해빙, 차갑고 염분이 많은 심층수의 형성을 포함한다. 두 시뮬레이션에서 남극해의 상태가 비슷하다는 것은 LGM의 대기-해양 결합 계에서 남반구의 상태에 대기 중 CO_2 농도 감소가 지배적인 영향

을 미친다는 것을 의미한다. 이것은 북반구와 대조되며, 북반구에서 LGM의 기후에는 브로콜리와 마나베[10]가 논의했듯이 대륙빙하가 지배적인 영향을 준다.

7장에서 보았듯이, 브로콜리[11]는 해양의 혼합층과 해저층 사이의 열 교환이 미리 결정된 대기/해양 혼합층 모형의 개선된 버전을 사용해 LGM의 해양 표면 상태를 시뮬레이션하려고 시도했다. 이 모형은 대부분의 위도에서 CLIMAP으로 재구성한 SST의 빙기-간빙기 차이를 잘 시뮬레이션했지만, 그림 7.6과 같이 남위 40도에서 극점 쪽의 남극해에서의 차이를 과소 평가했다. 이러한 불일치는 그의 LGM 시뮬레이션에서 남극해의 어는점에 가까운 차가운 심층수의 용승과 심층 대류의 혼합이 없었다는 점이 적어도 부분적인 이유일 수 있다.

이 장에서는 빙하 기후의 발전에 매우 중요한 역할을 할 수 있는 느리지만 강력한 되먹임에 대해 설명했다. 이것은 남극해에서 작동하며, 매우 넓은 해빙의 알베도 되먹임뿐만 아니라 차가운 심층수의 용승, 해양 표면에서 해수의 급속한 결빙과 염분 배출, 심층 대류, 심해에서의 차갑고 염분이 많은 물 생성과 같은 다른 과정도 기여한다. 심해 퇴적물의 동위 원소 분석과 화학적 분석은 앞에서 언급했듯이 LGM 시기에도 차갑고 염분이 많은 심층수의 매우 두꺼운 층과 매우 넓은 해빙이 존재했으며, 대기 중 CO_2의 낮은 농도와 차가운 빙하 기후를 유지하는 데 매우 중요한 역할을 수행했음을 시사한다.

10장
지구 전체의 물 가용성 변화

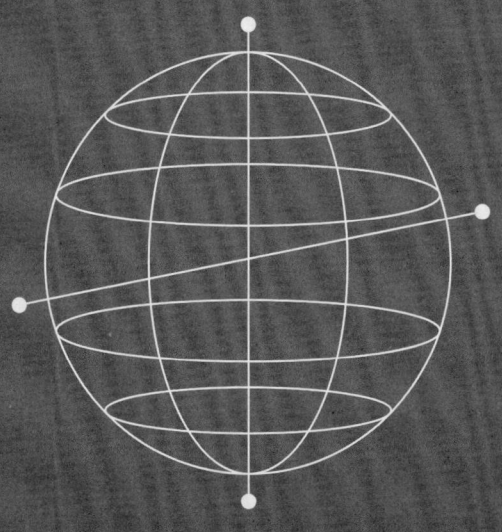

물 순환의 가속

지구 온난화가 일어나면 온도뿐만 아니라 증발률과 강수율도 함께 변한다. 1장에서 설명했듯이, 대기 중 온실 기체의 농도가 증가하면 지구 표면에서 장파 복사의 하향 플럭스가 증가한다. 그러므로 표면 온도가 상승해, 열역학의 클라우지우스-클라페롱 방정식에 따라 온도가 증가하면 포화 증기압이 커지며, 따라서 표면에서 물이 더 많이 증발한다. 증발이 많아지면 강수도 많아져서 지구 전체의 물 순환이 빨라진다.

지구 온난화가 물 순환에 미치는 영향을 평가하는 첫 번째 시도는 마나베와 웨더럴드[1]에 의해 이루어졌다. 이 연구에서는 5장 첫머리에 설명한 매우 이상화된 지형을 가진 단순한 3차원 GCM 모형을 사용했다. 이 수치 실험에서 모형의 기준 적분과 대기 중 CO_2 농도 2배 증가의 두 가지 장기간 적분의 차이에서 기후의 평형 반응을 얻었다. 적분이 끝날 무렵에 각각의 전 지구 평균 강수율은 증발과 동일했으며, 이것은 대기뿐만 아니라 지구 표면의 물 균형을 만족시켰다. 강수율(그리고 증발률)의 전 지구 평균은 기준 실험의 경우 93cm $year^{-1}$이었고, CO_2 2배 실험의 경우에 100cm $year^{-1}$이었다. 이것은 대기 중 CO_2 농도 2배 증가에 대한 반응으로 모형의 물 순환이 약 7.4% 증가했음을 의미한다. 5장에서 지적했듯이 CO_2 2배 증가 때 발생하는 온난화가 태양 복사 조도의 2% 증가 때 발생하는 온난화와 유사하다는 점을 염두에 둘 때, 이 증가의 크기는 예상보다 클 수 있다. 시뮬레이션에서 CO_2 2배 증가에 따른 온난화가 태양 복사 조도 2% 증가 때의 온난화와 비슷한데, 왜 물 순환은 7.4%나 더 커질까? 이 질문에 답하기 위해 지구 표면의 열 수지를 살펴보겠다.

여기에 나오는 모형에서 지구 표면은 열용량이 0이다. 따라서 표 10.1이 보여 주듯이, 열 균형은 태양 복사와 장파 복사의 알짜 하향 플럭스와 현열과 증발에 따른 잠열의 알짜 상향 플럭스 사이에서 유지되어야 한다. 이 표에 따르면 대기 중 CO_2가 2배로 증가하면 복사의 알짜 하향 플럭스는 3.4% 증가하며, 이것은 주로 장파 복사의 증가 때문이다. 반면에 알짜 상향 플럭스도 동일한 양만큼 증가한다. 따라서 지구 표면은 들어오는 복사 에너지를 상향 열 플럭스를 통해 모두 대류권으로 되돌려 보낸다. 증발을 통한 잠열의 상향 플럭스는 7.4%(또는 $5.6 Wm^{-2}$)만큼 증가하는 반면에 현열 플럭스는 7.7%(또는 $2.1 Wm^{-2}$)만큼 감소한다. 이렇게 변화들이 부분적으로 상쇄되어 열의 상향 플럭스는 3.4%(또는 $3.5 Wm^{-2}$)만큼 증가한다. 이것은 복사의 알짜 하향 플럭스 증가율과 같으므로, 지구 표면의 열 균형이 유지된다. 요약하면, 복사의 하향 플럭스가 3.4%만 증가하는데도 증발 잠열은 7.4%까지 증가한다. 잠열 플럭스는 왜 이렇게 불균형하게 커질

표 10.1   지구 표면의 평균 열 수지.

	기준 실험	2×CO_2	변화(%)
하향 복사 플럭스(DSX − ULX)	**102.6**	**106.1**	**+3.5(+3.4%)**
알짜 하향 태양 플럭스(DSX)	166.0	165.3	−0.7(−0.4%)
알짜 상향 장파 플럭스(ULX)	63.5	59.3	−4.2(−6.6%)
상향 열 플럭스(LH + SH)	**102.6**	**106.1**	**+3.5(+3.4%)**
잠열 플럭스(LH)	75.4	81.0	+5.6(+7.4%)
현열 플럭스(SH)	27.2	25.1	−2.1(−7.7%)

5장 「극 증폭」 절에서 소개한 단순한 GCM에서 얻은 열 수지. 단위는 Wm^{-2}이다.[2]

까?

클라우지우스-클라페롱 방정식에 따르면, 공기의 포화 증기압은 온도 증가에 따라 가속적으로 증가한다. 이것은 표면 온도의 선형적인 증가에 대해 포화된 표면(예를 들어 해양 표면) 위에 있는 대기의 증기압이 비선형적으로 증가함을 의미한다. 그러므로 온도 증가에 따라 지구 표면에서 열을 현열 플럭스를 통해 제거하는 것보다 증발을 통해 제거하는 것이 훨씬 쉬워진다. 이것은 증발률이 7.4% 증가해 물 순환이 빨라지는 반면에 현열 플럭스가 7.7% 감소하는 중요한 이유이다. (표 10.1 참조)

5장에서 지적했듯이, 대기 중 CO_2 농도 2배 증가에 대해 모형의 평균 표면 온도는 2.9℃만큼 증가한다. 평균 증발률과 평균 강수율이 모두 7.4% 증가한다고 가정하면, 이것은 평균 표면 온도가 1℃ 상승할 때마다 물 순환이 2.6%씩 빨라진다는 것을 의

미한다. 이렇게 얻어진 모형의 수문학적 민감도를 더 최근에 구축된 다른 모형과 비교할 수 있다. 마일스 앨런(Myles R. Allen)과 윌리엄 잉그램(William J. Ingram)[3]은 「IPCC 제3차 평가 보고서」에 사용된 모형의 평균 수문학적 민감도를 추정했다. 그들은 표면 온도가 1℃ 상승할 때마다 지구 평균 강수율이 약 3.4% 증가한다는 것을 발견했다. 헬드와 소덴[4]은 「IPCC 제4차 평가 보고서」에 사용된 대기-해양 결합 모형 중 일부에 대해 수문학적 민감도가 1℃당 2%라고 추정했다. 마나베와 웨더럴드[5]가 사용한 모형의 1℃당 2.6%의 수문학적 민감도는 더 최근에 IPCC에서 사용된 두 모형 세트에서 얻은 평균 민감도 사이에 있다.

지금까지 지구 온난화에 따르는 강수와 증발의 시뮬레이션된 넓이 평균 변화에 대해 논의했다. 예를 들어 마나베와 웨더럴드[6]가 초기에 수행한 연구의 검토에서 보았듯이, 이러한 변화는 공간적으로 균일하지 않다. 여기에는 대기의 대규모 순환에 따른 수증기의 수평 이동의 변화가 적지 않게 기여한다. 대류권의 온도가 온실 기체 농도 증가에 반응해 증가하면 공기의 절대 습도도 증가할 것으로 예상되는데, 이것은 주로 포화 증기압(즉 공기가 수분을 머금는 용량)이 증가하기 때문이다. 절대 습도가 증가하면 대기 순환에 따른 수증기의 수송이 늘어난다. 이것은 강수와 증발 차이의 지역 분포가 지구 온난화로 인해 변하는 중요한 이유이며, 이것으로 인해 대륙 표면의 물 가용성이 변한다.

이 장의 나머지 부분에서는 대기 중 CO_2 농도가 2배와 4배로 되었을 때 강수와 증발의 분포가 어떻게 변하는지, 여기에 따라 대륙 표면의 하천 배출과 토양 수분의 공간적 패턴에 어떤 영향을 미치는지 설명할 것이다. 이러한 변화에 대한 설명은 8장에 나온 결합 모형을 사용해 1990년대 후반에 수행된 두 세트의 수치 실험의 분석을 바탕으로 할 것이다. 첫 번째 수치 실험 세트는 온실 기체의 CO_2 등가 농도가 2배로 될 가능성이 높은 21세기 중반에 발생할 수 있는 강수와 증발 분포의 변화와, 그것에 따른 물의 가용성(예를 들어 하천의 배출률과 토양 수분) 변화를 시뮬레이션한다. 두 번째 세트는 CO_2 등가 온실 기체 농도 4배 증가에 따른 변화를 시뮬레이션한다. 이 두 실험 세트의 결과를 비교해서 양쪽 모두에서 일관되게 나타나는 변화를 찾아내고, 이러한 변화를 조절하는 물리적 메커니즘을 설명하려고 시도할 것이다.

수치 실험

이 연구에 사용한 대기-해양-육지 결합 모형은 대기와 해양의 GCM과, 대륙 전체에 걸친 열 수지와 물 수지의 단순 모형으로 구성된다. 이 모형은 8장에 나온 것과 비슷하며, 격자 크기를 500km에서 250km로 절반으로 줄여서 강수의 지리적 분포를 더 세밀하게 고려한다는 점만 다르다. 육지 표면의 물 수지를 계산할 때는 각각의 격자를 15cm 깊이의 '양동이'로 취급한다. 이 용량은 지구 전체에 걸쳐 똑같다고 가정하며, 15cm에 해당하는 수분은 토양의 포화 용수량과 시듦점 사이의 차이를 뿌리층에 대해 적분한 값과 같다.[7] 증발은 토양 수분과 가능 증발량(potential evaporation)의 함수이며, 포화된 육지 표면을 가정해 계산한다.[8] 예측된 양동이의 수분 총량이 용량을 초과하면 초과분은 유출로 전환되고, 유출된 수분은 강 유역 전체에서 모여 하구를 통해 바다로 운반된다.

화보 2a는 CO_2 농도를 표준값 300ppmv로 고정시킨 기준 실험에서 얻은 연평균 강수율의 지리적 분포이다. 비교를 위해 화보 2b는 데이비드 리게이츠(David R. Legates)와 코트 윌못(Cort J. Willmott)[9]이 작성한 관측 분포를 보여 준다. 이 두 그림을 살펴보면, 결합 모형이 강수의 대규모 분포를 상당히 잘 시뮬레이션하고 있음을 알 수 있다. 예를 들어 이 모형에서 열대 서태평양, 열대 아프리카, 남아메리카 아마존 유역의 강수량이 많은 지역이 실제와 잘 일치한다. 또한 아열대 해양뿐만 아니라 오스트레일리아, 남아프리카 공화국, 북아메리카 대평원, 중앙아시아의 강수가 적은 지역도 잘 일치한다. 더 상세한 조사에서 이 모형은 열대 해양의 강수를 상당히 과소 평가하는 것으로 밝혀졌는데, 이것은 아마도 해양에 매우 많은 비를 뿌리는 강력한 열대 폭풍을 반영하지 못했기 때문일 것이다. 반면에 어쩌면 해양의 강수를 과소 평가한 결과로 이 모형은 열대 대륙의 강수를 과대 평가한다.

웨더럴드와 마나베[10]는 이 모형을 사용해 몇 가지 수치 실험을 수행했는데, 이 수치 실험에서는 온실 기체의 CO_2 등가 농도를 점진적으로 증가시켰다. 여기에 사용한 CO_2 등가 온실 기체 농도의 시간적 변동은 IPCC[11]의 대략적인 IS92a 시나리오를 따랐고, 그림 10.1의 실선으로 표시했다. 이 그림이 보여 주듯이 CO_2 농도는 1990년까지 점진적으로 증가하며, 이후에 매년 전년 대비 1% 비율로 증가해 21세기 중반에 2배가 된다. CO_2 증가 곡선은 IPCC가 작성한 「배출 시나리오에 관한 특별 보고서(Special Report on Emission Scenarios)」[12]에 제시된 시나리오의 중간 범위에 있다. 들어오는 태양 복사를 산란시켜서 온실 기체 증가에 따른 온난화 효과를 부분적으로 보상하는 황산염 에어로졸의 효과도 헤이우드 등[13]을 바탕으로 적용했다. 여기에 사용한 에어로졸의 황산염 농도는 이 수치 실험의 기간인 1865~2090년에 대해 추정하고 예측한 값이다.

앞에서 설명한 수치 실험은 기준 실험에서 무작위로 초기 조건을 조금씩 다르게 적용해서 동일한 복사 강제력으로 8회 반복해 시뮬레이션의 앙상블(ensemble)을 만들었다. 앙상블 실험 8개 모형의 결과로부터 2035년부터 2065년까지 30년 동안의 앙상블 평균을 산출했다. 이러한 접근 방식은 강제력과 무관하게 수년 및 수십 년 규모로 수문 기후에 일어나는 변동의 영향을 크게 줄여 준다. 또한 CO_2 농도가 2배가 되도록 설정된 2050년을 중심으로 한 30년 앙상블 평균과 CO_2 농도를 기준값($1 \times C$)으로 고정한 기준 실험에서 얻은 100년 평균의 차이로 CO_2 2배 증가의 영향을 추정했다.

앞에서 설명한 수치 실험과 함께 CO_2 농도가 더욱 증가하도록 설정한 또 다른 실험[14]을 수행했다. 이 실험 설계는 마나베와 스토퍼[15]가 처음 사용했고, 화석 연료의 연소가 현저하게 감소하지 않는 한 대기 중 CO_2 농도가 몇 세기 안에 3~6배 증가한다고 예측한 제임스 워커(James C. G. Walker)와 제임스 캐스팅(James F. Kasting)[16]의 연구에서 동기를 얻은 것이다. 이 실험에서 온실 기체의 CO_2 등가 농도는 초기(기준) 값의 4배에 이를 때까지 매년 전년 대비 1% 비율로 증가하며, 그림 10.1의 넓은 회색 선으로 표시된 바와 같이 그 뒤로는 변하지 않는다. 이 시나리오에 따르면, 22세기 초까지 CO_2 등가 농도는 4배가 될 것이다. 인공 에어로졸의 효과는 이산화황에 대한 배출 통제가 강화됨에 따라 100년의 시간 규모에서는 비교적 작을 수 있으므로 이 실험에서 제외했다. 비강제적인 변동성이 연간 및 10년간 시간 규모에 미치는 영향을 줄이기 위해, 실험이 시작된 뒤 200년째부터 300년째까지 100년에 걸쳐 모형의 결과를 평균했다. 그런 다음에 CO_2 농도를 표준값으로 고정시킨 기준 실험에서 앞과 같은 100년 평균과 여러 세기에 걸친 평균의 차이로 CO_2 4배 증가의 영향을 추정했다.

앞에서 말한 8개 앙상블에서 지구 평균 표면 기온은 CO_2 농도가 2배가 되는 21세기 중반에 약 2.3℃ 증가했고, 지구 평균 강수는 5.2% 증가했다. CO_2 4배 실험에서는, CO_2가 이미 4배가 된 몇 세기 뒤에 지구 평균 온도가 5.5℃ 증가했고 지구 평균 강수

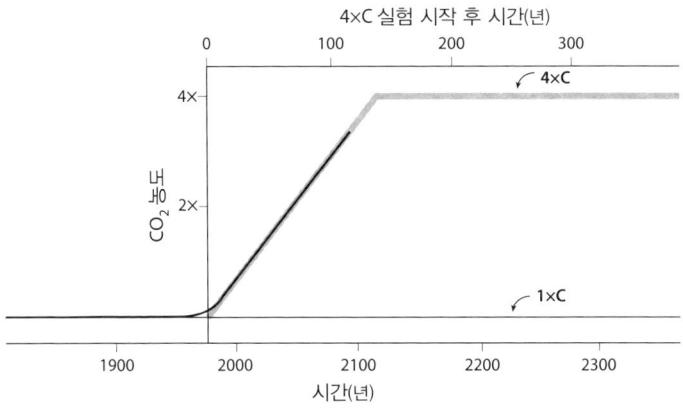

그림 10.1 CO_2가 점진적으로 증가하는 8개 실험의 앙상블에 사용된 CO_2 농도(로그 척도). 검은색 실선은 기준 실험의 농도이다. 두꺼운 회색 선은 CO_2 4배 실험(4×C)의 농도이다. 세로축의 2×와 4×는 표준 CO_2 농도(300ppmv)의 2배와 4배를 뜻한다.

는 12.7% 증가했다. 두 경우 모두 수문학적 민감도는 전 지구 평균 표면 온도 상승 1℃당 약 2.3%로, 마나베와 웨더럴드[17]가 5장에서 설명한 단순한 모형을 사용해 얻은 1℃당 2.5%의 민감도와 유사하다.

화보 3a는 첫 번째 실험에서 얻은 21세기 중반(즉 CO_2가 2배로 증가한 때)의 앙상블 평균 표면 기온 증가의 지리적 분포이다. 화보 3b는 CO_2 4배 실험에서 얻은 표면 온도 변화의 패턴이다. CO_2 4배 실험에서 양의 복사 강제력이 훨씬 더 크기 때문에 CO_2 2배 실험에 비해 온난화가 2배 이상 크지만, 두 패턴은 매우 유사하다. 두 가지 모두 「IPCC 제5차 평가 보고서」에 사용된 모형의 다중 모형 평균 온난화 패턴과 상당히 비슷하다.[18] 온난화 패턴의 원인이 되는 기본적인 물리적 과정의 분석은 8장에서 자세히 다루었다.

화보 3b는 CO_2가 4배로 될 때 온난화 규모가 북반구에서 위도가 높아질수록 커지며, 북극해에서 14℃ 이상이라는 것을 보여준다. 8장에서 설명했듯이 온난화가 크게 지연되는 남극해를 제외하고, 이것은 백악기 중기(약 1억 년 전)와 현재 사이의 표면 온도 차이와 맞먹는 규모이며, 이 차이는 에릭 배런(Eric J. Barron)[19]이 과거 기후의 다양한 증거들을 참고해 추정한 것이다. 따라서 백악기 중기의 물 순환은 이 장의 나머지 부분에서 설명할 4×CO_2 세계의 물 순환만큼 강렬했을 가능성이 있다.

우리는 이미 지구 표면의 온난화가 증발에 어떤 영향을 미치는지, 또 증발이 강수에 어떤 영향을 미치는지 살펴보았다. 앞에서 설명한 두 세트의 실험 결과를 분석한 결과, CO_2 4배 실험에서 얻은 증발과 강수 변화의 대규모 분포는 CO_2 2배 실험과 비슷하지만, 증발 변화가 강수 변화보다 2배쯤 컸다. 이제는 CO_2 4배 실험에서 강수와 증발의 위도 분포가 어떻게 변하는지 알아보고, 이러한 변화를 조절하는 물리적 메커니즘을 탐구하겠다.

위도 분포

그림 10.2는 모형으로 재현한 동서 평균 연평균 강수율과 증발률

의 위도 분포이다. 강수와 증발이 모두 고위도보다 저위도에서 더 큰 경향이 있지만, 그 분포는 다르다. 예를 들어 열대와 중·고위도에서는 동서 평균 강수율이 증발률보다 큰 반면에 아열대에서는 반대이다. 두 분포의 차이는 주로 대기 중 대규모 순환에 따른 수증기의 남북 방향 이동에 기인한다.

저위도에서 강수와 증발의 위도 분포를 조절하는 중요한 요인은 열대에서 상승하고 아열대에서 가라앉는 해들리 순환이다. 표면에 가까운 대기층에서 무역풍이 습한 공기를 아열대로부터 열대 수렴대(ITCZ)로 운반하고, 여기에서 강한 상승 운동이 주도적이며 강수가 최대가 된다. 반면에 아열대에서는 공기가 넓은 위도대 위로 가라앉는다. 이 가라앉는 공기의 단열 압축 때문에 상대 습도가 낮아서 해양 표면에서 증발이 늘어난다. 따라서 아

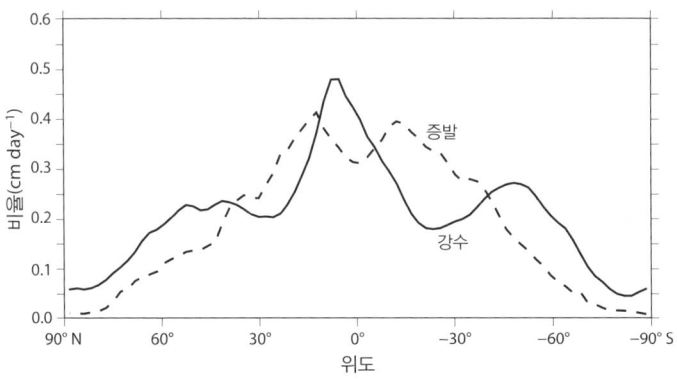

그림 10.2 CO_2 등가 농도를 표준값으로 고정시킨 기준 실험으로 얻은 동서 평균 연평균 증발률과 강수율의 위도 분포.[20]

10장 지구 전체의 물 가용성 변화

열대에서는 증발이 최대가 된다.

온대 저기압이 빈번하게 발생하는 중위도에서는 강수가 최대가 된다. 저기압으로 인해 따뜻하고 습한 공기는 극점 쪽으로 이동하고 차갑고 건조한 공기는 적도 쪽으로 이동해, 아열대에서 중·고위도로 수증기의 알짜 이동이 일어난다. 따라서 대기 순환을 통해 증발이 강수를 초과하는 아열대에서 강수가 증발을 초과하는 중·고위도로 수증기가 이동한다.

그림 10.3은 대기 중 CO_2 농도 4배 증가에 따른 강수와 증발의 위도 분포 변화이다. 그림 10.3a는 기준 실험($1 \times C$)과 CO_2 4배 증가 실험($4 \times C$)의 동서 평균 연평균 증발률의 위도 분포를 나타낸다. 이 두 분포를 비교하면 대기 중 CO_2 농도 증가에 따라 모든 위도에서 증발률이 증가함을 알 수 있다. 증가 규모는 열대에서 크며 극점으로 갈수록 감소해 고위도에서는 작아진다. 젖은 표면(예를 들어 해양)에 접촉하는 공기는 클라우지우스-클라페롱 방정식에 따라 표면 온도가 증가하면 증기압이 증가하기 때문에, 표면 위의 증기압의 연직 기울기도 마찬가지로 공기의 상대 습도가 크게 변하지 않는 한 증가한다. 이것이 표면 온도가 가장 높은 저위도에서 증발률 증가가 가장 크고, 위도가 높아질수록 감소하는 주된 이유이다.

앞에서 설명한 증발의 증가에 반응해 그림 10.3b와 같이 대부분의 위도에서 동서 평균 강수율도 증가한다. 그러나 강수율 변화의 위도 분포는 증발률과 상당히 다르다. 그림 10.3c의 확대

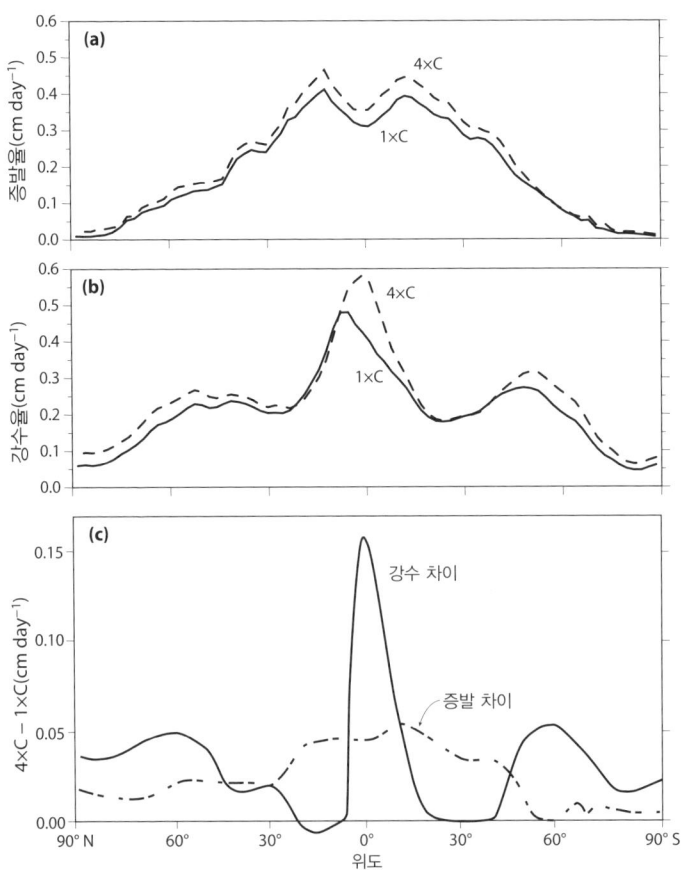

그림 10.3 (a) 기준 실험(1×C)에서 얻은 동서 평균 연평균 증발률의 위도 분포. (b) CO_2 4배 실험(4×C)에서 얻은 동서 평균 연평균 강수율의 위도 분포. (c) 두 실험의 증발과 강수 차이.

된 척도에서 볼 수 있듯이, 강수율은 열대와 중·고위도에서 증발률보다 훨씬 더 커지고, 아열대에서는 그 반대이다. 이러한 변화

10장 지구 전체의 물 가용성 변화

들은 주로 아열대에서 다른 위도로 수분이 이동하기 때문이다.

지구 온난화로 대류권의 온도가 높아지면 절대 습도 높아져 앞에서 보았듯이 상대 습도가 거의 변하지 않는다. 절대 습도가 증가하면 대류권의 수증기 수송이 증가한다. 예를 들어, 온대 저기압으로 인해 수증기가 극점 쪽으로 더 많이 이동해서 아열대에서 중·고위도로의 수분 수송이 증가한다. 따라서 그림 10.3c와 같이, 강수는 두 반구의 45도에서 극점 쪽으로 더 커진다. 한편, 무역풍을 통한 수증기의 적도 방향으로의 수송도 증가해 증발보다 강수가 훨씬 더 커지는 ITCZ로의 수분 공급이 증가한다. 반면에 지구 표면에서 증발을 통한 수분 공급의 증가에도 불구하고, 고위도와 저위도로의 수분 이동 증가로 인해 아열대에서는 강수가 거의 변하지 않는다. 헬드와 소덴[21]은 「IPCC 제4차 평가 보고서」에 사용된 기후 변화 실험의 분석에서 유사한 수문학적 반응을 발견했다. 그들이 확인한 강수 빼기 증발 패턴의 강화를 '부익부(rich-get-richer)' 메커니즘으로 부르게 되었다.[22]

앞에서 설명한 강수율과 증발률의 변화로 인해 대륙 표면의 물 가용성이 변한다. 예를 들어, 강의 배출률은 강수가 증발보다 더 커지는 중·고위도와 열대에서 증가한다. 반면에 아열대의 여러 건조·반건조 지역에서는 토양 수분이 상당히 감소한다. 장파 복사의 하향 플럭스가 온실 기체 농도 증가에 반응해 증가하기 때문에 지구 표면에서 증발에 이용 가능한 열에너지가 증가한다. 반면에 고위도와 저위도로 수증기 이동이 증가하기 때문에 강수는 아열대 대부분에서 거의 증가하거나 감소하지 않는다. 이러한 이유로, 아열대의 건조·반건조 지역에서 토양 수분이 상당히 감소할 것으로 예상된다. 이 장의 나머지 부분에서는 지구 온난화의 결과로 하천의 배출과 토양 수분의 지리적 분포가 어떻게 변하는지 설명할 것이다.

하천의 배출

대륙 표면에서 강수가 증발을 초과하면 토양 수분이 증가한다. 조만간 토양이 물로 포화되고, 넘치는 물은 하천을 따라 배출된다. 화보 4는 기준 실험에서 얻은 연간 배출의 지리적 패턴이다. 예상대로 연평균 유출은 대개 강수가 증발을 초과하는 지역에서 크다. 예를 들어 시뮬레이션된 유출은 남아메리카의 아마존 강 유역, 아프리카의 콩고 강 유역, 동남아시아와 인도네시아 섬들의 여러 강 유역처럼 비가 많이 내리는 열대 지방에서 크다. 북아메리카의 세인트로렌스 유역과 컬럼비아 유역, 서유럽의 여러 강 유역 등 특정한 중위도 지역에서도 유출률이 크다. 시베리아 북부와 캐나다 북부에서는 주로 태양 복사가 약하기 때문에 표면 온도가 낮아 증발률이 낮으므로, 강수율은 그리 크지 않지만 유출률이 크다. 반면에 사하라, 중앙아시아, 북아메리카 대평원, 북아메리카 남서부, 오스트레일리아의 대부분, 아프리카의 칼라하리 지역 등 대륙의 여러 건조·반건조 지역은 유출이 적다.

표 10.2는 전 세계의 여러 중요한 하천 유역에 대한 연간 배출의 과거 평균과 모형 추정값을 비교한다. 모형 추정값은 기준 실험의 시간 적분으로부터 얻었으며, 적분 과정 내내 대기 중 CO_2 농도가 기준값에서 변하지 않았다. 예를 들어 고위도와 중위도에서는 유역의 약 절반이 관측값의 약 20%를 배출하도록 모형을 조정했다. 고위도와 중위도에 대해 시뮬레이션된 총 배출 ($52,700m^{-3}\ s^{-1}$과 $97,500m^{-3}\ s^{-1}$)은 관측값($63,200m^{-3}\ s^{-1}$과 $84,400m^{-3}\ s^{-1}$)과 충분히 비교할 만한 크기이다. 그러나 저위도에서는 특히 열대 아프리카와 동남아시아에서 하천 배출이 과대 평가된다. 이 지역들은 강수가 상당히 과대 평가된 지역이기도 하다. (화보 2a, 2b) 그러나 일반적으로 이 모형은 세계의 많은 주요 강의 연간 배출을 상당히 잘 재현한다.

관측 기록이 항상 기후 평균의 정확한 추정값을 제공할 만큼 충분히 긴 기간을 다루지는 않기 때문에 여기서 제시된 관측과 모형으로 산출한 배출의 비교는 관측의 시간 표본 추출 오류의 영향을 받는다. 또한 관개 농업과 인공 저수지의 증발로 인해 유출과 증발 사이의 자연적 균형이 크게 변한다. 그럼에도 불구하고 표 10.2에서 비교한 유역에서의 시뮬레이션 오류에 비하면, 표본 추출의 오류와 수자원 개발의 영향은 모두 적다.

화보 5a와 b에는 각각 CO_2 2배와 CO_2 4배에 대해 시뮬레이션된 연평균 유출률 변화의 지리적 분포이다. 이 그림에서 알 수 있듯이, 두 가지 시뮬레이션의 변화 패턴은 현저하게 유사하지

표 10.2 세계 주요 하천의 연평균 배출 관측(과거)과 시뮬레이션.[23]

강 유역		평균 배출($10^3 m^3 s^{-1}$)[a]		변화(%)[b]	
		과거	기준	2050	4×C
고위도	유콘	6.5	10.1	+21	+47
	매켄지	9.1	8.5	+21	+40
	예니세이	18.1	12.6	+13	+24
	레나	16.9	15.1	+12	+26
	오브	12.6	6.4	+21	+42
	소계	63.2	52.7	+16	+34
중위도	라인/엘베/베이저/뫼즈/센	3.9	3.1	+25	+20
	볼가	8.1	5.2	+25	+59
	다뉴브/드네프르/드네스테르/부그	8.5	6.7	+21	+9
	컬럼비아	5.4	6.4	+21	+47
	세인트로렌스/오타와/생모리스/사기네이/아우타르데스/매니쿼건	11.8	12.4	+6	+12
	미시시피/레드	17.9	10.2	+0	-7
	아무르		9.2	-1	+3
	황허		16.7	+0	+18
	장강	28.8	53.5	+4	+28
	잠베지		31.1	-1	+2
	파라나/우루과이		23.5	+24	+54
	소계	84.4	97.5	+8	+24
저위도	아마존/마이쿠루/자리/타파조스/싱구	194.3	234.3	+11	+23
	오리노코	32.9	28.2	+8	+1
	갠지스/브라흐마푸트라	33.3	48.6	+18	+49
	콩고	40.2	122.3	+2	-1
	나일	2.8	49.5	-3	-18
	메콩	9.0	28.6	-6	-6
	니제르		58.3	+5	+6
	소계	312.5	469.8	+7	+13
	합계	460.1	661.7	+8	+16

(a) 과거 데이터와 대기 중 CO_2 농도가 300ppmv로 변하지 않는 기준 실험(1×C)에서 시뮬레이션한 평균 배출(discharge). 소계와 합계에는 과거 데이터가 있는 유역만 포함되었다. (b) 산업화 이전 시기부터 CO_2 농도가 2배 증가한 21세기 중반(2050년)까지의 시뮬레이션과, 대기 중 CO_2 농도 4배 증가(4×C) 시뮬레이션에 대한 상대적인 변화. A에서 B로의 백분율 변화는 $100 \times (B-A)/A$로 정의된다.

만, 후자의 경우 변화의 크기는 시뮬레이션된 온난화 차이를 고려할 때의 예상보다 2배 정도 크다. 두 패턴 사이의 유사성은 관련된 물리적 메커니즘이 두 시뮬레이션 사이에서 실질적으로 동일하다는 것을 의미한다. 이것은 또한 두 실험에서 얻은 유출의 평균 시간이 길기 때문에 비강제적 변동의 영향이 매우 작다는 것을 암시한다.

두 시뮬레이션에서 모두 고위도의 유출이 증가하며, 특히 북아메리카, 북유럽, 시베리아, 캐나다 북서쪽 해안의 유출이 증가한다. 브라질, 열대 아프리카 서해안, 인도네시아, 인도 북부 등 열대의 비가 많이 오는 지역에서도 배출이 증가한다. 반면에 사하라 사막 남부, 북아메리카 남부, 오스트레일리아 서해안, 지중해 연안, 중국 북동부 등 여러 반건조 지역에서 유출이 감소한다. 그러나 감소의 크기는 폴 밀리(Paul C. D. Milly) 등[24]이 밝혔듯이 백분율로는 작지 않을 수 있지만 절대적 크기는 비교적 작은 것으로 보인다. 일반적으로 유출 변화의 지리적 패턴은 「IPCC 제5차 평가 보고서」에 사용된 모형들의 다중 모형 평균과 유사하다.[25]

그러나 아마존 유역에서 주목할 만한 예외가 발생하는데, 여기서 제시된 결과는 유출이 상당히 증가하지만 다중 모형 평균에서는 감소한다. 이 불일치의 이유는 주로 강수율 차이 때문이라고 추측할 수 있다. 플라토 등[26]이 나타낸 바와 같이, 유역에서의 다중 모형 평균 강수율은 관측된 강수율보다 상당히 작은 반면,

여기에 제시된 모형의 경우 화보 2a와 2b에서 유사한 편향이 뚜렷하지 않다. 강우와 배출 사이의 밀접한 관계를 고려할 때, 지구 온난화로 인해 아마존 유역의 배출률이 증가할 것으로 보인다.

동서 평균으로 볼 때, 유출률의 변화는 강수와 증발 차이의 변화와 어느 정도 유사하다. 유출은 열대와 중·고위도에서 상당히 증가한다. 반면에 아열대에서는 유출 변화의 규모가 작다. 이 장의 앞부분에서 보았듯이 이러한 변화의 주요 원인은 아열대에서 고위도와 저위도로 수증기 이동의 증가이다.

표 10.2는 CO_2 2배와 4배 실험에서 세계 주요 하천의 하천 배출률의 백분율 변화도 보여 준다. 이 표에서 알 수 있듯이 4배 실험의 변화는 2배 실험에서보다 약 2배 크다. 예를 들어, 매켄지와 오브 같은 북극의 강에서의 배출은 CO_2 2배일 때 약 20%, CO_2 4배일 때 약 40% 증가한다. 북극 지방의 여러 강에서 배출이 크게 증가한 것은 이 장의 앞에서 보았듯이 주로 북극 쪽으로 이동하는 수증기가 더 많아지기 때문이다. 최근에 브루스 피터슨 (Bruce J. Peterson) 등[27]은 시베리아에 있는 몇몇 주요 북극 지방 강 배출의 시계열을 분석했다. 그들은 이 강들의 총 배출이 통계적으로 유의미한 양의 추세를 보여서 여기에 제시된 결과와 정성적으로 일치한다는 것을 발견했다.

중위도 지방에서는 볼가 강과 같은 유럽 강의 배출의 백분율 변화가 크다. 이 강들의 반응은 고위도 지방의 강들과 비슷하다. 로키 산맥의 강수가 증가함에 따라 컬럼비아 강의 배출도 증가한다. 반면에 파라나 강과 우루과이 강의 총 배출 변화는 비교적 크며, 이것은 이 계에서 강 유역이 위치한 열대에서의 반응을 반영한다.

열대에서는, CO_2가 2배, 4배 증가하면 아마존 강의 배출이 각각 11%, 23% 증가한다. 갠지스-브라흐마푸트라와 콩고의 배출은 CO_2의 2배와 4배 증가에 반응해 크게 증가하지만, 기준 실험에서 얻은 연간 배출이 전체적으로 과대 평가되는 것에 비추어 볼 때 주의해야 한다. 콩고, 메콩, 나일 강으로부터의 하천 배출의 변화에도 비슷하게 주의를 기울여야 할 수 있다.

기후 변화가 하천의 배출에 미치는 영향은 조지프 알카모(Joseph Alcamo) 등[28]과 나이절 아넬(Nigel W. Arnell)[29]이 하천 배출의 독립 모형을 사용해 추정했고, 찰스 뵈뢰슈머르치(Charles J. Vörösmarty) 등[30]과 아넬[31]이 기후 모형의 결과를 사용해 추정했다. 예를 들어 아넬[32]이 여러 기후 모형의 데이터를 기반으로 얻은 변화 패턴은 여기에서 설명한 패턴과 대체로 일치한다. 그의 분석에서 배출이 감소한 아마존 강은 중요한 예외이다. 이 예외와 달리, 여기에서 설명하는 실험에서는 배출이 상당히 증가한다. 그러나 아넬의 분석에 사용된 많은 모형에서 아마존 유역의 강우가 상당히 과소 평가된다는 점에서 보자면, 앞에서 지적했듯이 지구 온난화에 의해 유역의 배출이 줄어들 것이라고 판단한다면 너무 이른 결론일 수 있다.

토양 수분

토양 수분에 대한 모형 연구의 결과를 관측과 의미 있게 직접 비교할 수는 없는데, 식물이 사용할 수 있는 수분을 토양이 보유하는 능력을 정의하기 어렵고, 토양 수분, 토양 특성, 식생 뿌리 특성이 극단적으로 이질적이기 때문이다. 그럼에도 불구하고 이 모형의 토양 수분(wetness)은 토양이 얼마나 축축한지 보여 주는 뛰어난 지표이다. 화보 6은 모형을 통해 시뮬레이션된 연평균 토양 수분 분포이다. 이 모형은 토양 수분의 대규모 특징을 상당히 잘 재현한다. 예를 들어, 이 모형에 의해 시뮬레이션된 토양 수분이 매우 낮은 지역은 유라시아의 고비 사막, 인도 사막(Great Indian Desert, 타르 사막(Thar Desert)이라고도 한다. ─옮긴이), 북아메리카 사막, 오스트레일리아 사막, 남아메리카의 파타고니아 사막, 아프리카의 사하라 사막, 칼라하리 사막과 거의 일치한다. 게다가 이 모형은 아프리카, 오스트레일리아, 유라시아의 여러 주요 건조 지역에 인접한 반건조 지역들과 상당히 잘 일치한다. 이 모형은 북아메리카 서부 평원의 반건조 지역을 시뮬레이션했지만 동쪽으로, 특히 강수가 상당히 과소 평가된 미국 남부 쪽으로 너무 멀리 뻗어 있다. (화보 2a와 2b의 비교) 반면에 비교적 작은 증발에 비해 강수가 상당히 초과하는 북반구 고위도에 위치한 시베리아와 캐나다에서는 토양 수분이 많다. 예상대로 비가 많이 오는 열대의 남아메리카, 동남아시아, 아프리카에서도 토양 수분이 많다.

요컨대 이 모형은 세계의 건조, 반건조, 습윤 지역의 위치와 합당할 만큼 잘 일치한다.

건조·반건조 지역의 건조

지구 온난화는 하천 배출뿐만 아니라 토양 수분에도 영향을 미친다. 화보 7은 대기 중 CO_2 농도 2배와 4배 증가에 따른 연평균 토양 수분 변화의 지리적 분포이다. 이러한 변화들을 기준 실험에 대한 백분율 변화로 나타냈다. CO_2 2배로 인한 토양 수분의 백분율 변화의 지리적 패턴은 CO_2 4배의 패턴과 유사하지만, 후자는 전자보다 약 2배 크다. 유출률 변화에서 보았듯이, 두 패턴이 비슷하다는 것은 두 시뮬레이션에서 관련된 기본적인 물리적 메커니즘이 실제로 동일함을 의미한다. 토양 수분의 백분율 감소는 오스트레일리아 서부와 남부, 아프리카 남부, 유럽 남부, 중국 북동부, 북아메리카 남서부 등 세계의 많은 건조·반건조 지역에서 비교적 크다. 미국 남동부에서도 백분율 감소가 크지만, 이 지역의 시뮬레이션된 강수가 관측값(화보 2)보다 상당히 작고 시뮬레이션된 토양 수분(화보 6)은 비현실적으로 작기 때문에 이 결과에 대해서는 주의해야 한다.

화보 7의 연평균 토양 수분 백분율 변화의 지리적 패턴이 「IPCC 제5차 평가 보고서」의 매슈 콜린스(Matthew Collins) 등[33]의 다중 모형 평균 변화 패턴과 유사하다는 것은 고무적이다. 그러나 아마존 유역은 주목할 만한 예외이다. 이 유역에서는 화보

7에 표시된 대로 토양 수분이 조금만 변하지만 다중 모형 평균에서는 토양 수분이 상당히 감소한다. 앞에서 이 유역의 다중 모형 평균 강수가 관측보다 훨씬 작다는 것을 알았다. 여기서 논의한 결합 모형의 시뮬레이션과 관측된 강수 분포를 비교하는 화보 2에서는 유사한 차이가 잘 드러나지 않는다. 그러므로 토양 수분 변화에 나타나는 부호(sign)의 차이는 이 유역에서 시뮬레이션된 강수의 차이 때문일 수 있다. 따라서 우리는 현재 모형에서처럼 지구 온난화가 진행됨에 따라 아마존 유역의 토양 수분이 증가할 수 있다고 추측하고 싶다.

화보 8은 CO_2 4배 증가에 따른 토양 수분 변화(%)의 계절 의존성을 6~8월, 9~11월, 12~2월, 3~5월의 각 표준 계절에 따라 나타낸 것이다. 이 그림은 여러 건조·반건조 지역에서 특히 건기에 토양 수분이 감소함을 보여 준다. 예를 들어 오스트레일리아 남부에서는 6~8월과 9~11월에, 아프리카 칼라하리 사막과 그 주변에서는 6~8월에, 남유럽에서는 6~8월에, 북아메리카 남서부에서는 12~2월과 3~5월에 수분 감소가 두드러진다. 미국 남동부에서는 3~5월에 두드러지지만, 이 지역의 강수가 체계적으로 과소 평가되고 있기 때문에 주의해야 한다. 여기에 나와 있지는 않지만, CO_2 2배 반응에서 발생하는 토양 수분 변화의 지리적 패턴은 CO_2 4배 반응에서 발생하는 패턴과 유사하다.

왜 세계의 여러 건조·반건조 지역에서 토양 수분이 감소하는가? 앞에서 논의했듯이, 온실 기체 농도가 증가하면 장파 복사의 하향 플럭스가 증가하고, 이것으로 인해 증발에 사용될 수 있는 복사 에너지가 증가한다. 반면에 이 지역들에서 대개 강수의 변화 규모는 작다. 따라서 대륙 표면의 물 균형을 유지하기 위해서는 증발을 가능 증발량에 대해 어떤 비율로 감소시켜야 한다. 토양이 마르면 증발 대 가능 증발량의 비가 줄어들기 때문에 토양 수분이 감소하면 증발에 사용되는 복사 에너지의 비율이 줄어든다. 이것이 세계의 여러 건조·반건조 지역에서 토양 수분이 감소하는 주된 이유이다. 그렇다고 강수율 변화가 중요하지 않다고 말하는 것은 아니다. 실제로 강수의 백분율 감소가 큰 지역에서 토양 수분의 백분율 감소도 큰 경향이 있다.[34]

세계의 비교적 건조한 여러 지역에서 토양 수분이 적은 것은 아열대의 많은 지역에서처럼 수증기가 대기의 대규모 순환을 통해 외부로 이동하기 때문이다. 대개 기온이 상승하면 공기의 절대 습도가 높아지기 때문에 지구 온난화가 진행되면서 수증기의 이동 비율이 커져서 이 지역들에서 비 등으로 내릴 수 있는 수증기의 양이 줄어들 것으로 예상된다. 이것은 비교적 건조한 지역에서 토양 수분이 감소하는 또 다른 이유이다.

지금까지 대기 중 온실 기체 농도가 서서히 높아질 때 수십 년에서 100년의 시간 규모에서 일어나는 토양 수분의 체계적 변화에 대해 논의했다. 그림 10.4는 1년과 10년의 시간 규모로 일어나는 토양 수분의 시간적 변화를 보여 준다. 이 그림은 지구 온난화 실험과 기준 실험에 대해 북아메리카 남서부 반건조 지역의 연평균과 20년 이동 평균 토양 수분 시계열을 보여 준다. 지구 온난화 실험에서 연평균 토양 수분의 체계적인 감소는 자연적인 연간 변동성이 너무 커서 잘 드러나지 않을 수도 있다. 그러나 22세기 후반까지의 지구 온난화 실험을 나타내는 얇은 회색 선은 기준 실험에서 얻은 연평균 토양 수분의 시계열을 나타내는 얇은

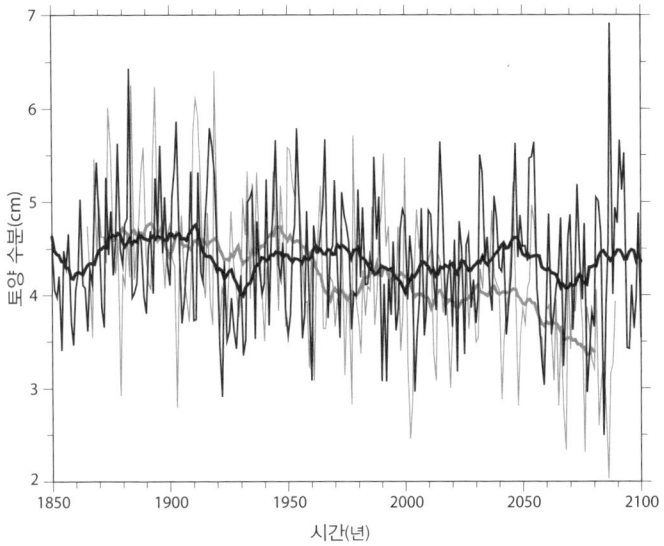

그림 10.4 북위 20도와 38도, 서경 88도와 114도, 해안 경계로 둘러싸인 북아메리카 남서부 반건조 지역에서 시뮬레이션으로 얻은 평균 토양 수분(cm) 시계열. 검은색의 얇은 선과 두꺼운 선은 각각 기준 실험에서 얻은 연평균 및 20년 이동 평균 토양 수분 시계열이다. 얇은 회색 선과 두꺼운 회색 선은 각각 수치 실험 절에 설명된 지구 온난화 실험의 8개 앙상블 중 하나에서 얻은 연평균과 20년 이동 평균 토양 수분의 시계열이다.[35]

10장 지구 전체의 물 가용성 변화

검은색 선보다 3cm 아래로 더 자주 내려간다. (단순한 양동이 모형에서 토양 수분이 3cm라는 것은 식물이 이용 가능한 물이 포화된 토양에 존재하는 물의 20%에 불과하다는 뜻이다.) 이 결과는 세계의 여러 반건조 지역과 건조 지역에서 식물이 사용할 수 있는 물이 포화되었을 때의 20% 이하로 떨어질 것이고, 그것에 따라 21세기에 가뭄의 빈도가 증가할 가능성이 있음을 암시한다.

대륙 내부의 여름 건조

화보 8a에서 알 수 있듯이, 여름에는 중·고위도의 북아메리카와 유라시아 대륙 내부의 광범위한 지역에서 토양 수분이 감소한다. 이것은 화보 8c에 표시된 바와 같이 이 지역에서 토양 수분이 증가하는 겨울과 대조적이다. 대륙 내부의 여름 건조에 대해 많은 연구가 이루어졌다.[36] 이제 5장과 6장에서 설명한 대기/해양 혼합층 모형을 사용해 수행한 마나베와 웨더럴드[37]의 연구를 중심으로 이 주제를 더 자세히 살펴볼 것이다.

그들의 분석에 따르면 북위 60도 근처의 시베리아와 캐나다 북부 지역에 걸쳐 여름철에 토양 수분의 백분율 감소가 큰 것은 주로 눈이 일찍 녹기 때문이다. 지구 온난화로 인해 대륙 표면의 온도가 상승함에 따라 봄에 눈이 일찍 녹으면 눈으로 덮이지 않은 표면(알베도가 낮은 표면)이 강렬한 태양 복사에 노출된다. 이것이 대륙 표면의 태양 에너지 흡수가 현저하게 증가하고 늦봄에 증발에 사용할 수 있는 에너지가 많아져서 여름에 토양 수분이 감소하는 주된 이유이다.

중위도에 걸쳐 있는 대륙의 여러 지역에서 여름의 토양 수분 감소는 앞에서 설명했듯이 눈이 일찍 녹을 뿐만 아니라 계절이 겨울에서 여름으로 변할 때 강수의 위도 분포가 극점을 향해 이동하기 때문이다. 대류권의 온도가 상승하면 공기의 절대 습도는 대개 증가한다. 따라서 앞에서 보았듯이 온대 저기압에 의한 수분의 극점을 향한 이동이 증가한다. 이런 이유로 강수는 보통 중위도 저기압 경로를 따라 극점으로 갈수록 상당히 증가한다. 반면에 예를 들어 그림 10.3b와 같이, 저기압 경로의 적도 방향 강수는 거의 변하지 않거나 약간 감소한다. 저기압 경로와 그것에 따른 강우대가 특히 대륙에서 극점을 향해 겨울에서 여름으로 이동하기 때문에, 겨울에 저기압 경로의 극점 방향에 있는 대륙 내부 지역은 여름에는 경로의 적도 방향에 있게 된다. 따라서 강수는 겨울에 상당히 증가하지만 여름에는 조금 감소하는 경우가 많다. 반면에 대기 중 CO_2 농도 증가로 인해 지구 표면에서 장파 복사의 하향 플럭스가 증가해 증발에 사용할 수 있는 에너지가 더 많아진다. 증발 증가와 강수 감소가 합세해 여름에 대륙 내부 지역에서 토양 수분이 감소한다. 남유럽에서도 비슷한 메커니즘이 작동하는데, 화보 8에서 볼 수 있듯이 특히 여름에 토양 수분의 감소가 크다. 그러나 여기에는 중요한 차이가 있는데, 남유럽의 토양 수분은 여름뿐만 아니라 다른 계절에도 감소하기 때문이며, 이것은 겨울과 이른 봄에 토양 수분이 증가하는 중·고위도의 여러 지역과 대조적이다. 이러한 계절에 남유럽에서는 강수가 증가하지만 증가의 규모가 작고, 증발 증가를 보상할 만큼 크지 않기 때문에 토양 수분 백분율 감소의 작은 비율만을 차지한다.

여름과는 달리 겨울에는 주로 강수의 증가로 인해 북아메리카와 유라시아 대륙의 중·고위도 지역에서 광범위하게 토양 수분이 증가한다. 이 지역들은 온도가 매우 낮기 때문에 온난화에 따른 지구 표면 온도 상승에도 불구하고 겨울철에는 증발률이 낮고 거의 변하지 않는다. 이러한 이유로, 화보 8c와 8d에서 볼 수 있듯이 매우 광범위한 지역에 걸쳐 토양 수분이 겨울(12~2월)과 봄(3~5월)에 증가하지만, 남유럽에서는 봄에 약간 감소한다.

그림 10.5는 대기 중 CO_2 농도 2배에 대한 동서 평균 토양 수분 평형 반응의 위도별/월별 분포이다. 이 분포는 5장과 6장에서 설명한 대기/해양 혼합층 모형에서 얻었지만, 이 절에서 제시하고 그림 8에서 보여 준 모형에서 얻어진 결과를 잘 요약하고 있다. 북반구의 중·고위도에서는 토양 수분이 여름에 감소하지만 겨울에 증가한다. 아열대에서는 1년 중 많은 기간 동안, 특히 강수가 감소하는 겨울과 봄에 토양 수분이 감소한다. 다른 계절에는 감소 규모가 작지만, 백분율 감소로 표현하면 반드시 작지는 않다.

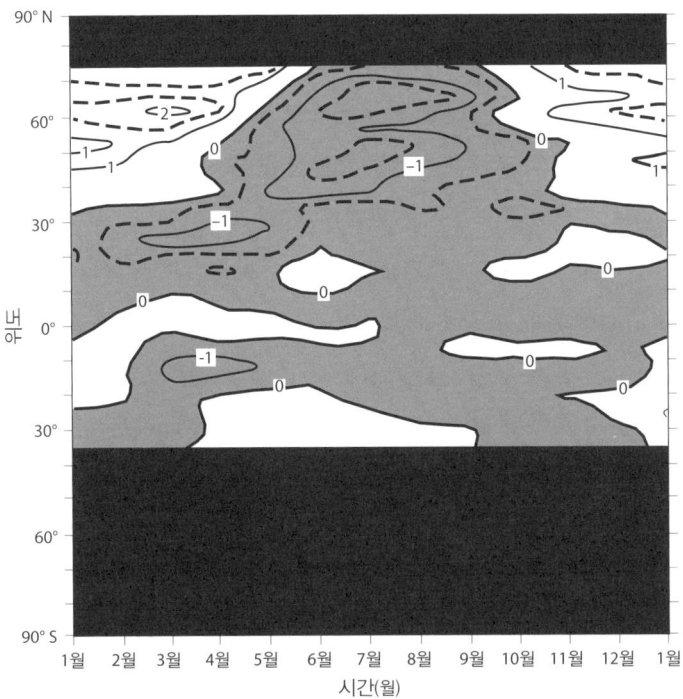

그림 10.5 대기 중 CO_2 농도 2배에 대한 반응으로 일어나는 토양 수분(cm)의 위도별 월별 함수로서의 동서 평균 변화. 검은색 음영은 육지가 거의 없거나 육지가 얼음으로 덮인 위도 영역이다.[38]

미래에 대한 함의

만약 온실 기체의 농도가 계속 증가한다면, 이른바 '현행 추세(business-as-usual)' 시나리오에 따라, 세계의 여러 건조·반건조 지역의 토양 수분 감소는 21세기 동안 점점 더 뚜렷해질 것이다. 22세기 후반까지 이 지역들의 토양 수분 감소는 매우 심각해지고 가뭄의 빈도는 현저하게 증가할 것으로 보인다. 불행하게도, 이 지역들의 하천 배출은 기후 온난화로 인해 뚜렷하게 증가하지 않거나 실제로 감소할 수도 있다. 따라서 이 지역의 물 부족은 다음 몇 세기 동안 매우 심각해질 수 있다. 대조적으로, 밀리 등[39]이 수치 실험에서 밝혀냈듯이, 북반구 고위도의 물이 풍부한 여러 지역과 열대의 강수가 많은 지역에서는 홍수가 자주 일어나서 남아도는 물이 점점 더 많아질 것이다. 물이 부족한 지역과 물이 풍부한 지역 간의 기존 물 가용성의 차이가 더 커질 수 있다는 함의는 세계의 수자원 관리자들에게 심각한 문제를 안겨 줄 것이다. 이 주제에 대한 자세한 설명은 밀리 등[40]의 짧은 에세이를 참조하라.

🌐 책을 마치며 🌐

 이 책에서는 19세기 말에 아레니우스의 선구적인 연구(2장)가 나온 뒤로 수행된 지구 온난화에 대한 여러 연구들을 역사적인 순서로 살펴보았다. 이 연구들은 에너지 균형 모형, 1차원 복사-대류 모형, 대기-해양-육지 결합 계의 3차원 GCM 모형과 같이 점점 복잡해지는 여러 계층의 기후 모형들을 사용했다. 이 모형들은 기후 변화를 예측하는 데뿐만 아니라 이해하는 데도 매우 유용했다.

 4장에서 설명했듯이 대기의 GCM은 바람, 온도, 비습, 표면 기압과 같은 상태 변수들의 예단 방정식으로 구성된다. 각 예단 방정식은 대개 두 부분으로 이루어진다. 첫 번째는 운동 방정식, 열역학 방정식, 키르히호프의 복사 전달 법칙, 플랑크의 흑체 복사 함수, 포화 증기압에 대한 클라우지우스-클라페롱 방정식과 같은 물리 법칙을 바탕으로 한다. 두 번째 부분에서는 습윤 및 건조 대류, 대기 중 구름의 형성과 소멸, 대륙 표면의 눈과 토양 수분의 수지, 해양 표면의 해빙 형성과 소멸처럼 아격자 규모에서 일어나는 여러 가지 과정을 고려한다. GCM의 초기 버전이 여러 기관에서 개발되었던 1960년대와 1970년대에는 전자식 컴퓨터가 개발의 초기 단계에 있었고, 성능이 제한적이었다. 이것은 초기 모형에서 아격자 과정들에 대한 고려를 최대한 단순하게 만든 중요한 이유이다. 그럼에도 불구하고 4장에서 보았듯이 이 모형들이 대기 대순환과 온도와 강수 분포의 핵심적인 여러 특징을 성공적으로 시뮬레이션한 것은 고무적인 일이었다. 또한 약 30년 전에 구축한 대기-해양-육지 결합 계의 GCM이 예를 들어 스토퍼와 마나베[1]가 지적했듯이, 지난 수십 년 동안 관찰된 표면 온도 변화의 지리적 패턴을 성공적으로 시뮬레이션했다는 점도 고무적이다.

부분적으로 모수화가 단순하고 해상도가 낮기 때문에 이러한 모형들은 현재 기후 변화를 예측하는 데 사용되는 기후 모형보다 계산 요구량이 훨씬 작다. 따라서 이 모형들을 기후 계의 내부 작동을 탐구하는 가상 실험실로 사용해 한 번에 한 가지 요소를 변화시키면서 셀 수 없이 많은 수치 실험을 수행할 수 있었다. 사실 모수화의 단순성은 얻어진 결과의 진단 분석을 크게 촉진했다. 이러한 이유로, 모수화를 비교적 단순하게 한 기후 모형들은 현재의 산업화 시대뿐만 아니라 과거의 지질학적 기후 변화를 탐구하는 매우 강력한 도구였으며 앞으로도 그럴 것이다.

후주

1장 서론

1) IPCC, 2013a.
2) Hartmann et al., 2013.
3) Mann et al., 2008, 2009.
4) Jansen et al., 2007.
5) Mann et al., 2008, 2009.
6) IPCC, 2013b, p. 17.
7) Schimel et al., 1995.
8) Trenberth et al., 2009.
9) Loeb et al, 2009; Trenberth et al, 2009.
10) Peixoto and Oort, 1992.
11) Peixoto and Oort, 1992.
12) Ramanathan, 1975.
13) 이 주제에 대한 자세한 분석은 다음을 참조하라. Goody and Yung, 1989.
14) 사례는 다음을 참조하라. Hartmann, 2016; Ramanathan et al., 1989.

2장 초기의 연구

1) Fourier, 1827; Pierrehumbert, 2004a, b.
2) 푸리에와 소쉬르의 논문에 대한 흥미로운 논평은 다음의 책 1장을 참조하라. Archer and Pierrehumbert, 2011.
3) Tyndall, 1859, 1861.
4) Wang et al., 1976.
5) Ramanathan et al., 1985.
6) Arrhenius, 1896.
7) Flato et al., 2013.
8) Langley, 1889.
9) Ramanathan and Vogelmann, 1997.
10) Hulbert, 1931.
11) Ramanathan and Vogelmann, 1997.
12) Manabe and Wetherald, 1967.
13) Callendar, 1938, p. 223.

14) Kaplan, 1960; Kondratiev and Niilisk, 1960; Möller, 1963; Plass, 1956.
15) 사례는 다음을 참조하라. Yamamoto and Sasamori, 1961.
16) Möller, 1963.
17) Newell and Dopplick, 1979.
18) Watts, 1981.
19) 사례는 다음을 참조하라. Goody, 1964; Yamamoto, 1952.

3장 1차원 모형

1) Manabe and Strickler, 1964.
2) Manabe and Strickler, 1964.
3) Manabe and Strickler, 1964.
4) Manabe and Strickler, 1964.
5) Manabe and Strickler, 1964.
6) London, 1957.
7) Manabe and Strickler, 1964.
8) Manabe and Wetherald, 1967.
9) Mastenbrook, 1963.
10) 자료 출처: Manabe and Wetherald, 1967.
11) Manabe and Wetherald, 1967.
12) Hansen et al., 1984.
13) Ramaswamy, 2006.
14) IPCC/TEAP, 2005.
15) Karl et al., 2006.
16) IPCC, 2007.
17) Trenberth et al., 2007.
18) Ramanathan and Coakley, 1978.

4장 대기 대순환 모형

1) Phillips, 1956.
2) Smagorinsky, 1963.
3) Leith, 1965.
4) UCLA; Mintz, 1965.
5) Kasahara and Washington, 1967.
6) Edwards, 2010.
7) Mintz, 1965, 1968.
8) Arakawa, 1966.
9) Mintz 1965.
10) Smagorinsky, 1958, 1963.
11) Mintz 1965.
12) Manabe et al., 1965; Smagorinski et al., 1965.
13) Manabe et al., 1965.
14) Riehl and Malkus, 1958.
15) Zipser, 2003.
16) Manabe et al., 1965.

17) Manabe et al., 1965.
18) Holloway and Manabe, 1971.
19) Manabe and Holloway, 1975.
20) Manabe et al., 1970, 1974.
21) Manabe et al., 1974.

5장 초기의 수치 실험

1) Manabe and Wetherald, 1975; Wetherald and Manabe, 1975.
2) Manabe and Wetherald, 1975.
3) Held, 1978.
4) Fu et al., 2004; Fu and Johanson, 2005.
5) Manabe and Wetherald, 1975.
6) Wetherald and Manabe, 1975.
7) Manabe and Wetherald, 1967.
8) Manabe and Wetherald, 1975.
9) Kelly et al., 1982.
10) Brohan et al., 2006.
11) Hansen et al., 1984.
12) Smagorinsky, 1963.
13) Stone, 1978.
14) Wetherald and Manabe, 1975.
15) Wetherald and Manabe, 1975.
16) Budyko, 1969.
17) Sellers, 1969.
18) Held and Suarez, 1974.
19) North, 1975a, b, 1981.
20) Harland, 1964; Hoffman et al., 1998; Pierrehumbert et al., 2011.
21) Wetherald and Manabe, 1975.
22) Held et al., 1981.
23) Manabe and Stouffer, 1979, 1980.
24) Manabe and Stouffer, 1979, 1980.
25) Crutcher and Meserve, 1970.
26) Taljaard et al., 1969.
27) Manabe and Stouffer, 1980.
28) Manabe and Stouffer, 1979, 1980.
29) Manabe and Stouffer, 1980.
30) Wetherald and Manabe, 1981.
31) 이 주제에 대한 자세한 논의는 다음의 문헌을 참조하라. Hays et al., 1976; Imbrie and Imbrie, 1979, 1980.
32) Chapman and Walsh, 1993.
33) Screen and Simonds, 2010.
34) Manabe et al., 2011.
35) Manabe et al., 2011.

36) Perovich et al., 2010.
37) Arndt et al., 2010.
38) Hansen et al., 1983, 1984.
39) Hansen et al., 1984.

6장 기후 민감도

1) Flato et al., 2013.
2) Wetherald and Manabe, 1988.
3) Hansen et al., 1984.
4) Wetherald and Manabe, 1988.
5) 사례는 다음을 참조하라. Held and Soden, 2000.
6) Hall and Manabe, 1999.
7) Wetherald and Manabe, 1988.
8) Weertman, 1964, 1976; Pollard, 1978, 1984; Berger et al., 1990; Deblonde and Peltier, 1991.
9) 사례는 다음을 참조하라. Gregory et al., 2012.
10) Harrison et al., 1990.
11) Ramanathan and Coakley, 1978.
12) Somerville and Remer, 1984.
13) Feigelson, 1978.
14) Klein et al., 2017.
15) Hansen et al., 1984.
16) Manabe and Stouffer, 1979, 1980.
17) Hansen et al., 1983, 1984.
18) Hansen et al., 1984.
19) Wetherald and Manabe, 1980, 1986, 1988.
20) Wetherald and Manabe, 1988.
21) Manabe and Stouffer, 1979, 1980.
22) Wetherald and Manabe, 1988.
23) Boucher et al., 2013.
24) Soden and Vecchi, 2011.
25) Colman, 2003.
26) Soden and Held, 2006.
27) Hansen et al., 1984.
28) Soden and Held, 2006.
29) Fu et al., 2011.
30) Po-Chedley and Fu, 2012.
31) Cess et al., 1990.
32) Hansen et al., 1984.
33) Soden and Held, 2006.
34) Winton, 2006.
35) Wigley et al., 2005.
36) Barkstrom, 1984; Loeb et al., 2009; Wielicki et al., 1996.
37) Forster and Gregory, 2006.

38) Forster and Gregory, 2006.
39) Inamdar and Ramanathan, 1998.
40) Tsushima and Manabe, 2001, 2013.

7장 빙기-간빙기 기후 변화

1) Imbrie and Kipp, 1971.
2) CLIMAP Project members, 1976, 1981.
3) Denton and Hughes, 1981.에서 수정됨.
4) Denton and Hughes, 1981.
5) Webb and Clark, 1977.
6) 사례는 다음을 참조하라.
   Chappellaz et al., 1993; Neftel et al., 1982.
7) Williams et al. 1974.
8) Gates, 1976.
9) Gates, 1976.
10) Webb and Clark, 1977.
11) Hansen et al., 1984.
12) Manabe and Broccoli, 1985.
13) Manabe and Stouffer, 1980.
14) Wetherald and Manabe, 1988.
15) Manabe and Broccoli, 1985.
16) Manabe and Broccoli, 1985.
17) Manabe and Broccoli, 1987.
18) Manabe and Broccoli, 1985.
19) Broccoli and Manabe, 1987.
20) Broccoli and Marciniak, 1996.
21) Manabe and Broccoli, 1985.
22) Guilderson et al., 1994.
23) Beck et al., 1992.
24) Crowley, 2000.
25) Guilderson et al., 1994.
26) Beck et al., 1992.
27) Brassell et al., 1986.
28) Broccoli, 2000.
29) Flato et al., 2013.
30) Broccoli, 2000.
31) Broccoli, 2000.
32) Hansen et al., 1984.
33) Lea, 2004.
34) MARGO Project members, 2009.
35) Broccoli and Marciniak, 1996.
36) Annan and Hargreaves, 2013.
37) PALAEOSENS Project members, 2012.
38) Broccoli, 2000.

8장 기후 변화에서 해양의 역할

1) Schneider and Thompson, 1981.
2) Levitus et al., 2000.
3) Thompson and Schneider, 1979.
4) Hoffert et al., 1980.
5) Hansen et al., 1981.
6) Hansen et al., 1981.
7) Munk, 1966.
8) Hansen et al., 1981.
9) Hansen et al., 1988.
10) Hansen et al., 1984.
11) Manabe and Bryan, 1969.
12) Bryan and Cox, 1967.
13) Bryan et al., 1982, 1988.
14) Hansen et al., 1988.
15) Manabe et al., 1979; Washington et al., 1980.
16) Stouffer et al., 1989; Washington and Meehl, 1989.
17) Manabe et al., 1991, 1992.
18) Stouffer et al., 1989.
19) 사례는 다음을 참조하라. Manabe and Bryan, 1969.
20) Bryan and Lewis, 1979.
21) Stouffer et al., 1989.
22) Manabe et al., 1991.
23) Levitus, 1982.
24) Manabe et al., 1991, 1992.
25) Vecchi et al., 2014.
26) Manganello and Huang, 2009.
27) Manabe and Stouffer, 1997.
28) Manabe and Stouffer, 1988.
29) Delworth et al., 1993.
30) Manabe et al., 1991, 1992.
31) Manabe et al., 1991.
32) Hansen et al., 1988.
33) Manabe et al., 1991.
34) Collins et al., 2013.의 그림 12.41 왼쪽 아랫부분을 참조하라.
35) Manabe et al., 1992.
36) Manabe et al., 1991.
37) Stouffer and Manabe, 2017.
38) Manabe et al., 1992.
39) Vaughan et al., 2013.
40) Vaughan et al., 2013.
41) Manabe et al., 1991, 1992.
42) Vaughan et al., 2013.
43) Broecker, 1991.
44) Gordon, 1986.

45) Manabe and Stouffer, 1988, 1999.
46) Gordon et al., 1986.
47) Manabe et al., 1991.
48) Manabe et al., 1991.
49) Gregory et al., 2005.
50) Delworth et al., 1993.
51) Haywood et al., 1997.
52) Caesar et al., 2018.
53) Manabe and Stouffer, 1994.
54) Manabe and Stouffer, 1993.
55) Stouffer and Manabe 2003.
56) Manabe and Stouffer, 1999.
57) Gill and Bryan, 1971.
58) Held, 1993.
59) Held, 1993.
60) Deacon, 1937.
61) Manabe et al., 1991.
62) Manabe et al., 1991.
63) Gent et al., 1995.
64) Danabasoglu et al., 1994.
65) Henning and Vallis, 2005.
66) Karsten and Marshall, 2002.
67) Morrison and Hogg, 2013.
68) Dixon et al., 1996.
69) Weiss et al., 1990.
70) Dixon et al., 1996.
71) Gent et al., 1995.
72) Collins et al., 2013.의 그림 12.40 왼쪽 아래에 표시되었다.

9장 추운 기후와 심층수의 형성

1) Stouffer and Manabe, 2003.
2) 사례는 다음을 참조하라. Neftel et al., 1982.
3) Schrag et al., 2002.
4) Adkins et al., 2002.
5) Cooke and Hays, 1982.
6) Crossta et al., 1998.
7) Stephens and Keeling, 2000.
8) Shackleton et al., 1983, 1992.
9) Shin et al., 2003.
10) Broccoli and Manabe, 1987.
11) Broccoli, 2000.

10장 지구 전체의 물 가용성 변화

1) Manabe and Wetherald, 1975.
2) Manabe and Wetherald, 1975.
3) Allen and Ingram, 2002.
4) Held and Soden, 2006.
5) Manabe and Wetherald, 1975.
6) Manabe and Wetherald, 1985.

7) Manabe, 1969.
8) Milly, 1992.
9) Legates and Willmott, 1990.
10) Wetherald and Manabe, 2002.
11) IPCC, 1992.
12) IPCC, 2001.
13) Haywood et al., 1997.
14) Manabe et al., 2004a.
15) Manabe and Stouffer, 1993, 1994.
16) Walker and Kasting, 1992.
17) Manabe and Wetherald, 1975.
18) Collins et al., 2013.의 그림 12.10을 참조하라.
19) Barron, 1983.
20) Wetherald and Manabe, 2002.
21) Held and Soden, 2006.
22) Chou et al., 2009.
23) Manabe et al., 2004b.
24) Milly et al., 2008.
25) Collins et al., 2013.의 그림 12.24를 참조하라.
26) Flato et al., 2013.의 그림 9.4b를 참조하라.
27) Peterson et al., 2002.
28) Alcamo et al., 1997.
29) Arnell, 1999.
30) Vörösmarty et al., 2000.
31) Arnell, 2003.
32) Arnell, 2003.
33) Collins et al., 2013.의 그림 12.23을 참조하라.
34) 강수의 백분율 변화에 대한 지리적 분포는 「IPCC 제5차 평가 보고서」의 Collins et al., 2013의 그림 12.22를 참조하라.
35) Wetherald and Manabe, 2002.
36) 사례는 다음을 참조하라. Cubasch et al., 2001; Gregory et al., 1997; Manabe and Stouffer, 1980; Manabe and Wetherald, 1985; Manabe et al., 1992; Mitchell et al., 1990.
37) Manabe and Wetherald, 1987.
38) Manabe and Wetherald, 1987.
39) Milly et al., 2002.
40) Milly et al., 2008.

책을 마치며

1) Stouffer and Manabe, 2017.

화보

1) Morice et al., 2012.
2) Stouffer and Manabe, 2017.
3) Legates and Willmott, 1990.
4) Wetherald and Manabe, 2002.
5) Manabe et al., 2004b.
6) Manabe et al., 2004b.
7) Wetherald and Manabe, 2002.
8) Manabe et al., 2004b.
9) Manabe et al., 2004b.

⊕ 참고 문헌 ⊕

Adkins, J. F., K. McIntrye, and D. P. Schrag. 2002. "The Salinity, Temperature, and $\delta^{18}O$ of the Glacial Deep Ocean." *Science* 298: 1769-73.

Alcamo, J., P. Döll, F. Kasper, and S. Siebert. 1997. *Global Change and Global Scenario of Water Use and Availability: An Application of Water Gap 1.0.* Kassel, Germany: University of Kassel.

Allen, M. R., and W. J. Ingram. 2002. "Constraints on Future Changes in Climate and Hydrologic Cycle." *Nature* 419: 224-32.

Annan, J. D., and J. C. Hargreaves. 2013. "A New Global Reconstruction of Temperature Changes at the Last Glacial Maximum." *Climate of the Past* 9: 367-76.

Arakawa, A. 1966. "Computational Design for Long-Term Numerical Integration of the Equations of Fluid Motion: Two Dimensional Incompressible Flow" *Journal of Computational Physics* 1: 119-43.

Archer, D., and R. Pierrehumbert, eds. 2011. *The Warming Papers.* Oxford: Wiley-Blackwell.

Arnell, N. W. 1999. "Climatic Changes and Global Water Resources." *Global Environmental Changes* 9: S31-49.

―――. 2003. "Effect of IPCC SRES* Emission Scenarios on River Runoff: A Global Perspective." *Hydrology and Earth System Sciences* 7: 619-41.

Arrhenius, S. 1896. "On the Influence of Carbonic Acid in the Air upon the Temperature of the Ground." *London, Edinburgh, and Dublin Philosophical Magazine and Journal of Science*, 5th series, 41: 237-76.

Barkstrom, B. R. 1984. "The Earth Radiation Budget Experiment (ERBE)." *Bulletin of the American Meteorological Society* 65: 1170-85.

Barron, E. J. 1983. "A Warm, Equable Cretaceous: The Nature of the Problem." *Earth—Science Reviews* 19: 305-38.

Beck, J. W., R. L. Edwards, E. Ito, F. W. Taylor, J. Recy, F. Rougerie, P. Joannot, and C. Henin. 1992. "Sea Surface Temperature from Coral Skeletal Strontium-Calcium Ratio." *Science* 257: 644-47.

Berger, A., H. Gallée, T. Fichefet, I. Marsiat, and C. Tricot. 1990. "Testing the Astronomical Theory with a Coupled Climate-Ice Sheet Model." In "Geochemical Variability in the Oceans, Ice and Sediments," edited by L. D. Labeyrie and C. Jeandel, special issue, *Global Planetary Change* 3(1/2): 125-41.

Boucher, O., D. Randall, P. Artaxo, C. Bretherton, G. Feingold, P. Forster, V.-M. Kerminen, et al. 2013. "Clouds and Aerosols." In *Climate Change 2013: The Physical Science Basis. Contribution of Working Group I to the Fifth Assessment Report of the Intergovernmental Panel on Climate Change*, edited by T. F. Stocker, D. Qin, G.-K. Plattner, M. Tignor, S. K. Allen, J. Boschung, A. Nauels, Y. Xia, V. Bex, and P. M. Midgley, 571-657. Cambridge: Cambridge University Press.

Brassell, S. C., G. Eglinton, I. T. Marlowe, U. Pflaumann, and M. Sarnthein. 1986. "Molecular Stratigraphy: A New Tool for Climatic Assessment." *Nature* 320: 129-33.

Broccoli, A. J. 2000. "Tropical Cooling at the Last Glacial Maximum: An Atmosphere-Mixed Layer Ocean Model Simulation." *Journal of Climate*

13: 951-76.

Broccoli, A. J., and S. Manabe. 1987. "The Influence of Continental Ice, Atmospheric CO_2, and Land Albedo on the Climate of the Last Glacial Maximum." *Climate Dynamics* 1: 87-99.

Broccoli, A. J., and E. P. Marciniak. 1996. "Comparing Simulated Glacial Climate and Paleodata: A Reexamination?" *Paleoceanography* 11: 3-14.

Broecker, W.S. 1991. "The Great Ocean Conveyor." *Oceanography* 4: 79-89.

Brohan, P., J. J. Kennedy, I. Harris, S.F.B. Tett, and P. D. Jones. 2006. "Uncertainty Estimate in Regional and Global Observed Temperature Change: A New Data Set from 1850." *Journal of Geophysical Research* 111: D12106.

Bryan, K., and M. D. Cox. 1967. "Numerical Investigation of Oceanic General Circulation." *Tellus* 19:54-80.

Bryan, K., F. G. Komro, S. Manabe, and M. J. Spelman. 1982. "Transient Climate Response to Increasing Atmospheric Carbon Dioxide." *Science* 215: 56-58.

Bryan, K., and L. J. Lewis. 1979. "A Water Mass Model of World Ocean." *Journal of Geophysical Research* 84 (C5): 2503-17.

Bryan, K., S. Manabe, and M. J. Spelman. 1988. "Inter-hemispheric Asymmetry in the Transient Response of a Coupled Ocean-Atmosphere Model to a CO_2, Forcing?" *Journal of Physical Oceanography* 18: 851-67.

Budyko, M. I. 1969. "The Effect of Solar Radiation Variations on the Climate of the Earth." *Tellus* 21: 611-19.

Caesar, L., S. Rahmstorf, A. Robinson, G. Feulner, and V. Saba. 2018.

"Observed Fingerprint of a Weakening Atlantic Ocean Overturning Circulation." *Nature* 556: 191-96.

Callendar, G. S. 1938. "The Artificial Production of Carbon Dioxide and Its Influence on Temperature." *Quarterly Journal of the Royal Meteorological Society* 64: 223-40.

Cess, R. D., G. L. Potter, J. P. Blanchet, G. J. Boer, A. D. Del Genio, M. Deque, V. Dymnikov, et al. 1990. "Intercomparison and Interpretation of Climate Feedback Processes in 19 Atmospheric General Circulation Models." *Journal of Geophysical Research* 95: 16601-15.

Chapman, W. L., and J. E. Walsh. 1993. "Recent Variation of Sea Ice and Air Temperature in High Latitudes." *Bulletin of the American Meteorological Society* 74: 33-47.

Chappellaz, J., T. Blunier, D. Raynaud, J. M. Barnola, J. Schwander, and B. Stauffer. 1993. "Synchronous Changes in Atmospheric CH_4, and Greenland Climate between 40 and 8 kyr BP?" *Nature* 366: 443-45.

Chou, C., J. D. Neelin, C.-A. Chen, and J.-Y. Tu. 2009. "Evaluating the 'Rich-Get-Richer' Mechanism in Tropical Precipitation Change under Global Warming." *Journal of Climate* 22: 1982-2005.

CLIMAP Project members. 1976. "The Surface of the Ice Age Earth." *Science* 191: 1131-36.

———. 1981. *Seasonal Reconstruction of the Earth's Surface at the Last Glacial Maximum*. Map and Chart Series MC-36. Boulder, CO: Geological Society of America.

Collins, M., R. Knutti, J. Arblaster, J.-L. Dufresne, T. Fichefet, P. Friedlingstein, X. Gao, et al. 2013. "Long-Term Climate Change: Projections, Commitments and Irreversibility." In *Climate Change 2013:*

The Physical Science Basis. Contribution of Working Group I to the Fifth Assessment Report of the Intergovernmental Panel on Climate Change, edited by T. F. Stocker, D. Qin, G.-K. Plattner, M. Tignor, S. K. Allen, J. Boschung, A. Nauels, Y. Xia, V. Bex, and P. M. Midgley, 1029-136. Cambridge: Cambridge University Press.

Colman, R. 2003. "A Comparison of Climate Feedback in General Circulation Models." *Climate Dynamics* 20: 865-73.

Cooke, D. W., and J. D. Hays. 1982. "Estimates of Antarctic Ocean Seasonal Sea-Ice Cover During Glacial Intervals." In *Antarctic Geoscience*, edited by C. Cradock, 1017-25. Madison: University of Wisconsin Press.

Crosta, X., J.-J. Pichon, and L. H. Burckle. 1998. "Reappraisal of Antarctic Seasonal Sea-Ice at the Last Glacial Maximum." *Geophysical Research Letters* 25: 2703-6.

Crowley, T. J. 2000. "CLIMAP SST Revisited." *Climate Dynamics* 16: 241-25.

Crowley, T. J., and G. H. North. 1991. *Paleoclimatology*. Oxford Monographs on Geology and Geophysics 18. Oxford: Clarendon.

Crutcher, H. L., and J. M. Meserve. 1970. *Selected Level Height, Temperature and Dew Points for the Northern Hemisphere*. NAVAIR 50-IC-52. Washington, DC: US Naval Weather Service.

Cubasch, U., G. A. Meehl, G. J. Boer, R. J. Stouffer, M. Dix, A. Noda, C. A. Senior, S. Raper, K. S. Yap. 2001. "Projection of Future Climate Change." In *Climate Change 2001: The Science of Climate Change*, edited by J. T. Houghton et al., 527-82. Cambridge: Cambridge University Press.

Danabasoglu, G., J. C. McWilliams, and P. R. Gent. 1994. "The Role of Mesoscale Tracer Transports in the Global Circulation." *Science* 264: 1123-26.

Deacon, G.E.R. 1937. "Note on the Dynamics of the Southern Ocean." *Discovery Reports* 15: 125-52.

Deblonde, G., and W. R. Peltier. 1991. "Simulation of Continental Ice Sheet Growth over the Last Glacial-Interglacial Cycle: Experiments with a One-Level Seasonal Energy Balance Model Including Realistic Topography." *Journal of Geophysical Research* 96: 9189-215.

Delworth, T., S. Manabe, and R. J. Stouffer. 1993. "Interdecadal Variations of the Thermohaline Circulation in a Coupled Ocean-Atmosphere Model." *Journal of Climate* 6: 1993-2011.

Denton, G. H., and T. J. Hughes, eds. 1981. *The Last Great Ice Sheets*. New York: John Wiley.

Dixon, K. W., J. L. Bullister, R. H. Gamon, and R. J. Stouffer. 1996. "Examining a Coupled Climate Model Using CFC-11 as an Ocean Tracer." *Geophysical Research Letters* 26: 2749-52.

Edwards, P. N. 2010. *A Vast Machine: Computer Models, Climate Data, and Politics of Global Warming*. Cambridge, MA: MIT Press.

Feigelson, E. M. 1978. "Preliminary Radiation Model of a Cloudy Atmosphere. 1: Structure of Clouds and Solar Radiation." *Contributions to Atmospheric Physics* 51: 203-29.

Flato, G., J. Marotzke, B. Abiodun, P. Braconnot, S. C. Chou, W. Collins, P. Cox, et al. 2013. "Evaluation of Climate Models." In *Climate Change 2013: The Physical Science Basis. Contribution of Working Group I to the Fifth Assessment Report of the Intergovernmental Panel on Climate*

Change, edited by T. F. Stocker, D. Qin, G.-K. Plattner, M. Tignor, S. K. Allen, J. Boschung, A. Nauels, Y. Xia, V. Bex, and P. M. Midgley, 741-866. Cambridge: Cambridge University Press.

Forster, P. M. F., and J. M. Gregory. 2006. "The Climate Sensitivity and its Components Diagnosed from Earth Radiation Budget Data." *Journal of Climate* 19: 39-52.

Fourier, J. J. 1827. "Mémoire sur les températures du globe terrestre et des espaces planétaires." *Mémoires de l'Académie royale des sciences de l'institut de France* 7: 569-604.

Fu, Q., and C. M. Johanson. 2005. "Satellite-Derived Vertical Dependence of Tropical Tropospheric Temperature Trends." *Geophysical Research Letters* 32: L10703.

Fu, Q., C. M. Johanson, S. G. Warren, and D. J. Seidel. 2004. "Contribution of Stratospheric Cooling to Satellite-Inferred Tropospheric Temperature Trends." *Nature* 429: 55-58.

Fu, Q., S. Manabe, and C. M. Johanson. 2011. "On the Warming in the Tropical Upper Troposphere: Model versus Observations." *Geophysical Research Letters* 38: L15704.

Gates, W. L. 1976. "Modeling the Ice-Age Climate." *Science* 191: 1138-44.

Gent, P. R., J. Willebrand, T. J. McDougall, and J. C. McWilliams. 1995. "Parameterizing Eddy-Induced Tracer Transport in Ocean Circulation Models." *Journal of Physical Oceanography* 25: 463-74.

Gill, A. E., and K. Bryan. 1971. "Effect of Geometry on the Circulation of a Three Dimensional Southern-Hemisphere Ocean Model." *Deep Sea Research* 18: 685-721.

Goody, R. M. 1964. *Atmospheric Radiation: Theoretical Basis*. Oxford:

Clarendon.

Goody, R. M., and Y. M. Yung. 1989. *Atmospheric Radiation: Theoretical Basis*. 2nd ed. Oxford: Oxford University Press.

Gordon, A. L. 1986. "Inter-ocean Exchange of Thermocline Water and Its Influence on Thermohaline Circulation." *Journal of Geophysical Research* 91: 5037-46.

Gregory, J. M., O.J.H. Browne, A. J. Payne, J. K. Ridley, and I. C. Rutt. 2012. "Modelling Large-Scale Ice-Sheet-Climate Interactions following Glacial Inception." *Climate of the Past* 8: 1565-80.

Gregory, J. M., K. W. Dixon, R. J. Stouffer, A. J. Weaver, E. Driesschaert, M. Eby, T. Fichefet, et al. 2005. "A Model Intercomparison of Changes in the Atlantic Thermohaline Circulation in Re- sponse to Increasing Atmospheric CO_2 Concentration." *Geophysical Research Letters* 32: L12703.

Gregory, J. M., J.F.B. Mitchell, and A. J. Brady. 1997. "Summer Drought in Northern Midlatitudes in a Time-Dependent CO_2 Climate Experiment." *Journal of Climate* 10: 662-86.

Guilderson, T. P., R. G. Fairbanks, and J. L. Rubenstone. 1994. "Tropical Temperature Variations since 20,000 Years Ago: Modulating Interhemispheric Temperature Change." *Science* 263: 663-65.

Hall, A., and S. Manabe. 1999. "The Role of Water Vapor Feedback in Unperturbed Climate Variability and Global Warming." *Journal of Climate* 12: 2327-46.

Hansen, J., I. Fung, A. Lacis, D. Rind, S. Lebedeff, R. Ruedy, G. Russel, and P. Stone. 1988. "Global Climate Change as Forecast by the Goddard Institute for Space Studies Three Dimensional Model." *Journal of*

Geophysical Research 93: 9341-64.

Hansen, J., D. Johnson, A. Lacis, S. Lebedeff, P. Lee, D. Rind, and G. Russell. 1981. "Climate Impact of Increasing Atmospheric Carbon Dioxide." *Science* 213: 957-66.

Hansen J., A. Lacis, D. Rind, G. Russel, P. Stone, I. Fung, R. Ruedy, and J. Lerner. 1984. "Climate Sensitivity: Analysis of Feedback Mechanisms." In *Climate Processes and Climate Sensitivity*, Geophysical monograph 29, Maurice Ewing series 5, edited by J. E. Hansen and T. Takahashi, 130-63. Washington, DC: American Geophysical Union.

Hansen, J., G. Russell, D. Rind, P. Stone, A. Lacis, S. Lebedeff, R. Ruedy, and L. Travis. 1983. "Efficient Three-Dimensional Global Models for Climate Studies: Models I and II." *Monthly Weather Review* 111: 609-62.

Harland, W. B. 1964. "Critical Evidence for a Great Infra-Cambrian Glaciation." *International Journal of Earth Sciences* 54: 45-61.

Harrison, E. F., P. Minnis, B. R. Barkstrom, V. Ramanathan, R. D. Cess, and G. G. Gibson. 1990. "Seasonal Variation of Cloud Radiative Forcing Derived from the Earth Radiation Budget Experiment." *Journal of Geophysical Research* 95: 18687-703.

Hartmann, D. L. 2016. *Global Physical Climatology*. Amsterdam: Elsevier.

Hartmann, D. L., A.M.G. Klein Tank, M. Rusticucci, L. V. Alexander, S. Brönnimann, Y. Charabi, F. J. Dentener, et al. 2013. "Observation: Atmosphere and Surface." In *Climate Change 2013: The Physical Science Basis. Contribution of Working Group I to the Fifth Assessment Report of the Intergovernmental Panel on Climate Change*, edited by T. F. Stocker, D. Qin, G.-K. Plattner, M. Tignor, S. K. Allen, J. Boschung,

A. Nauels, Y. Xia, V. Bex, and P. M. Midgley, 159-254. Cambridge: Cambridge University Press.

Hays, J. D., J. Imbrie, and N. J. Shackleton. 1976. "Variations in the Earth's Orbit: Pacemaker of the Ice Ages." *Science* 194: 1121-32.

Haywood, J., R. J. Stouffer, R. J. Wetherald, S. Manabe, and V. Ramaswamy. 1997. "Transient Response of a Coupled Model to Estimated Change in Greenhouse Gas and Sulfate Concentration." *Geophysical Research Letters* 24: 1335-38.

Held, I. M. 1978. "The Tropospheric Lapse Rate and Climate Sensitivity: Experiments with a Two-Level Atmospheric Model." *Journal of Atmospheric Sciences* 35: 2083-98.

―――. 1993. "Large-Scale Dynamics and Global Warming." *Bulletin of the American Meteorological Society* 74: 228-41.

Held, I. M., D. I. Linder, and M. J. Suarez. 1981. "Albedo Feedback, the Meridional Structure of the Effective Heat Diffusivity, and Climatic Sensitivity: Results from Dynamic and Diffusive Models." *Journal of the Atmospheric Sciences* 38: 1911-27.

Held, I. M., and B. J. Soden. 2000. "Water Vapor Feedback and Global Warming." *Annual Review of Energy and the Environment* 25: 441-75.

―――. 2006. "Robust Response of Hydrologic Cycle to Global Warming." *Journal of Climate* 19: 5686-99.

Held, I. M., and M. J. Suarez. 1974. "Simple Albedo Feedback Models of the Ice Caps." *Tellus* 38: 1911-27.

Henning, C. C., and G. K. Vallis. 2005. "The Effect of Mesoscale Eddies on the Stratification and Transport of an Ocean with a Circumpolar Channel." *Journal of Physical Oceanography* 35: 880-96.

Hoffert, M. I., A. J. Callegari, and C. T. Hsieh. 1980. "The Role of Deep Sea Heat Storage in the Secular Response to Climatic Forcing." *Journal of Geophysical Research* 85: 6667-79.

Hoffman, P. F., A. J. Kaufman, G. P. Halverson, and G. P. Schrag. 1998. "A Neoproterozoic Snowball Earth." *Science* 281: 1342-46.

Holloway, J. L., Jr., and S. Manabe. 1971. "Simulation of Climate by a General Circulation Model. I: Hydrologic Cycle and Heat Balance." *Monthly Weather Review* 99: 335-70.

Hulbert, E. O. 1931. "The Temperature of the Lower Atmosphere of the Earth." *Physical Review* 38: 1876-90.

Imbrie, J., and J. Z. Imbrie. 1980. "Modeling the Climatic Response to Orbital Variations." *Science* 207: 943-53.

Imbrie, J., and K. P. Imbrie. 1979. *Ice Ages: Solving the Mystery*. Hillside, NJ: Enslow.

Imbrie, J., and N. G. Kipp. 1971. "A New Micropaleontological Method for Quantitative Paleoclimatology: Application to a Late Pleistocene Caribbean Core." In *The Late Cenozoic Glacial Ages*, edited by K. K. Turekian, 71-79. New Haven, CT: Yale University Press.

Inamdar, A. K., and V. Ramanathan. 1998. "Tropical and global Scale Interaction among Water Vapor, Atmospheric Greenhouse Effect and Surface Temperature." *Journal of Geophysical Research* 103: 32177-94.

IPCC (Intergovernmental Panel on Climate Change). 1992. *Climate Change 1992: The Supplementary Report to the IPCC Scientific Assessment*. Edited by J. T. Houghton, B. A. Callander, and S. K. Varney. Cambridge: Cambridge University Press.

――――. 2001. *Climate Change 2001: The Scientific Basis*. Edited by J. T.

Houghton Y. Ding, D. J. Griggs, M. Noguer, P. J. van der Linden, X. Dai, K. Maskell, and C. A. Johnson. Cambridge: Cambridge University Press.

―――. 2007. "Acronyms." In *Climate Change 2007: The Physical Science Basis. Contribution of Working Group I to the Fourth Assessment Report of the Intergovernmental Panel on Climate Change*, edited by S. Solomon, D. Qin, M. Manning, Z. Chen, M. Marquis, K. B. Averyt, M. Tignor, and H. L. Miller, 981-87. Cambridge: Cambridge University Press.

―――. 2013a. "Acronyms." In *Climate Change 2013: The Physical Science Basis. Contribution of Working Group I to the Fifth Assessment Report of the Intergovernmental Panel on Climate Change*, edited by T. F. Stocker, D. Qin, G.-K. Plattner, M. Tignor, S. K. Allen, J. Boschung, A. Nauels, Y. Xia, V. Bex, and P. M. Midgley, 1467-75. Cambridge: Cambridge University Press.

―――. 2013b. "Summary for Policymakers." In *Climate Change 2013: The Physical Science Basis. Contribution of Working Group I to the Fifth Assessment Report of the Intergovernmental Panel on Climate Change*, edited by T. F. Stocker, D. Qin, G.-K. Plattner, M. Tignor, S. K. Allen, J. Boschung, A. Nauels, Y. Xia, V. Bex, and P. M. Midgley, 3-29. Cambridge: Cambridge University Press.

IPCC/TEAP (Technology and Economic Assessment Panel). 2005. *Special Report on Safeguarding the Ozone Layer and the Global Climate System: Issues Related to Hydrofluorocarbons and Perfluorocarbons*. Edited by B. Metz, L. Kuijpers, S. Solomon, S. O. Andersen, O. Davidson, J. Pons, D. de Jager, T. Kestin, M Manning, and L. Meyer.

Cambridge: Cambridge University Press.

Jansen, E., J. Overpeck, K. R. Briffa, J.-C. Duplessy, F. Joos, V. Masson-Delmotte, D. Olago, et al. 2007. "Palaeoclimate." In *Climate Change 2007: The Physical Science Basis. Contribution of Working Group I to the Fourth Assessment Report of the Intergovernmental Panel on Climate Change*, edited by S. Solomon, D. Qin, M. Manning, Z. Chen, M. Marquis, K. B. Averyt, M. Tignor, and H. L. Miller, 433-97. Cambridge: Cambridge University Press.

Kaplan, L. D. 1960. "The Influence of Carbon Dioxide Variation on the Atmospheric Heat Balance." *Tellus* 12: 204-8.

Karl, T. R., S. J. Hassol, C. D. Miller, and W. L. Murray, eds. 2006. *Temperature Trends in the Lower Atmosphere: Steps for Understanding and Reconciling Differences*. Washington, DC: US Climate Change Science Program.

Karsten, R. H., and J. Marshall. 2002. "Constructing the Residual Circulation of the ACC from Observation." *Journal of Physical Oceanography* 32: 3315-27.

Kasahara, A., and W. M. Washington. 1967. "NCAR Global General Circulation Model of the Atmosphere." *Monthly Weather Review* 95: 389-402.

Kelly, P. M., P. D. Jones, P. D. Sear, B.S.G. Cherry, and R. K. Tavacol. 1982. "Variation in Surface Air Temperature. 2: Arctic Regions, 1881-1980?" *Monthly Weather Review* 110: 71-83.

Klein, S. A., A. Hall, J. R. Norris, and R. Pincus. 2017. "Low-Cloud Feedbacks from Cloud-Controlling Factors: A Review." *Surveys in Geophysics* 38: 1307-29.

Kondratiev, K. Y., and H. I. Niilisk. 1960. "On the Question of Carbon Dioxide Heat Radiation in the Atmosphere." *Pure and Applied Geophysics* 46: 216-30.

Langley, S. P. 1889. "The Temperature of the Moon." *Memoirs of the National Academy of Sciences* 4 (2): 105-212.

Lea, D. W. 2004. "The 100,000-yr Cycle in Tropical SST, Greenhouse Forcing, and Climate Sensitivity." *Journal of Climate* 17: 2170-79.

Legates, D. R., and C. J. Willmott. 1990. "Mean Seasonal and Spatial Variability in Gauge-Corrected Global Precipitation." *International Journal of Climatology* 10: 111-27.

Leith, C. E. 1965. "Numerical Simulation of the Earth's Atmosphere." In *Methods in Computational Physics* vol. 4, edited by B. Alder, S. Fernbach, and M. Rotenberg, 1-28. New York: Academic Press.

Levitus, S. 1982. *Climatological Atlas of the World Ocean*. NOAA Professional Paper 13. Washington, DC: US Department of Commerce.

Levitus, S., J. L. Antonov, T. P. Boyer, and C. Stephens. 2000. "Warming of the World Ocean." *Science* 287: 2225-29.

Loeb, N. G., et al. 2009. "Toward Optimal Choice of the Earth's Top-of-Atmosphere Radiation Budget." *Journal of Climate* 22: 748-66.

London, J. 1957. *A Study of the Atmospheric Heat Balance*. Final Report on Contract AF 19 (122)-165 (AFCRC-TR-57-287). New York: New York University.

Manabe, S. 1969. "Climate and Ocean Circulation. 1: The Atmospheric Circulation and Hydrology of the Earth's Surface." *Monthly Weather Review* 97: 739-74.

Manabe, S., and A. J. Broccoli. 1985. "A Comparison of Climate Model

Sensitivity with Data from the Last Glacial Maximum." *Journal of Atmospheric Sciences* 42: 2643-51.

Manabe, S., and K. Bryan. 1969. "Climate Calculation with a Combined Ocean-Atmosphere Model" *Journal of Atmospheric Sciences* 26: 786-89.

Manabe, S., K. Bryan, and M. J. Spelman. 1979. "A Global Ocean-Atmosphere Climate Model with Seasonal Variation for Future Studies of Climate Sensitivity." *Dynamics of Atmospheres and Oceans* 3: 393-426.

Manabe, S., D. G. Hahn, and J. L. Holloway Jr. 1974. "The Seasonal Variation of Tropical Circulation as Simulated by a Global Model of the Atmosphere." *Journal of Atmospheric Sciences* 31: 43-48.

Manabe, S., and J. L. Holloway Jr. 1975. "The Seasonal Variation of the Hydrologic Cycle as Simulated by a Global Model of the Atmosphere." *Journal of Geophysical Research* 80: 1617-49.

Manabe, S., J. L. Holloway Jr., and H. M. Stone. 1970. "Tropical Circulation in a Time Integration of a Global Model of the Atmosphere." *Journal of Atmospheric Sciences* 27: 580-613.

Manabe, S., P.C.D. Milly, and R. T. Wetherald. 2004b. "Simulated Long-Term Changes in River Discharge and Soil Moisture Due to Global Warming." *Hydrological Sciences Journal* 49: 625-42.

Manabe, S., J. Ploshay, and N.-C. Lau. 2011. "Seasonal Variation of Surface Temperature Change during the Last Several Decades." *Journal of Climate* 24: 3817-21.

Manabe, S., J. Smagorinsky, and R. F. Strickler. 1965. "Simulated Climatology of a General Circulation Model with a Hydrologic Cycle."

Monthly Weather Review 93: 769-98.

Manabe, S., M. J. Spelman, and R. J. Stouffer. 1992. "Transient Response of a Coupled Ocean Atmosphere Model to Gradual Changes of Atmospheric CO_2. Part II: Seasonal Response." *Journal of Climate* 5: 105-26.

Manabe, S., and R. J. Stouffer. 1979. "A CO_2 Climate Sensitivity Study with a Mathematical Model of Global Climate." *Nature* 282: 491-93.

———. 1980. "Sensitivity of a Global Climate Model to an Increase in CO_2 Concentration in the Atmosphere." *Journal of Geophysical Research* 85: 5529-54.

———. 1988. "Two Stable Equilibria of Coupled Ocean-Atmosphere Model." *Journal of Climate* 1: 841-66.

———. 1993. "Century-Scale Effects of Increased Atmospheric CO_2 on the Ocean-Atmosphere System." *Nature* 364: 215-18.

———. 1994. "Multiple-Century Response of a Coupled Ocean-Atmosphere Model to an Increase of Atmospheric Carbon Dioxide." *Journal of Climate* 7: 5-23.

———. 1997. "Coupled Ocean-Atmosphere Model Response to Freshwater Input: Comparison to Younger Dryas Event." *Paleoceanography* 12: 321-36.

———. 1999. "The Role of Thermohaline Circulation in Climate." *Tellus* 51 (A/B): 91-109.

Manabe, S., R. J. Stouffer, M. J. Spelman, and K. Bryan. 1991. "Transient Response of a Coupled Ocean Atmosphere Model to Gradual Changes of Atmospheric CO_2. Part I: Annual Mean Response." *Journal of Climate* 4: 785-818.

Manabe, S., and R. F. Strickler. 1964. "Thermal Equilibrium of the Atmosphere with Convective Adjustment." *Journal of Atmospheric Sciences* 21: 361-85.

Manabe, S., and R. T. Wetherald. 1967. "Thermal Equilibrium of the Atmosphere with a Given Distribution of Relative Humidity." *Journal of Atmospheric Sciences* 24: 241-59.

────. 1975. "The Effect of Doubling CO_2 Concentration on the Climate of a General Circulation Model." *Journal of Atmospheric Sciences* 32: 3-15.

────. 1985. "CO_2 and Hydrology." In *Advances in Geophysics*, vol. 28, *Issues in Atmospheric and Oceanic Modeling*, pt. A, *Climate Dynamics*, edited by S. Manabe, 131-57. New York: Academic Press.

────. 1987. "Large-Scale Changes of Soil Wetness Induced by an Increase in Atmospheric Carbon Dioxide." *Journal of Atmospheric Sciences* 44: 1211-35.

Manabe, S., R. T. Wetherald, P.C.D. Milly, T. L. Delworth, and R. J. Stouffer. 2004a. "Century-Scale Change in Water Availability: CO_2-Quadrupling Experiment." *Climatic Change* 64: 59-76.

Manganello, J., and B. Huang. 2009. "The Influence of Systematic Errors in the Southeast Pacific on ENSO Variability and Prediction in a Coupled GCM." *Climate Dynamics* 32: 1015-34.

Mann, M. E., Z. Zhang, S. Rutherford, R. S. Bradley, M. K. Hughes, D. Shindell, C. Ammann, G. Falvegi, and F. Ni. 2009. "Global Signature and Dynamical Origins of the Little Ice Age and Medieval Climate Anomaly." *Science* 326: 1256-60.

Mann, M. E., Z. Zhang, S. Rutherford, M. K. Hughes, R. S. Bradley, S. K.

Miller, S. Rutherford, and F. Ni. 2008. "Proxy-Based Reconstruction of Hemispheric and Global Surface Temperature Variation over the Past Two Millennia." *Proceedings of the National Academy of Sciences of the USA* 105: 13252-57.

MARGO Project members. 2009. "Constraints on the Magnitude and Patterns of Ocean Cooling at the Last Glacial Maximum." *Nature Geoscience* 2: 127-32.

Mastenbrook, H. J. 1963. "Frost-Point Hygrometer Measurement in the Stratosphere and the Problem of Moisture Contamination." In *Humidity and Moisture*, edited by A. Wexler and W. A. Wildhack, vol. 2, 480-85. New York: Reinhold.

Milly, P.C.D. 1992. "Potential Evaporation and Soil Moisture in General Circulation Models." *Journal of Climate* 5: 209-26.

Milly, P.C.D., J. Betancourt, M. Falkenmark, R. M. Hirsch, Z. W. Kundzewicz, D. P. Lettenmaier, and R. J. Stouffer. 2008. "Stationarity Is Dead: Whither Water Management?" *Science* 319: 573-74.

Milly, P.C.D., R. T. Wetherald, K. A. Dunne, and T. L. Delworth. 2002. "Increasing Risk of Great Floods in Changing Climate." *Nature* 415: 514-17.

Mintz, Y. 1965. "Very Long-Term Global Integration of the Primitive Equation of Atmospheric Motion." In *Proceedings of the WMO−IUGG Symposium on Research and Development: Aspects of Long−range Forecasting, Boulder, CO, 1964*, WMO Technical Note 66, 141-67. Geneva: World Meteorological Organization.

―――. 1968. "Very Long-Term Global Integration of the Primitive Equation of Atmospheric Motion: An Experiment in Climate

Simulation." *Meteorological Monographs* 8 (30): 20-36.

Mitchell, J.F.B., S. Manabe, V. Meleshiko, and T. Tokioka. 1990. "Equilibrium Climate Change and Its Implications for the Future." *Climate Change: The IPCC Scientific Assessment*, edited by J. T. Houghton, G. T. Jenkins, and J. J. Ephrams, 131-72. Cambridge: Cambridge University Press.

Möller, F. 1963. "On the Influence of Changes in the CO_2 Concentration in Air on the Radiation Balance of Earth's Surface and Climate." *Journal of Geophysical Research* 68: 3877-86.

Morice, C. P., J. J. Kennedy, N. A. Rayner, and P. D. Jones. 2012. "Quantifying Uncertainties in Global and Regional Temperature Change Using an Ensemble: The HadCRUT4 Data Set." *Journal of Geophysical Research* 117: D0810.

Morrison, A. K., and A. M. Hogg. 2013. "On the Relationship between Southern Ocean Overturning and ACC Transport." *Journal Physical Oceanography* 43: 140-48.

Munk, W. H. 1966. "Abyssal Recipes." *Deep Sea Research* 13: 707-36.

Neftel, A., H. Oeschger, J. Schwander, B. Stauffer, and R. Zumbrunn. 1982. "Ice Core Sample Measurements Give Atmospheric CO_2, Content during the Past 40,000 Years." *Nature* 295: 220-23.

Newell, R. G., and T. G. Dopplick. 1979. "Questions Concerning the Possible Influence of Anthropogenic CO_2 on Atmospheric Temperature." *Journal of Applied Meteorology* 18: 822-25.

North, G. R. 1975a. "Theory of Energy Balance Climate Models." *Journal of the Atmospheric Sciences* 32: 2033-43.

―――. 1975b. "Analytical Solution to a Simple Climate Model with

Diffusive Heat Transport." *Journal of the Atmospheric Sciences* 32: 1301-7.

———. 1981. "Energy Balance Climate Models." *Review of Geophysics and Space Physics* 19: 91-121. PALAEOSENS Project members. 2012. "Making Sense of Palaeoclimate Sensitivity." *Nature* 491: 683-91.

Peixoto, J. P., and A. H. Oort. 1992. *Physics of Climate*. New York: American Institute of Physics.

Perovich, D., R. Kwok, W. Meier, S. Nghiem, and J. Richter-Menge, 2010. "Sea Ice Cover." In "State of the Climate in 2009," edited by D. S. Arndt, M. O. Baringer, and M. R. Johnson. Special Supplement. *Bulletin of the American Meteorological Society* 91: S113-14.

Peterson, B. J., R. M. Holmes, J. W. McClelland, C. J. Vörösmarty, R. J. Lammers, A. I. Shikolomanov, I. A. Shikolamanov, and S. Rahmstorf. 2002. "Increasing River Discharge to the Arctic Ocean." *Science* 298: 2171-73.

Phillips, N. A. 1956. "The General Circulation Model of the Atmosphere: A Numerical Experiment." *Quarterly Journal of the Royal Meteorological Society* 82: 123-64.

Pierrehumbert, R. T. 2004a. "Warming the World." *Nature* 432: 677.

———. 2004b. "Translation of 'Mémoire sur les températures du globe terrestre et des espaces planétaires' by J-B J. Fourier." *Nature* 432 (online supplementary material to Pierrehumbert [2004a]).

Pierrehumbert, R. T., D. S. Abbot, A. Voigt, and D. Koll. 2011. "Climate of the Neoproterozoic." *Annual Review of Earth and Planetary Sciences* 39: 417-60.

Plass, G. N. 1956. "The Carbon Dioxide Theory of Climatic Changes."

Tellus 8: 140-54. Po-Chedley, S., and Q. Fu. 2012. "Discrepancies in Tropical Upper Tropospheric Warming between Atmospheric Circulation Models and Satellites." *Environmental Research Letters* 7: 044018.

Pollard, D. 1978. "An Investigation of the Astronomical Theory of the Ice Ages Using a Simple Climate-Ice Sheet Model." *Nature* 272: 233-35.

―――. 1984. "A Simple Ice Sheet Model Yields Realistic 100 kyr Glacial Cycles." *Nature* 296: 334-38.

Ramanathan, V. 1975. "Greenhouse Effect Due to Chloro-fluoro-carbons: Climatic Implications." *Science* 190: 50-52.

Ramanathan, V., R. D. Cess, E. F. Harrison, P. Minnis, B. R. Barkstrom, E. Ahmad, and D. Hart- mann. 1989. "Cloud-Radiative Forcing and Climate: Results from the Earth Radiation Budget Experiment." *Science* 243: 57-63.

Ramanathan, V., R. J. Cicerone, H. G. Singh, and J. T. Kiehl. 1985. "Trace Gas Trends and Their Potential Role in Climate Change." *Journal of Geophysical Research* 90: 5547-66.

Ramanathan, V., and J. A. Coakley Jr. 1978. "Climate Modeling through Radiative, Convective Models." *Review of Geophysics and Space Physics* 16: 465-89.

Ramanathan, V., and A. M. Vogelmann. 1997. "Greenhouse Effect, Atmospheric Solar Absorption and the Earth's Radiation Budget: From the Arrhenius-Langley Era to the 1990s." *Ambio* 24: 39-46.

Ramaswamy, V., M. D. Schwarzkopf, W. J. Randel, B. D. Santer, B. J. Soden, and G. L. Stenchikov. 2006. "Anthropogenic and Natural Influences in the Evolution of Lower Stratospheric Cooling." *Science*

311: 1138-41.

Riehl, H., and J. S. Malkus. 1958. "On the Heat Balance in the Equatorial Trough Zone." *Geophysica* 6: 503-38.

Schimel, D., I. G. Enting, M. Heimann, T.M.L. Wigley, D. Raynaud, D. Alves, and U. Siegenthaler. 1995. "CO_2, and the carbon cycle." In *Climate Change 1994: Radiative Forcing of Climate Change and an Evaluation of the IPCC IS92 Emission Scenarios*, edited by J. T. Houghton, L. G. Meira Filho, J. Bruce, H. Lee, B. A. Callander, E. Haites, N. Harris and K. Maskell, 35-72. Cambridge: Cambridge University Press.

Schneider, S. H., and S. L. Thompson. 1981. "Atmospheric CO_2, and Climate: Importance of Transient Response." *Journal of Geophysical Research* 86: 3135-47.

Schrag, D. P., J. F. Adkins, K. McIntrye, J. L. Alexander, D. A. Hodell, C. D. Charles, and J. F. McMa-nus. 2002. "The Oxygen Isotopic Composition of Sea Water during the Last Glacial Maximum." *Quaternary Science Review* 21: 331-42.

Screen, J. A., and I. Simmonds. 2010. "The Central Role of Diminishing Sea Ice in Recent Arctic Temperature Amplification." *Nature* 464: 1334-37.

Sellers, W. D. 1969. "A Global Climate Model Based on the Energy Balance of the Earth-Atmosphere System." *Journal of Applied Meteorology* 8: 392-400.

Shackleton, N. J., M. A. Hall, J. Line, and S. Cang. 1983. "Carbon Isotope Data in Core V19-30 Confirm Reduced Carbon Dioxide Concentration of the Ice Age Atmosphere." *Nature* 306: 319-22.

Shackleton, N. J., J. Le, A. Mix, and M. A. Hall. 1992. "Carbon Isotope

Records from Pacific Surface Waters and Atmospheric Carbon Dioxide." *Quaternary Science Review* 11: 387-400.

Shin, S., Z. Liu, B. Otto-Bliesner, E. Brady, J. Kutsbach, and S. Harrison. 2003. "A NCAR CCSM Simulation of the Climate at the Last Glacial Maximum." *Climate Dynamics* 20: 127-51.

Smagorinsky, J. 1958. "On the Numerical Integration of the Primitive Equation of Motion for Baroclinic Flow in a Closed Region." *Monthly Weather Review* 86: 457-66.

─────. 1963. "General Circulation Experiments with the Primitive Equations. 1: The Basic Experiment." *Monthly Weather Review* 91: 99-164.

Smagorinsky, J., S. Manabe, and J. L. Holloway Jr. 1965. "Numerical Results from a Nine-Level General Circulation Model of the Atmosphere." *Monthly Weather Review* 93: 727-68.

Soden, B. J., and I. M. Held. 2006. "An Assessment of Climate Feedback in Coupled Ocean-Atmosphere Models." *Journal of Climate* 19: 3355-60.

Soden, B. J., and G. A. Vecchi. 2011. "The Vertical Distribution of Cloud Feedback in Coupled Ocean-Atmosphere Models." *Geophysical Research Letters* 38: L12704.

Somerville, R.C.J., and L. A. Remer. 1984. "Cloud Optical Thickness Feedback in the CO_2 Climate Problem." *Journal of Geophysical Research* 89: 9668-72.

Stephens, B. B., and R. F. Keeling. 2000. "The Influence of Antarctic Sea Ice on Glacial-Interglacial CO_2, Variations." *Nature* 404: 171-74.

Stone, P. H. 1978. "Baroclinic Adjustment." *Journal of Atmospheric Sciences* 35: 561-71.

Stouffer, R. J., and S. Manabe. 2003. "Equilibrium Response of Thermohaline Circulation to Large Changes in Atmospheric CO_2 Concentration." *Climate Dynamics* 20: 759-73.

───. 2017. "An Assessment of Temperature Pattern Projection Made in 1989." *Nature Climate Change* 7: 163-65.

Stouffer, R. J., S. Manabe, and K. Bryan. 1989. "Interhemispheric Asymmetry in Climate Response to a Gradual Increase of Atmospheric CO_2." *Nature* 342: 660-62.

Taljaard, J. J., H. van Loon, H. C. Crutcher, and R. L. Jenne. 1969. *Climate of Upper Air. I: Southern Hemisphere*. NAVAIR 50-IC-55. Washington, DC: US Naval Weather Service.

Thompson, S. L., and S. H. Schneider. 1979. "A Seasonal Zonal Energy Balance Climate Model with an Interactive Lower Layer." *Journal of Geophysical Research* 84: 2401-14.

Trenberth, K. E., J. T. Fasullo, and J. Kiehl. 2009. "Earth's Global Energy Budget." *Bulletin of the American Meteorological Society* 90: 311-24.

Trenberth, K. E., P. D. Jones, P. Ambenje, R. Bojariu, D. Easterling, A. Klein Tank, D. Parker, et al. 2007. "Observation: Surface and Atmospheric Climate Change." In *Climate Change 2007: The Physical Science Basis. Contribution of Working Group I to the Fourth Assessment Report of the Intergovernmental Panel on Climate Change*, edited by S. Solomon, D. Qin, M. Manning, Z. Chen, M. Marquis, K. B. Averyt, M. Tignor, and H. L. Miller, 235-336. Cambridge: Cambridge University Press.

Tsushima, Y., and S. Manabe. 2001. "Influence of Cloud Feedback on the Annual Variation of the Global Mean Surface Temperature." *Journal of*

Geophysical Research 106: 22635-46.

―――. 2013. "Assessment of Radiative Feedback in Climate Models Using Satellite Observation of Annual Flux Variation." *Proceedings of the National Academy of Sciences of the USA* 110: 7568-73.

Tyndall, J. 1859. "Note on the Transmission of Heat through Gaseous Bodies." Proceedings of the Royal Society of London 10: 37, 155-58.

―――. 1861. "On the Absorption and Radiation of Heat by Gases and Vapors, and on Physical Connexion of Radiation, Absorption, and Conduction." *London, Edinburgh and Dublin Philosophical Magazine and Journal of Science*, 4th series, 22: 169-94, 273-85.

Vaughan, D. G., J. C. Comiso, I. Allison, J. Carrasco, G. Kaser, R. Kwok, P. Mote, et al. 2013. "Observation: Cryosphere." In *Climate Change 2013: The Physical Science Basis. Contribution of Working Group I to the Fifth Assessment Report of the Intergovernmental Panel on Climate Change*, edited by T. F. Stocker, D. Qin, G.-K. Plattner, M. Tignor, S. K. Allen, J. Boschung, A. Nauels, Y. Xia, V. Bex, and P. M. Midgley, 317-82. Cambridge: Cambridge University Press.

Vecchi, G. A., T. Delworth, R. Gudgel, S. Kapnick, A. Rosati, A. T. Wittenberg, F. Zeng, et al. 2014. "On the Seasonal Forecasting of Regional Tropical Cyclone Activity." *Journal of Climate* 27: 7994-8016.

Vörösmarty, C. J., P. Green, J. Salisbury, and R. B. Lammers. 2000. "Global Water Resources: Vulnerability from Climate Change and Population Growth." *Science* 289: 284-88.

Walker, J.C.G., and J. F. Kasting. 1992. "Effect of Fuel and Forest Conservation on Future Levels of Atmospheric Carbon Dioxide." *Paleogeography, Paleoclimatology, and Paleoecology* 97: 151-89.

Wang, W. C., Y. L. Yung, L. Lacis, A. A. Mo, and J. E. Hansen. 1976. "Greenhouse Effect Due to Man-Made Perturbations to Global Climate." *Science* 194: 685-90.

Washington, W. M., and G. A. Meehl. 1989. "Climate Sensitivity Due to Increased CO_2: Experiment with a Coupled Atmosphere and Ocean General Circulation Model." *Climate Dynamics* 4: 1-38.

Washington, W. M., A. J. Semtner Jr., G. A. Meehl, D. J. Knight, and T. A. Meyer. 1980. "A General Circulation Experiment with a Coupled Atmosphere, Ocean, and Sea Ice Model." *Journal of Physical Oceanography* 10: 1887-1908.

Watts, R. G. 1981. "Discussion of 'Questions Concerning the Possible Influence of Anthropogenic CO_2, on Atmospheric Temperature' by R.G. Newell and T.G. Dopplick." *Journal of Applied Meteorology* 19: 494-95.

Webb, T., and D. R. Clark. 1977. "Calibrating Micropaleontological Data in Climatic Terms: A Critical Review." *Annals of the New York Academy of Sciences* 288: 93-118.

Weertman, J. 1964. "Rate of Growth or Shrinkage of Non-equilibrium Ice Sheet." *Journal of Glaciology* 5: 145-58.

———. 1976. "Milankovitch Solar Radiation Variation and Ice Age Ice Sheet Sizes." *Nature* 261: 17-20.

Weiss, R. F., J. L. Bullister, M. J. Warner, F. A. van Woy, and P. K. Salameh. 1990. *Ajax Expedition Chlorofluorocarbon Measurements*. Scripps Institution of Oceanography (SIO) Reference Series 90-6: 190. La Jolla: University of California, San Diego, SIO.

Wetherald, R. T., and S. Manabe. 1975. "The Effect of Changing the Solar Constant on the Climate of a General Circulation Model." *Journal of*

Atmospheric Sciences 32: 2044-59.

―――. 1980. "Cloud Cover and Climate Sensitivity." *Journal of Atmospheric Sciences* 37: 1485-510.

―――. 1981. "Influence of Seasonal Variation upon the Sensitivity of a Model Climate." *Journal of Geophysical Research* 86: 1194-1204.

―――. 1986. "An Investigation of Cloud Cover Change in Response to Thermal Forcing." *Climatic Change* 8: 5-23.

―――. 1988. "Cloud Feedback Processes in a General Circulation Model." *Journal of Atmospheric Sciences* 45: 1397-415.

―――. 2002. "Simulation of Hydrologic Changes Associated with Global Warming." *Journal of Geophysical Research* 107: 4379-93.

Wielicki, B. A., B. R. Barkstrom, E. F. Harrison, R. B. Lee III, G. L. Smith, and J. E. Cooper. 1996. "Cloud and the Earth's Radiant Energy System (CERES): An Earth Observing System Experiment." *Bulletin of the American Meteorological Society* 77: 853-68.

Wigley, T.M.L., C. M. Ammann, B. D. Santer, and S.C.B. Raper. 2005. "Effect of Climate Sensitivity on the Response to Volcanic Forcing." *Journal of Geopgysical Research* 110: D09107.

Williams, J. R. G. Barry, and W. M. Washington. 1974. "Simulation of the Atmospheric Circulation Using the NCAR General Circulation Model with Ice Age Boundary Conditions." *Journal of Applied Meteorology* 13: 305-17.

Winton, M. 2006. "Surface Albedo Feedback Estimates for the AR4 Climate Models." *Journal of Climate* 19: 359-65.

Yamamoto, G. 1952. "On the Radiation Chart." *Science Reports of Tohoku University*, series 5, 4: 9-23.

Yamamoto, G., and T. Sasamori. 1961. "Further Studies on the Absorption by the 15 Micron Carbon Dioxide Bands." *Science Reports of Tohoku University*, series 5, 13: 1-19.

Zipser, E. J. 2003. "Some Views on 'Hot Towers' after 50 Years of Tropical Field Programs and Two Years of TRMM Data." *Meteorological Monographs* 51: 49-58.

옮기고 나서

지난 수십 년 동안 지구 온난화에 대해 많은 논란이 있었다. 많은 과학자들이 온난화를 설득하기 위해 노력했고, 그에 맞서 편향된 주장도 있었지만 충분한 전문성을 갖춘 뛰어난 과학자들의 진지한 반대도 적지 않았다. 그러나 몇 년 전에 기후 모형 연구에 노벨상이 수여되면서 이 논란은 일단락을 지은 느낌이다. 몇 해가 지난 지금은 한 해 한 해 온난화의 진행을 실감하게 되었다는 것을 부인하기는 어려울 듯하다.

저자는 책의 첫머리에 이렇게 밝힌다. 산업 혁명 이후에 대기의 조성이 바뀌고 있고, 그로 인해 기후가 바뀌었으며, 그 원인은 주로 화석 연료를 태운 탓이다. 지구의 평균 기온은 1,000년 동안 비교적 안정적이었지만 이미 1℃가 올랐고, 화석 연료를 지금처럼 계속 쓴다면 이번 세기에 2~3℃ 더 오를 것이다. 그 결과로 홍수가 잦은 곳은 더 많은 홍수를 겪을 것이고, 가뭄이 심한 지역은 더 극심한 가뭄을 맞을 것이다. 온실 기체를 극적으로 줄이지 못하면, 인류와 생태계가 겪을 심대한 영향은 여러 세기에 걸쳐 이어질 것이다.

저자는 온실 기체를 줄이지 않으면 맞을 상황을 절제된 언어로 말하고 있다. 반면에 사람들은 지구 온난화라는 말이 너무 온건하다면서 지구 가열, 기후 위기, 기후 재앙 등의 표현을 쓰기도 한다. 너무 감성에 호소한다는 느낌이 들다가도 곰곰이 생각해 보면 지나친 표현이 아님을 알 수 있다. 가열은 말 그대로 열을 보탠다는 뜻으로, 차가운 걸 덜 차갑게 하거나 미지근한 것을 살짝 데우는 것도 당연히 가열이다. 인류와 생태계가 맞이할 수세기에 걸친 심대한 변화를 기후 위기 또는 기후 재앙이라고 말하는 것도 지나치지 않은 것 같다.

온난화건 기후 위기건, 이미 우리 눈앞에서 진행되고 있는 이 예측을 뒷받침하는 과학적 사실과 논리가 무엇인지 살펴봐야 할 것이다. 저자는 책 첫머리에 온실 기체 감축의 필요성을 한 마디로 언급하고 나서 기후 과학의 벽돌을 처음부터 하나하나 쌓아 올리면서 현재까지 받아들여진 결론으로 독자들을 안내한다. 이 방대한 논쟁 뒤에 놓인 엄밀한 과학을 이 책에서 만날 수 있다.

기후 위기에 대처하기 위해서는 각국의 정부와 기업이 중요한데, 유권자이면서 소비자인 일반 대중이 관심을 가지고 더 나아가 식견을 갖춰야 정부와 거대 기업들의 행동을 끌어낼 수 있다는 빌 게이츠의 지적이 아니어도, 인류의 미래가 달린 일에 많은 관심을 가져야 할 것이다. 그런 의미에서 이 분야의 최고 권위자가 직접 나서서 일관되고 포괄적으로 설명한 이 책의 가치는 매우 클 것으로 믿는다.

일반 독자들이 느낄 어려움을 최대한 줄이려고 노력하면서 옮겼지만, 마칠 때면 늘 아쉬움이 남는다. 60년이 넘게 이 분야를 연구했고 노벨상을 받은 최고의 학자가 쓴 이 책에 대해 독자들의 많은 관심을 바란다.

2025년 9월

김희봉

찾아보기

가

가능 증발량 252
가뭄 5, 272, 276, 316
가시광선 25, 143
간빙기 40, 46, 142
감률 되먹임 135~138, 148~149, 159~160
강수율 34, 86~88, 247, 249~250, 252, 256~261, 264, 270
거대 열탑 가설 82
거대 해양 컨베이어벨트 216~217
거주 가능성 17, 34, 180
건조 대류 81, 277
게이츠, 로런스 170
겐트, 피터 227, 230
경계 보간법 178
경압 불안정 105
계절 모형 85~90
고기후학자 167
고다드 우주 연구소(NASA/GISS) 104, 122, 127
고든, 아널드 216~217
고비 사막 267

고생물학자 167
과도 반응 219, 233
과도 파동 요란 75
광자 29~30
광학적 두께 30
구름 20, 25, 28, 49, 55, 57, 59~63, 81, 136, 143~147, 150~163, 172, 205, 277
  광학적 성질 158~159
  구름 고정 버전 172
  구름 덮개 152
  구름 변화 버전 172
  구름 양 63, 132, 150~151, 157
  구름 없는 (이상) 대기 25, 57, 59~63
  되먹임 137, 143~146, 148~152, 157~161, 172
  발생 확률 153
  알짜 냉각 효과 63
  온실 효과 144~145, 150
구름-에어로졸 라이다 및 적외선 패스파인더 위성 관측(CALIPSO) 153~155

구면 조화 함수 199
굴절 143
그레고리, 조너선 163
그린란드 211, 215
그린란드 해 217
극 증폭 115, 121, 249
극관 106
기압 경도력 222
기체 흡수 분광학 40
기후 민감도 97, 123, 127~163, 167, 171, 183~184, 189, 203~204
기후 변화 6~8, 34, 39~41, 68, 79, 91, 95, 110~111, 114, 142, 173, 189, 195, 200, 204, 221, 260, 266, 277~278
「기후 변화에 관한 정부 간 협의체 제5차 평가 보고서」 17, 230
기후: 장기 탐사, 지도 작성 및 예측 프로젝트(CLIMAP) 168~183, 243
길, 에이드리언 에드먼드 221
길더슨, 토머스 180
꽃가루 169

나

나이테 16
난류 17, 196, 222
남극 18, 117, 121, 182, 197, 212, 214~215, 221~224, 227, 230, 240
　남극 순환 해류 223, 227
남극해 77, 103, 115, 177, 183, 197, 208, 211~212, 215, 221~230, 236, 239~240, 242~243, 256
남반구 103, 113, 158, 170, 172, 175~177, 182, 197, 208, 216, 223, 239, 242
남방 진동 204
노르웨이 해 217
노스, 제럴드 108
녹는점 111~112
눈덩이 지구 108
눈벽(태풍) 82
뉴웰, 리처드 51

다

다나바소글루, 고칸 227
다중 모형 평균 210, 230, 256, 264, 268, 269
다중 회귀 분석 168~169
단열 압축 257
대기(대기권)
　대기 대순환 196, 278
　대기 대순환 모형(GCM) 73~91, 95~96, 104, 106~111, 121, 135, 142, 146, 170~171, 187, 195~199, 247, 277~278
　대기 순환 43, 74, 77, 88, 96, 98, 107, 250, 258

대기의 창 25
대기 중 동서 평균 온도의 평형 반
 응에 대한 위도높이 분포 99
대기권 최상단(TOA) 플럭스
 128~129, 132, 136, 138~139,
 141~142, 144~145, 148,
 150~151, 155~157, 163, 171
 온실 효과 21~23, 27~29,
  33~34, 39~40, 44, 66, 170,
  207, 235
 1차원 연직 기둥 모형 55
대기/해양 혼합층 모형 112, 114,
 117, 121~122, 146, 152, 172, 174,
 178, 183, 190, 195, 206~207,
 209~211, 233, 243, 274
대기-해양-빙설권 결합 계 142
대기-해양-육지 결합 계 7, 70, 187,
 191, 195~169, 277~278
 모형 230, 251
 3차원 일반 순환 모형 70
대류 17, 32, 44, 55, 56, 59, 60~61,
 65, 80, 82, 98, 196,
 가열 67
 대류성 폭풍 82
 대류 조정 56~57, 60
 임계 감률 56, 60,
대류권 18, 22, 27, 29~30, 32, 44,
 47, 49, 55~56, 59~61, 65~69,
 75~77, 81~83, 88, 98, 100~101,
 103~105, 131~132, 136,
 138~141, 147, 152~154, 158, 219,
 248, 250, 260, 273
 대류권 계면 58, 68, 82, 84~85,
  130
 이상적 온도 분포 22~23
 2층 모형 75
대상풍 74, 76~77
대서양 229
 대서양 자오면 전도 순환(AMOC)
  204, 217~218, 221, 227
덴턴, 조지 168~169
델위스, 토머스 220
도플릭, 토머스 51~52
동남아시아 261
동위 원소 분석 240
동태평양 86~88
되먹임 모수 129, 132~133, 136,
 159, 188~189
 되먹임을 없앤 시뮬레이션 67
드레이크 해협 222~223, 227
등가 방출 온도 26
등압선 77, 222
디콘 세포 223~224, 227~228
딕슨, 키스 228

라

라디오존데 68~69
라마나탄, 베라브하드란 25, 40, 43,

45, 68, 163
라마스와미, 벵카타찰람 '램' 8, 68
랭글리, 새뮤얼 피어폰트 43
런던, 줄리어스 69
럿거스 대학교 167
레비투스, 시드니 191
로런스 리버모어 국립 연구소 74
로렌타이드 빙상 168
로스 해 213, 225
로키 산맥 265
르장드르 함수 199
리, 데이비드 183
리게이츠, 데이비드 252
리머, 로레인 145
리흘, 허버트 82

마

마그네슘/칼슘 비율 183
마나베 노부코 9
마나베 슈쿠로 7, 45, 55, 57, 63~67, 79, 82, 88, 96, 100, 110, 112, 114, 117, 119, 130, 140~141, 146, 151~152, 163, 167, 172, 176, 196, 198, 200, 203~204, 210, 213, 215, 219, 221, 233, 243, 247, 250, 252, 255, 272, 278
마르시니아크, E. P. 178~180, 183
마셜, 존 228
마이크로파 관측(위성) 68~69, 121, 214~215
말커스, 조앤 82
망가넬로, 줄리아 204
매스턴브루크, H. J. 65
매켄지 강 265
맨, 마이클 에번 16
메테인 17, 19, 24~25, 34, 40, 169, 195
모리슨, 아델 228
모수화 80, 153, 158, 160, 205, 227, 230, 278
무역풍 적운 82
무차원 값 133
물
  물 부족 276
  물 수지 80, 86, 89, 198, 251
  물 순환 34, 91, 247~249, 256
  물의 가용성 5, 250~251, 260, 276
물리 법칙 6, 277
묵크, 월터 차인리히 192
뮐러, 프리츠 49, 51, 80
미국 국립 대기 연구 센터(NCAR) 74, 197, 242
미국 국립 항공 우주국(NASA) 104, 122, 127, 153, 155
미국 국립 해양 대기청(NOAA) 8, 55
미국 기상청 대순환 연구부 79
미국 의회 청문회 196

미국 표준 대기 63~64
미시 물리적 성질 144~145
미저브, J. M. 113
민츠, 예일 75
밀리, 폴 264, 276

바

바람 벡터 73, 77, 80, 89
반구 간 비대칭성 197, 208, 210, 213~215
반구 간 열 교환 176
방출률 25~26, 28, 43, 66, 132
배런, 에릭 256
배수량 5
「배출 시나리오에 관한 특별 보고서」 253
백악기 중기 256
밸리스, 제프리 227
베치, 가브리엘 158, 204
벡, J. 워런 180
벨링스 하우젠 해 215
보겔만, 앤드루 43, 45
복사
   감쇠 비율 129
   되먹임 50, 127~133, 141, 145~146, 158, 161, 163, 171
   복사 대류 모형 98, 147
   복사 평형 상태 44, 59~60, 68, 130~131
   복사대류 모형 44~45, 52, 55~64, 67~69, 100~101, 106~107, 130, 135~136, 148, 191
   복사대류 평형 55~65
   복사열 균형 33, 127
   불균형 21, 171
   스펙트럼 23~25, 33, 140
   전달 방정식 81
본, 데이비드 215
볼가 강 265
뵈뢰슈머르치, 찰스 266
부디코, 미하일 이바노비치 107~108
부익부 메커니즘 260
북극 98, 101~102, 107, 117~119, 122, 175, 214~215, 220, 265
   북극권 102
   북극 지방 강 265
   북극해 116, 118~119, 121, 208, 213, 256
   북극 육상 관측소 온도의 계절적 거동 119
북대서양 211
북반구 16, 76~77, 101~102, 113, 115, 118~119, 121, 168, 175~176, 181, 197, 208, 210, 212, 216, 230, 243, 256, 267, 274, 276
   평균 지표면 온도 추이 16
북아메리카 대평원 252, 261

북태평양 저기압 중심 77
불투명도 30, 32, 49, 139~140
브라이언, 커크 8, 196~197, 221
브래셀, 사이먼 181
브로커, 월리스 스미스 215~216
브로콜리, 앤서니 7, 167, 172, 176, 178, 180~184, 243
브로콜리, 캐럴 9
비선형 계산의 불안정성 74~75
비습 198, 277
비지균 취송류 222
빙관 불안정성 108~110
빙기 40, 46, 142, 167
빙기-간빙기 기후 변화 41, 142, 162, 167, 170~181, 243
빙상 18, 118, 142, 162, 168~170, 173, 175~176, 240
빙퇴석 169
빙하 해양 표면 재구성 프로젝트 183
뿌리층 86, 252

사

사르미엔토, 호르헤 8
사이먼즈, 이언 119
사하라 사막 88, 261, 267
사하라 사막 88
산업화 5, 34, 170, 240, 263, 278
산업 혁명 5, 316
산호 16, 180, 183

삼염화플루오린화탄소(CFC-11) 229~230
상대 습도 33~34, 42, 49~50, 65, 67, 100~101, 139, 153, 158, 160, 257, 258, 260
상향 플럭스(장단파 복사 및 잠열) 17, 21~22, 27~33, 42, 47~51, 55, 60, 68, 131, 140, 143~144, 152, 248
새클턴, 니콜라스 존 242
서남극 168
서머빌, 리처드 채핀 제임스 145
서태평양 252
섭동 시뮬레이션 203
성층권 22, 44, 59~60, 62, 64~65, 67~69, 80, 85, 98, 130~131, 140~141, 152
    성층권 냉각 68, 131
    성층권과 대류권의 온도 추이 역전 68
세스, 로버트 도널드 161
셀러스, 윌리엄 107~108
소덴, 브라이언 158~159, 161, 250, 260
소빙기 16
소쉬르, 오라스 베네딕트 드 39, 279
수문학적 순환 79~80
수아레즈, 맥스 107~108
수증기 19, 25, 32~34, 40~46, 49~51, 55~57, 60~64, 67, 80~81,

95, 100~101, 135, 137, 140~141,
148~149, 153, 159~160,
198~199, 220, 250, 257~258, 260,
265, 270
  되먹임 34, 42, 44~45, 49~50,
    67, 100~101, 135, 137,
    139~141, 148~149, 160
  수송 220, 250, 260
  수증기감률 결합 되먹임
    148~149, 159~160
  수평 이동 250
수치 예보 모형 73
슈나이더, 스티븐 187, 191
슈래그, 대니얼 폴 240
슈테판-볼츠만 법칙 21, 26,
  132~133
슈퍼컴퓨터 6
스마고린스키, 조지프 8, 77, 79~80,
  104~105
스콜선 82
스크린, 제임스 119
스토퍼, 로널드 110, 112, 114, 146,
  152, 172, 198, 204, 213, 217, 221,
  254, 278
스톡홀름 물리학회 40
스톤, 피터 105
스트론튬/칼슘 비율 180
스트리클러, 로버트 55, 57, 63
스티븐스, 브리튼 242

스펙트럼 방법 199
습윤 단열 온도 분포 56
습윤 대류 조정 82~83, 88, 160
시간 적분 57~58, 64, 73, 76, 79, 83,
  86, 97, 200~201, 205, 233, 236,
  262
시베리아 261, 265, 267
시베리아 고기압 77, 90
식생 분포 재구성 169
신상익 242
심층 대류 81~83, 88, 138, 209, 215,
  219, 224~225, 228, 230, 239~240,
  243
  혼합 시뮬레이션 228
  심층 습윤 대류 57, 98, 160,
  심층 전도 세포 221~223
  심층 전도 순환 204, 221,
    223~224, 227~228
쓰시마 요코 163

아

아격자 규모 과정의 모수화 80
아난, 제임스 184
아넬, 나이절 266
아라카와 아키오 75
아레니우스, 스반테 아우구스트 6,
  39~48, 51, 277
아마존 강 유역 87, 252, 261,
  265~266

아문센 해 215
아산화질소 17, 19, 25, 34, 40, 169
아열대 5, 74, 77, 85, 88, 220, 222,
   252, 257~261, 265, 270, 274
   고기압 영역 77
아이슬란드 고기압 77
「IPCC 제3차 평가 보고서」 250,
「IPCC 제4차 평가 보고서」 149,
   159, 250, 260
「IPCC 제5차 평가 보고서」 15, 17,
   69, 181, 210, 215, 230, 255, 264,
   268
아한대 213
알베도 44~45, 97, 107, 118, 136,
   142, 147, 169~170, 175~177, 272
   구름의 알베도 28
   기울기 109
   눈의 알베도 45
   되먹임 97~98, 105~108, 118,
      136~137, 142, 148~149, 161,
      172, 203, 210, 236, 243
   해빙 97~98
알짜 일사 21
알카모, 조지프 266
알케논 180~181
앙상블 253
애드킨스, 제스 240
앨런, 마일스 250
어는점 96, 111, 117~118, 175, 234,
   239, 240, 242~243
얼음 덮개 108
얼음 코어 16, 18, 169~170, 173
에너지 균형 모형(EBM) 108~110,
   142, 162
에너지 생산 활동 5
에드워즈, 폴 74
에어로졸 20, 193, 195, 213, 253
AR4 모형 149, 159~162
연간 구름 분율 153
연직 감률 56~57, 136, 138, 147, 160
연직 대류 43
연직 전단 74
연평균 모형 80~85
열 강제력 73, 103~106, 127~129,
   133, 138, 144, 147, 187~190, 194,
   197, 203~204, 213, 236
열 관성 114, 173, 187, 191, 206,
   208, 210, 219, 226, 230
열 균형 18, 26, 28, 41~42, 46~48
   51~52, 56, 60, 62, 67, 75, 83, 96,
   111, 127, 146, 187, 248
열 손실 19~20, 144, 171
열 수지 61~62, 80, 111, 143~144,
   198, 248~249, 251
   성분들의 연직 분포 61
열 이득 20, 144
열 이류 80
열대 수렴대(ITCZ) 85, 88~90, 153,

257, 260
열대 요란 88
열대 저기압 88
열대 폭풍 252
열에너지 32, 42, 260
열역학적 평형 26~27
열 전달 43~44, 56, 105
열전대열 40
열전도율 118
염분 배출 224~225, 243
염화플루오린화탄소(CFC) 25, 34, 195
예단 방정식 187, 277
오르트, 아브라함 한스 23
오브 강 262
오스트레일리아 88, 261, 267, 269
오존 19, 24~25, 40, 55, 57, 61~62, 67~68
온대 저기압 88
온대 폭풍 85
온실 기체 5, 17, 19, 25~34, 44, 46, 49, 52, 55, 57, 66, 139, 167, 169~170, 173, 176, 213, 240, 247, 250~253, 260, 269~270, 275, 316~317
온실 효과 17~25, 27~29, 33~34, 39~40, 44, 62, 66, 144, 207, 235
와츠, 로버트 52
왕, 웨이청 40

요란 74
운동량 81
워커, 제임스 254
원시 운동 방정식 75
월시, 존 119
웨더럴드, 리처드 45, 64, 67, 96, 100, 108, 117, 130, 136, 141, 151~152, 172, 247, 250, 252, 255, 272
웨들 해 208, 213, 225
윈튼, 마이클 161
윌리엄스, 질 170
월못, 코트 252
유선 함수 219, 224
유한 차분 격자층 154, 199
유한 차분 공식화 75
유효 방출 온도 21, 29~32, 139~140
유효 열 관성 191, 206, 208, 219, 226
유효 열용량 188~189
육지 표면 온도(LSAT) 15
응축열 81
이남다르, 아난드 163
이류 117
이산화탄소 5, 17, 19, 24, 25, 32~34, 40, 55, 57, 61~62, 65, 67~68, 99, 101, 118, 130, 169, 195
　흡수율 43~45, 49, 66
이산화황 162, 254

이스트 앵글리아 대학교 기후 연구부 119
이탈 온실 효과 134
인간의 활동 5, 17, 46, 213
인공 에어로졸 254
인도 사막 267
인도네시아 261
인도양 86, 90, 181
일기 예보 73
일시적 소용돌이 110
임계 감률 60
임브리, 존 167~168
잉그램, 윌리엄 250

자

자오면 73, 77, 104~105, 107, 108
    자오면 구조의 확산율 109
자오선 95~96
    열 수송 42
자유 미끄럼 경계 83
잠열 42, 51, 56, 86, 248~249
장파 복사 23, 25, 27~33, 40~43, 47~51, 55~57, 60~62, 66~68, 75, 81, 107, 111~112, 128, 130~132, 139~141, 143~144, 148, 150, 152, 155, 157, 163, 187, 247~248, 260, 268, 273
적도 83, 85~86, 88~90, 95~96, 107~109, 156, 178, 258, 260, 273

적설의 물 상당 깊이 86
적외선 17, 30, 32, 47, 49, 139~140, 153
전도 순환 73~74, 216~221, 223~224, 227~228
전선 계 82
전자기 복사 18
절대 습도 33, 49, 52, 64~65, 67, 132, 135, 139~140, 147~148, 220, 250, 260, 273
정규화 23~24, 26, 189, 190
정적 안정성 76, 83, 98, 100, 160
제2종 되먹임 132~137, 147~149
제트류 74, 77
준정상 상태 75
준평형 상태 97, 109, 200
중규모 소용돌이 227~228
중세 기후 이변 16
중수 24
증발률 34, 247, 249, 256~261, 274
증폭 인자 131~137, 142, 146~151, 157~163
지구 공전 궤도 173
지구 대기의 구성 성분 19
지구 물리학 유체 역학 연구소(GFDL) 8, 55, 74, 95, 110, 122, 127, 146, 151, 167, 196, 197
지구 복사 20~25, 33, 61, 81
    스펙트럼 25, 33

지구 전체의 연평균 강수율 분포　87
지구 평균 기온　5
지구 표면 근처의 공기 흐름　89~90
지균 균형　222
지문법　221
GFDL 모형　77, 81, 84, 122~123, 146, 152~153, 157~159, 161
지질학적 과거　6, 34, 69, 162, 167
지표면-대류권 계　32~33, 64, 66, 68, 130~131, 140, 147
지표면의 열 균형 모형　52
집서, 에드워드　82

차

채프먼, 윌리엄　119
천문학적 빙기 이론　118
체자르, 레브케　221
초기 모형　159~162
최종 빙기 극대기(LGM)　167~183, 240, 242~243
취송류　222~223

카

카스텐, 리처드　228
카플란, 루이스　49
칼라하리 사막　261, 267, 269
캐나다　261
캐스팅, 제임스　254
캔지스-브라흐마푸트라 강　266

캘런더, 가이 스튜어트　45~52
캘리포니아 대학교 로스앤젤레스 캠퍼스(UCLA) 기상학과　74~75
컬럼비아 강 유역　261, 265
코딜레아 빙상　168
코리올리 힘　222
코클레이, 제임스　68
콕스, 마이클　196
콜린스, 매슈　268
콜먼, 로버트　149, 158~159
콩고 강　261, 266
쿡, D. W.　242
Q-플럭스　146, 181, 206
크러처, 해럴드　113
크롤리, 토머스　180
클라우지우스-클라페롱 방정식　33~34, 247, 249, 258, 277
CLIMAP 퇴적물 코어 데이터　181~182
키르히호프, 구스타프 로베르트　26
키르히호프의 법칙　21, 25~28, 143, 277
킬링, 랠프　242
킵, 닐바　168

타

탈야르트, 얀　113
태양 복사　19~20, 23, 25, 28, 39, 55~57, 59~62, 27, 75, 81, 83,

85~86, 95~96, 98~99, 103~112,
117, 127~128, 130, 132, 140~145,
150, 152, 156~157, 163, 170, 187,
193, 213, 248, 253, 261, 272
    스펙트럼 62, 140
    조도 변화 95~96, 99, 103~110,
       213, 248
    태양 상수 105
토양 수분 252, 260, 267~274
톰프슨, 스탈리 187
통계적 정상 상태 74
퇴적물 16, 167~168, 170, 178, 180, 242~243
    코어 178, 181~182
틴들, 존 39~40

파

파타고니아 사막 267
퍼텐셜 에너지 56
페노스칸디아 빙상 168
페이글슨, E. M. 145
페이소토, 호세 핀토 23
편서풍 76, 223
    편서풍 불안정 105
    편서풍대 73
평균 구름 비율 154~156
평균 지구 표면 온도 이상 15
포스터, 피어스 163
포채들리, 스티븐 160

포화 공기 56, 82
포화 상태 33
포화 증기압 33~34, 101, 145, 247, 249~250, 277
표류(모형) 200
표면 경계 조건 170
표면풍 응력 222
표층 염도 변화 220
표층 편서풍 223
푸리에, 조제프 39~40, 279
    푸리에 성분 199
푸창 160
프린스턴 고등 연구소 73
프린스턴 대학교 대기 및 해양 과학 프로그램 8
플라토, 그레고리 127, 264
플랑크 되먹임 132~137, 147, 149
플랑크 함수 26
플랑크톤 168, 180
플래스, 길버트 49
플럭스 조정 200, 203~206
피에르훔베르, 레몽 9
피터슨, 브루스 265
필립스, 노먼 73~75, 79

하

하그리브스, 캐서린 184
하천 배출 266
하트먼, 데니스 9

하향 플럭스(장단파 복사 및 잠열) 27, 31~32, 47, 49~51, 66, 247~248, 260, 270, 273
한센, 제임스 68, 104, 122~123, 133, 146~147, 149~150, 159, 161, 171, 181, 183, 191~193, 195~196, 208
해들리 기후 예측 및 연구 센터 119
해들리 순환 74, 87, 257
해리슨, 에드윈 144
해빙 97~98, 100, 105~107, 111~112, 116~119, 121~122, 132, 142, 147, 170, 172~178, 198~199, 203, 205, 206, 208, 213~216, 224, 236, 239~243, 277
　해빙 수지 111~112
해수면 온도(SST) 15, 168, 170~184, 197, 200, 204~206, 213, 221, 243
해양 대순환 216~221
해양 혼합층 111~114, 117~118, 146, 190, 200
행성 경계층 153
행성파 74, 96
헐버트, 에드워드 올슨 39, 44~45, 52
헤닝, 카라 227
헤이스, 제임스 242
헤이우드, 제임스 220, 253
헬드, 아이작 마이어 98, 107, 109, 149, 158~159, 161, 222, 250, 260

현열 42, 51, 56, 81, 85, 111, 248~249
현행 추세 시나리오 275~276
호그, 앤드루 맥 228
호퍼트, 마틴 191
홀, 알렉스 140
홍수 5, 276, 316
화산 분출 162
화산 에어로졸 193~195, 213
황, 보화 204
후버, 매슈 9
휴스, 테런스 169
흑체 복사 21, 23~28, 131~132, 143, 277
흡수 스펙트럼 24~25, 43
흡수율 25~26, 28, 43~46, 49, 52, 61, 66

옮긴이 **김희봉**

연세 대학교 물리학과를 졸업하고 동 대학원에서 물리학을 전공했다. 과학서 전문 번역가로 활동하며 『파인만 씨, 농담도 잘하시네!』, 『사회적 원자』, 『클래식 파인만』, 『천구의 회전에 관하여』 등 다수의 책을 번역했다.

기후의 과학

지구 온난화를 넘어설 기후 물리학의 정석

1판 1쇄 찍음 2025년 9월 20일
1판 1쇄 펴냄 2025년 9월 30일

지은이 마나베 슈쿠로, 앤서니 브로콜리
옮긴이 김희봉
펴낸이 박상준
펴낸곳 (주)사이언스북스

출판등록 1997. 3. 24.(제16-1444호)
(06027) 서울특별시 강남구 도산대로1길 62
대표전화 515-2000, 팩시밀리 515-2007
편집부 517-4263, 팩시밀리 514-2329
www.sciencebooks.co.kr

한국어판 ⓒ ㈜사이언스북스, 2025. Printed Seoul, Korea.

ISBN 979-11-94087-27-4 93420